2020年中国电力教育协会
高校电气类专业精品教材

"十三五"普通高等教育本科系列教材

电气类专业实验实训系列教材

电气运行实训教程

主编　孙广岩

编写　李茂青　刘宝贵　王　亮
　　　王　永　纪进卜　王雪杰

主审　吴怀诚

中国电力出版社
CHINA ELECTRIC POWER PRESS

内 容 提 要

本书为电气类专业实验实训系列教材。全书共分三篇，二十二个单元。内容包括知识讲解、技能训练、技能拓展训练。知识讲解篇，介绍电气主接线及电气设备从低压到高压的认识；技能训练篇，讲解几种典型倒闸操作技能训练；技能拓展训练篇，讲解几种典型电气运行事故判断处理技能拓展训练，并提供习题思考和实操训练题，能使读者对电气运行实训知识进行总结回顾。

本书可作为应用技术型普通本科高校电力类教材，同时可作为电力企业新入职员工岗位技能的培训教材，还可作为从事发电厂和变电站电气运行、管理等工作的人员及相关工程技术人员参考使用。

图书在版编目（CIP）数据

电气运行实训教程/孙广岩主编. —北京：中国电力出版社，2016.6（2021.8 重印）

“十三五”普通高等教育本科规划教材　电气类专业实验实训系列教材

ISBN 978-7-5123-8613-6

Ⅰ.①电…　Ⅱ.①孙…　Ⅲ.①电力系统运行-高等学校-教材　Ⅳ.①TM732

中国版本图书馆 CIP 数据核字（2016）第 081154 号

中国电力出版社出版、发行

（北京市东城区北京站西街 19 号　100005　http://www.cepp.sgcc.com.cn）

北京天宇星印刷厂印刷

各地新华书店经售

*

2016 年 6 月第一版　2021 年 8 月北京第四次印刷

787 毫米×1092 毫米　16 开本　14.25 印张　347 千字

定价 **29.00** 元

前　言

电气运行是在电能的发、供、配、用过程中，运行值班人员（含系统调度员）对发、供电设备进行监视、控制、操作和调节，使发、供电设备正常运行，同时，对设备运行状态进行分析，在出现异常状态及事故情况下，及时进行处理，以保证发电厂、变电站和电力系统的安全、稳定、优质、经济运行。

为深化教育领域综合改革，我国提出构建以就业为导向的现代职业教育体系，引导一批普通本科高校向应用技术型高校转型。目前适用应用技术型高校培养目标和针对发电厂及变电站电气运行岗位新入职的员工培训的教材颇为匮乏。本书基于就业为导向的教育目标，课程内容以知识为先导，以技能训练为主要载体，采用技能拓展训练做延伸的螺旋式提升培训模式。电气运行实训课程是一门实践性和理论性较强的专业必修课，是在学习“发电厂电气部分”“继电保护与自动装置”“电力系统”等课程的基础上开设的。通过本课程的学习可以全面系统地了解掌握发电厂、变电站的电气运行、操作、巡视、检查、异常及事故状态的分析、判断和处理方法，为将来从事发电厂、变电站电气运行工作打下坚实的基础。

本书突破了一般教材的体系，教学内容以运行实习过程的层次为单元，从电气设备的认知到电气设备倒闸操作，延伸至对运行事故的判断处理，步步推进，层层提高。结构设计模块化，体系安排合理化，联系现场实际，循序渐进，实用性强，符合学生认知、理解、运用的学习过程。既满足了基本技能的训练，又对技能的拓展做了适当的外延，满足了不同水平学员的需求。

本书单元一由吉林电力股份有限公司李茂青编写，单元二和单元二十二由沈阳工程学院刘宝贵编写，单元三由沈阳工程学院王亮编写，单元二十由吉林电力股份有限公司王永编写，单元二十一由吉林电力股份有限公司纪进卜编写，附录B由沈阳工程学院王雪杰编写，单元四至单元十九由主编孙广岩编写并进行统稿，最后由辽宁省电力有限公司检修分公司高级工程师吴怀诚主审。

在此感谢吉林电力股份有限公司相关单位的热忱支持，以及为本书编写提供了大量技术资料，为本书编写提出了诸多有益的建议的相关技术人员，在此一并表示感谢。

由于编者水平有限，书中难免有不妥之处，欢迎广大读者批评指正，我们会及时做出修正和补充。

编　者

2016 年 5 月

目 录

前言

知识讲解篇 …… 1

单元一 电气主接线 …… 2
单元二 发电厂、变电站电气主接线的典型接线 …… 15
单元三 低压电器设备 …… 21
单元四 高压断路器设备 …… 32
单元五 隔离开关设备 …… 47
单元六 电压互感器 …… 58
单元七 电流互感器 …… 70
单元八 变压器 …… 77
单元九 继电保护与自动装置配置 …… 89
单元十 电气设备倒闸操作 …… 102

技能训练篇 …… 109

单元十一 线路倒闸操作 …… 110
单元十二 母线倒闸操作 …… 119
单元十三 厂用电倒闸操作 …… 126
单元十四 变压器倒闸操作 …… 129
单元十五 发电机倒闸操作 …… 143

技能拓展训练篇 …… 149

单元十六 输电线路单相瞬时性故障处理 …… 150
单元十七 输电线路单相永久性故障处理 …… 157
单元十八 输电线路单相断线故障处理 …… 166
单元十九 输电线路相间瞬时性故障处理 …… 169
单元二十 输电线路三相短路故障处理 …… 174
单元二十一 母线相间故障转两相接地短路的故障处理 …… 179
单元二十二 习题思考与实操训练 …… 186

附录 1 电力安全工作规程 …… 190
附录 2 其他典型操作票 …… 215
参考文献 …… 222

知识讲解篇

单元一　电 气 主 接 线

一、电气主接线的基本接线形式及其运行特点

发电厂、变电站的电气主接线是电力系统接线的主要组成部分。它主要取决于发电厂、变电站的规模及其在电力系统中的地位、电压等级和出线的回路数、电气设备的特点以及负荷的性质等条件。同时要满足供电可靠，保证对用户不间断供电；运行经济灵活，可便于调度倒闸操作和扩建的可能性；而且投资省，占地面积小、电能损失少等条件。

所谓运行方式，是指电气主接线中各电气元件实际所处的工作状态（运行状态、检修状态、备用状态）及其相连接的方式。运行方式分为正常运行方式和允许运行方式。

正常运行方式是指正常情况下全部设备按固定连接方式投入运行时，电气主接线经常采用的运行方式，包括母线及进、出线回路的运行方式和中性点的运行方式两个方面。电气主接线的正常运行方式一旦确定后，母线及进、出线回路的运行方式和中性点的运行方式也随之确定，且继电保护和自动装置的投入也随之确定。对某一发电厂、变电站来说，其电气主接线的正常运行方式只有一种，是综合考虑各种因素和实际情况而确定的，正常运行方式一旦确定，任何人不得随意改变。

电气主接线的允许运行方式是指在事故处理、设备故障或检修时，电气主接线所采用的运行方式。由于事故处理、设备故障和设备检修的随机性，发电厂、变电站的允许运行方式有多种，可以根据运行的实际情况进行具体的安排和调整。

典型的电气主接线形式可分为有母线和无母线两大类。有母线的电气主接线主要有单母线接线、双母线接线、一台半断路器（3/2）接线等。无母线的电气主接线主要有桥形接线、多角形接线和单元接线等。

电气主接线的确定与电力系统的安全稳定和灵活经济运行，以及对发电厂、变电站的电气设备选择，配电装置的布置，继电保护和控制方式的拟定等都有密切的关系。

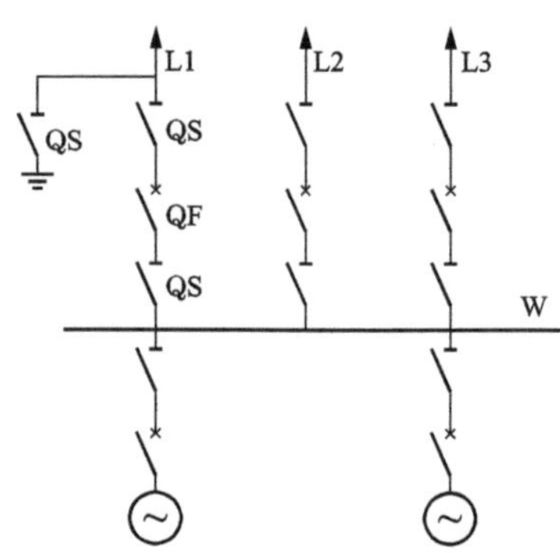

图 1-1　单母线无分段接线

1. 单母线无分段接线

单母线无分段接线如图 1-1 所示。这种接线的特点是整个配电装置只有一组母线，所有电源进线和出线回路均经过各自的断路器和隔离开关，连接在该母线上并列运行。电源支路将电能送至母线上，引出线从母线上获得电能，分配出去。母线起着汇集和分配电能的作用。回路中的断路器用来投切该回路及切除短路故障；隔离开关在切断电路时用来建立明显的断开点，使停运的设备可靠隔离，保证检修的安全。

该接线的正常运行方式为：母线和所有接入该母线上的进出线、母线电压互感器均投入运行，各继电保护按规定投入。

单母线无分段接线的主要优点是接线简单、清晰，所用电气设备少，操作方便，投资较少，便于扩建。其主要缺点是：

（1）只能提供一种单母线运行方式，对运行状况变化的适应能力差。

（2）母线和任一母线隔离开关故障或检修时，全部回路在检修和故障处理期间必须停运（有条件进行带电检修的除外）。

（3）任一断路器检修时，其所在回路需要停运。

因此单母线无分段接线可靠性和灵活性均较差，只能用于某些回路数较少、对供电可靠性要求不高的小容量发电厂与变电站中。

2. 单母线分段接线

单母线分段接线如图 1-2 所示。单母线用分段断路器进行分段，以提高供电的可靠性和灵活性。

正常运行时，单母线分段接线有以下两种正常运行方式：

（1）分段母线并列运行。该运行方式为：分段断路器 QF 闭合，其两侧隔离开关闭合，电源和负荷均衡地分配在两段母线上，以使两段母线上的电压均衡和通过分段断路器的电流最小。各段上的电压互感器投入运行，继电保护按规定投入。运行中，当任一段母线发生故障时，由继电保护动作跳开分段断路器和接至该母线段上的电源断路器，另一段非故障母线则继续供电。

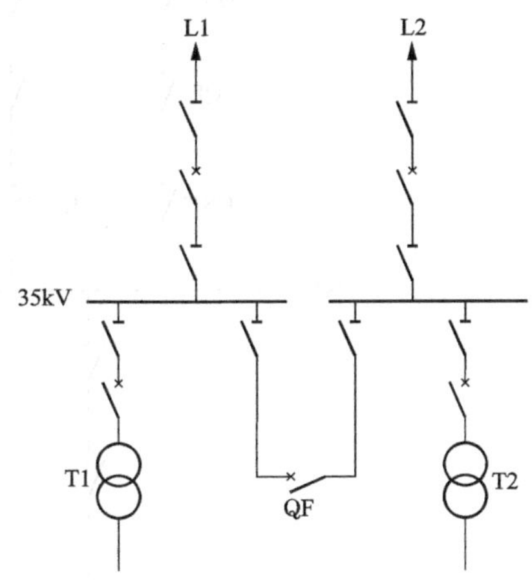

图 1-2　单母线分段接线

（2）分段母线分列运行。分段断路器 QF 断开，两段母线上的电压可能不相等。每个电源只给接至本母线段上的引出线供电，当任一电源故障时，该电源支路断路器自动跳闸后，由备用电源自动投入装置自动接通分段断路器，以保证向全部引出线继续供电。这种运行方式需要加装备用电源自动投入装置。另外，两段母线电压不相等时，给重要用户供电会带来一些困难。但分段断路器断开运行可以限制短路电流。

单母线分段接线与不分段的单母线形式相比，可靠性和灵活性都明显提高。其主要特点是：

（1）可以分段检修母线而缩小停电的范围，降低了全部停电的可能性。当母线发生故障时，保护动作使分段断路器跳闸，保证正常段母线继续运行，仅故障段母线停止工作。

（2）对于重要用户，当采用双回路供电法，将双回路分别接于不同段母线上，以保证对重要用户的供电可靠性。

（3）当任一段母线故障或检修时，必须断开在该段母线上的全部电源和引出线，减少了系统的发电量，并使该段单回线路供电的用户停电。

（4）任一回路断路器检修时，该回路也将停电。

（5）出线为双回线时，架空线路会出现交叉跨越。

单母线分段接线，虽然较单母线不分段接线提高了供电的可靠性和灵活性，但是，当电源容量较大、出线数目较多时，其缺点也更加明显。

3. 单母线分段带旁路母线的接线

为解决出线断路器故障检修时所在回路必须停电的缺点，可采用增设旁路母线的方法，构成单母线分段带旁路母线的接线。

单母线分段带旁路母线的接线如图 1-3 所示。每段母线通过一台旁路断路器 QF15 与旁路母线相连，每一回出线的线路侧均装一组旁路隔离开关与旁路母线相连。

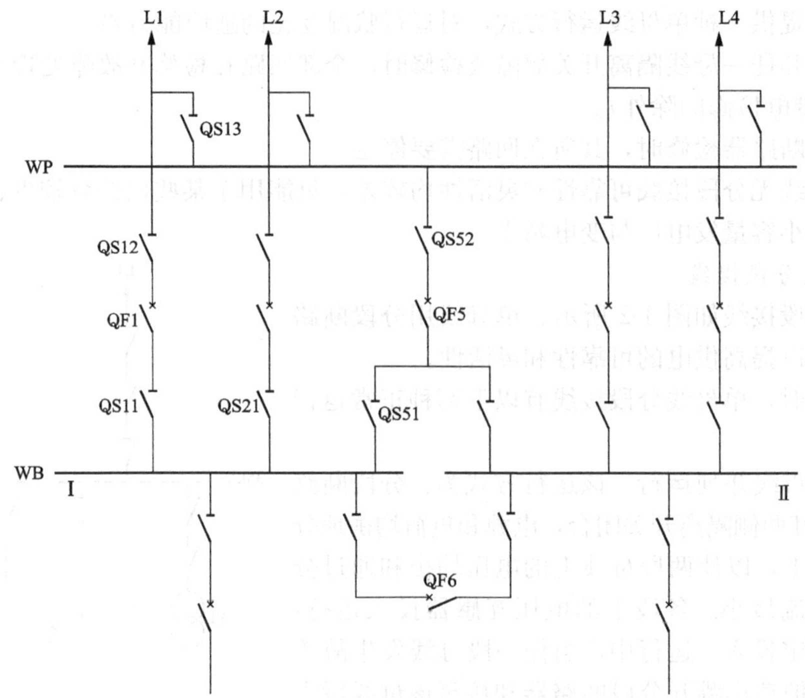

图 1-3 单母线分段带旁路母线接线

在正常情况下，旁路断路器 QF5 及旁路隔离开关都是断开的。与单母线分段接线相比，接线中增加了一组旁路母线，旁路母线通过专用旁路断路器 QF5 分别与Ⅰ、Ⅱ母线连接，每一出线回路分别装有旁路隔离开关与旁路母线相连。

该接线的正常运行方式为，旁路母线正常运行时不带电，处于冷备用状态，旁路断路器 QF5 及两侧隔离开关断开。

当线路断路器需要检修时，可以通过倒闸操作，用旁路断路器 QF5 代替该回路断路器继续为该回路供电，增加了供电可靠性。

假设 L1 线路的断路器 QF1 需要检修，就可以用旁路断路器 QF5 代替 L1 线路的断路器 QF1 向 L1 线路继续供电。

（1）旁路断路器 QF5 投入与 L1 线路断路器 QF1 一致的保护（其保护定值也相同）。

（2）合上旁路断路器 QF5 的Ⅰ母线侧隔离开关 QS51。

（3）合上旁路断路器 QF5 的旁路母线侧隔离开关 QS52。

（4）合上旁路断路器 QF5，向旁路母线 WP 充电。

（5）若旁路母线充电良好，拉开旁路断路器 QF5。

（6）合上 L1 线路的旁路隔离开关 QS13。

（7）合上旁路断路器 QF5。

（8）拉开 L1 线路的断路器 QF1。

（9）拉开 L1 线路的负荷侧隔离开关 QS12。

（10）拉开 L1 线路的电源侧隔离开关 QS11。

从以上操作可以看出，出旁路断路器 QF5 代替 L1 线路的断路器 QF1 向 L1 线路供电，

L1 线路的供电未受影响，而断路器 QF1 可停电检修。所以，带旁路母线接线的优点是当出线断路器检修时，该出线不需要停电。

线路断路器 QF1 检修完毕后，可由断路器 QF1 恢复对 L1 线路供电，其操作步骤如下：

（1）投入 L1 线路断路器 QF1 的保护。

（2）合上 L1 线路的电源侧隔离开关 QS11。

（3）合上 L1 线路的负荷侧隔离开关 QS16。

（4）合上 L1 线路的断路器 QF1。

（5）拉开旁路断路器 QF15。

（6）拉开 L1 线路的旁路隔离开关 QS15。

（7）拉开旁路断路器 QF15 的旁路母线侧隔离开关 QS155。

（8）拉开旁路断路器 QF15 的电源侧隔离开关 QS151。

虽然单母线分段带旁路母线接线配置较为复杂，投资有所加大，但可以不停电进行出线断路器的检修，具有相当高的灵活性和可靠性，因此被广泛应用于 35kV 以上的接线中。

一般电压为 35kV 而出线在 8 回以上、电压为 110kV 而出线在 6 回以上、电压为 220kV 而出线在 4 回以上的屋外配电装置都加装旁路母线。但当采用可靠性较高的 GIS（SF_6 封闭式组合电器）时，可不装设旁路母线。6～20kV 屋内配电装置可不装设旁路母线，因其负荷小、供电距离短（4～20km），在系统中容易取得备用电源。

4. 双母线接线

双母线接线如图 1-4 所示。两组母线之间通过母联断路器进行联络。每一回电源和出线都经一台断路器和两组母线隔离开关分别连接到两组母线上。此种接线有三种运行方式：①一组母线备用，一组母线工作；②双母线分列运行；③双母线并列运行。

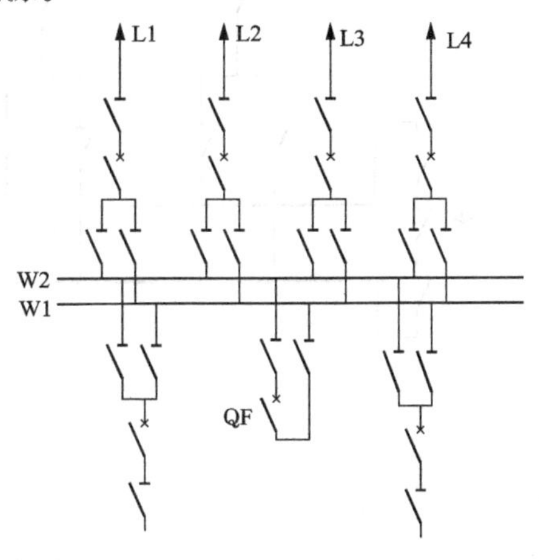

图 1-4　双母线接线

双母线接线主要优点：

（1）检修任一组母线可不中断供电。

（2）检修任一回路的母线隔离开关时只断开该回路。

（3）当工作母线故障时，可将全部回路转移到备用母线上。

（4）检修任一回路的断路器时，不致使该回路的供电长时间停电。

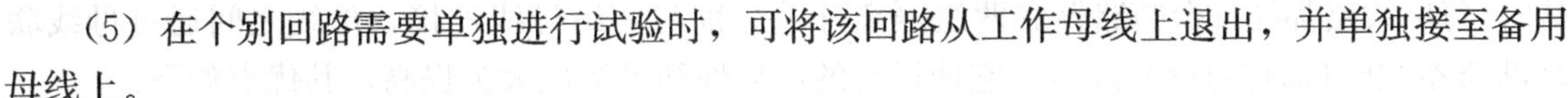
（5）在个别回路需要单独进行试验时，可将该回路从工作母线上退出，并单独接至备用母线上。

（6）扩建方便。

双母线接线的主要缺点：

（1）接线较复杂，在倒母线过程中把隔离开关当成操作电器使用，一旦误操作会引起重大事故。

（2）工作母线发生故障，在切换母线过程中仍需短时停电。

（3）检修任一线路断路器时，用母联断路器代替工作之前必须用跨条将其短接，此时该线路也短时停电。

（4）母线隔离开关数目增多，配电装置结构也复杂，故建造费用增加很多。

在实际工作中，常采用以下措施来消除部分缺点：

（1）为防止隔离开关的误操作，可在隔离开关与断路器间装设防误操作闭锁装置。

（2）为避免工作母线故障时造成整个装置停电，可采用双母线并列运行方式。

（3）采用双母线分段接线。

（4）为避免在检修线路断路器时造成短时停电，可采用双母线带旁路母线的接线方式。

5. 双母线带旁路母线的接线

为了在检修线路断路器时不致中断回路供电，可采用双母线带旁路母线的接线，如图 1-5 所示。

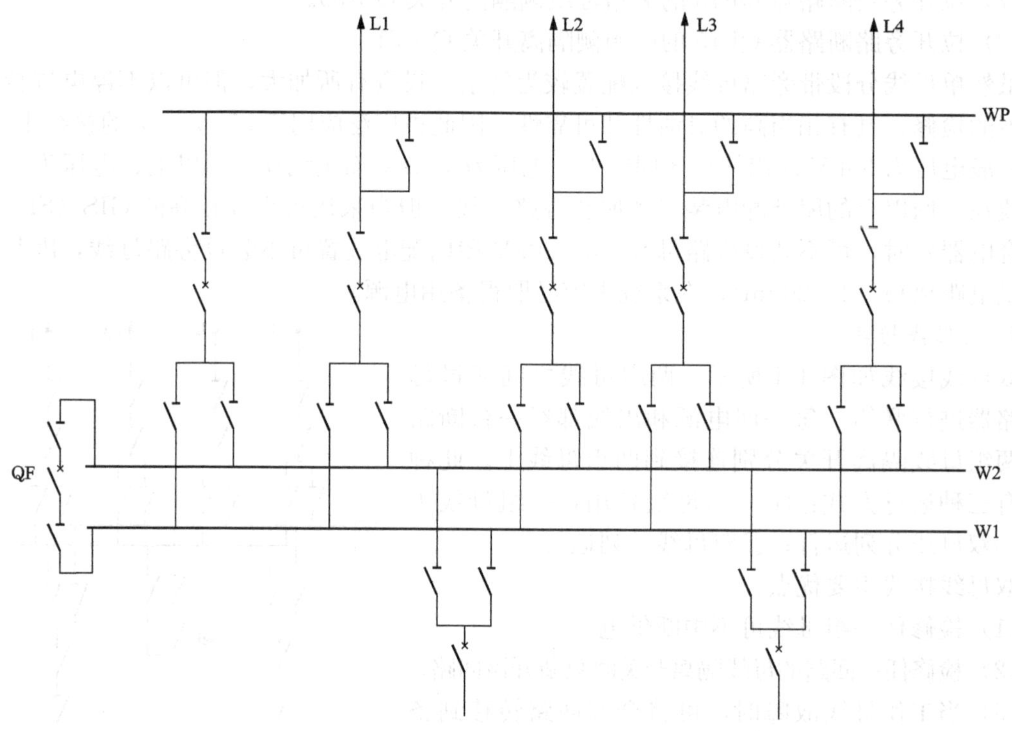

图 1-5 双母线带旁路母线接线

双母线带旁路母线接线是我国最常用的电气主接线形式之一，它具有两组母线 W1、W2。每回线路都经一台断路器和两组隔离开关分别与两组母线连接，母线之间通过母线联络断路器 QF（简称母联）连接。它使运行的可靠性和灵活性大为提高，其优点如下：

（1）母线可以轮流检修而不致使供电中断。当一组母线检修时，可将该母线上的电源和负荷切换到另一组母线上运行。

（2）如遇一组母线故障，只影响 50%左右的电源和负荷停电，而且可将故障母线上的负荷和电源倒向正常母线上运行，能迅速恢复供电。

（3）当进出线母线隔离开关需要检修时，只需该进线（或出线）和一组母线停电，而不影响其他回路的正常供电。

（4）调度灵活。各电源和负荷可以任意在一组母线上运行，并可根据潮流变化或其他要求改变运行方式。

(5) 扩建方便。双母线可以向左右任意一个方向扩建出线，且扩建时不影响供电。

(6) 便于试验。当需要时可以空出一组母线供出线或母线试验而不影响供电，还可将母线联络断路器与被试线路断路器串联运行，形成双重保护，以保证试验时的安全。此外，当进出线断路器出现异常（如不能操作）时，也可采用上述串联运行方式将线路停下。

(7) 双母线进出线断路器与保护为一对一方式，故保护方式比较简单。由于发电机—变压器组只有一台断路器，故可在单元控制室控制，有利于单元机组炉、机、电之间的协调配合。

(8) 布置清晰，便于运行人员记忆和操作。双母线接线在我国具有丰富的运行和检修经验。

(9) 当装设有旁路母线时，出线断路器需要检修时可用旁路断路器代替，线路可不停电。

我国 220kV 配电装置常采用旁路母线，以满足断路器检修时不影响进出线正常运行的要求，但随着断路器制造质量的日益提高，旁路母线的应用范围已逐渐减少。目前规程已规定，采用 SF_6 断路器的主接线不宜设旁路设施。

双母线带旁路母线接线的缺点：

(1) 在改变运行方式时，母线隔离开关作为操作电器进行操作，倒闸操作比较复杂，因而易造成误操作。

(2) 双母线存在全停的可能，如母线联络断路器故障（短路）或一组母线检修而另一组母线故障（或出线故障，断路器拒动）时。这一缺点对于大容量电厂和 330～500kV 系统的影响尤为严重。

6. 一台半断路器（3/2）接线方式

在具有大型发电机组的电厂，主接线广泛采用双母线一台半断路器接线方式，即两个元件（进出线或电源）共用三台断路器的接线方式，如图 1-6 所示。每一回路经一台断路器接至一组母线，分别接在两组母线上的两条回路之间装有一台联络断路器，在两组母线之间形成一个三台断路器构成的“断路器串”，平均每条回路使用一台半断路器，故又称二分之三接线。

(1) 一台半断路器（3/2）接线方式的特点。

1) 能避免由于母线故障引起的大量线路停电及电源中断。对一台半断路器（3/2）接线方式，当任一母线故障，母差保护动作，切除与该母线直接连接的各断路器，故障母线即从系统中切除，连接在该主接线中所有电源进线及超高压出线仍可通过另一台断路器保持与系统相连，避免了因母线故障而引起的机组停用或超高压线路停电。

2) 运行方式灵活。一台半断路器（3/2）接线方式的每一串任一断路器检修或故障时，均不影响正常的发供电，无须限制发电机出力。

3) 隔绝操作简单方便。当任一断路器因检修或故障需从系统中隔绝时，仅需断开该断路器及其两侧的隔离开关。

4) 投资较高。一台半断路器（3/2）主接线方式，高压断路器设置的总数较之双母线带旁路接线的要多，高压断路器是比较昂贵的设备，相比之下，较双母线带旁路接线总的投资将高一些。

(2) 进、出线布置的特点。

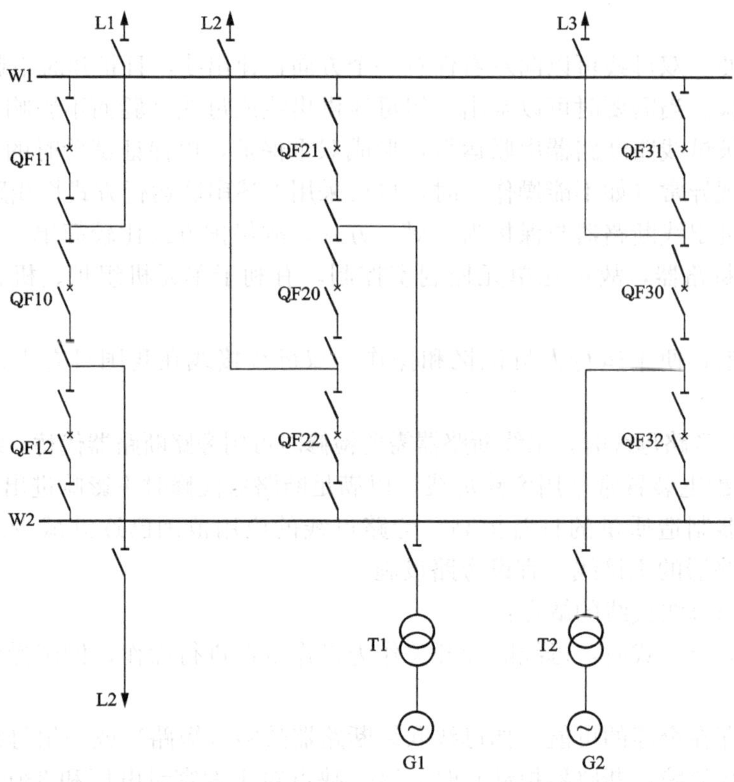

图 1-6 一台半断路器（3/2）接线

以两回进线及两回出线的电厂为例，两个完全串中电源、出线交叉排列，即一回出线靠近 W1 母线，另一回出线靠近 W2 母线，两个电源进线亦相应变换了位置。这样的排列特点，能最大限度地缩小故障范围，确保电厂和系统的稳定运行。有些特殊故障，如当任一母线故障并发生与故障母线相连的两台断路器均拒动时，除了由母差保护切除连接故障母线的各断路器外，并由拒动的断路器启动相应的失灵保护，跳开该串的中间两台断路器，这样仅切除一回电源进线及一回出线，而不至于切除相同的两个电源进线或两回出线。

（3）保护装置跳闸逻辑电路的设计。

一台半断路器（3/2）主接线方式的任一进线电源或任一出线均通过两台断路器与系统或母线连接，在设计保护装置跳闸逻辑电路时，要充分考虑该接线方式的特点，当一个电源进线或一回出线故障需从系统中切除时，必须将该电源或出线与系统相连接的两个断路器全部切除。设计保护装置跳闸逻辑电路时，需充分考虑这一情况。

7. 桥形接线

当只有两台变压器和两条输电线路时，可采用桥形接线。这种接线方式使用断路器数目最少。桥形接线如图 1-7 所示，按照桥连断路器（QF3）的位置，桥形接线可分为内桥式和外桥式。内桥式的桥连断路器设置在变压器侧；外桥式的桥连断路器则设置在线路侧。

桥连断路器正常运行时处于闭合状态。当输电线路较长，故障概率较大，而变压器又不需要经常切除时，采用内桥式接线比较合适；外桥式接线则在出线较短，且变压器随经济运行的要求需经常切换，或系统有穿越功率流经本厂（如双回路出线均接入环形电网）时，就更为适宜；有时，采用三台变压器和三回出线组成双桥形接线。为了检修桥连断路器时不致

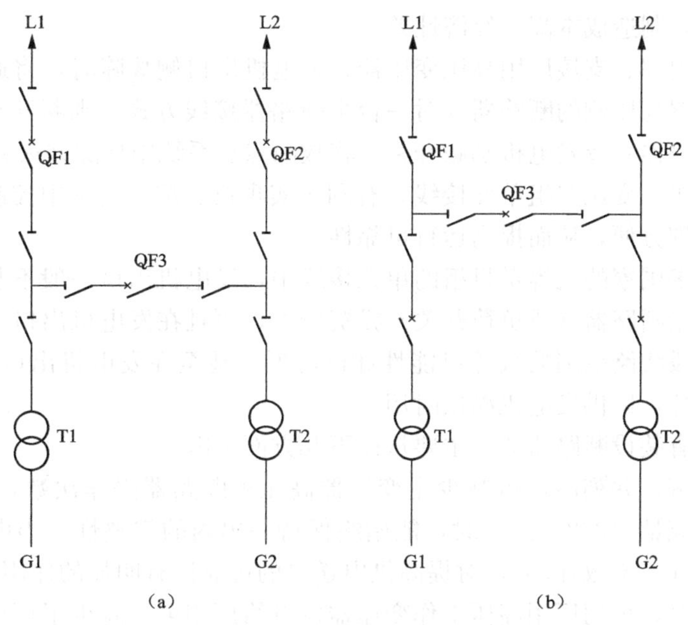

图 1-7　桥形接线
(a) 内桥接线；(b) 外桥接线

引起系统开环运行，可增设并联的旁路隔离开关以供检修之用，正常运行时则断开。有时装设两台旁路隔离开关（QS1、QS2），是为了轮流检修任一台旁路隔离开关之用。桥形接线采用设备少，接线清晰简单，但可靠性不高，且隔离开关又用作操作电器，只适用于小容量发电厂或变电站，以及作为最终将发展为单母线分段或双母线的初期接线方式。

8. 发电机—变压器组单元接线

为了提高电力系统稳定性，加强受端电网与电源间的联系，在远离负荷中心的大型发电厂，越来越多的人推荐采用“发电机—变压器—线路”单元接线方式。如图 1-8（a）所示，这种接线方式使用设备最少，接线简单，省去了高压配电装置，明显地减少了检修工作量和运行操作量，相应的事故概率也少得多。其缺点是，当线路发生故障或需要检修时，以及发电机—变压器组故障或检修时，发电机、变压器、线路三元件将互相牵制，被迫停运。因此，这种接线适用于某些条件允许的场合。对于容量在 200MW 以上的发电机组一次接线，大都采用“发电机—变压器组”单元接线，如图 1-8（b）所示。图中单元接线仅在变压器高压侧装设断路器。原因如下：

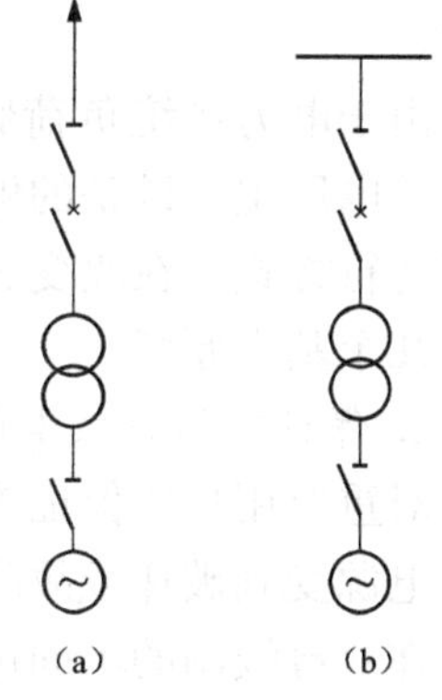

图 1-8　单元接线
(a)“发电机—变压器—线路”单元接线；
(b)“发电机—变压器组”单元接线

（1）大容量发电机发出的电能主要是通过双绕组主变压器升压，以一种电压方式送入电力系统。在发电机出口侧仅支接厂用高压变压器和励磁变压器，不设置发电机电压的其他任何出线，因此不设发电机出口断路器是可行的。

（2）对 200MW 及以上机组，当发电机内部或出口侧短路时，需发电机出口断路器切断的故障电流比较大，制造成本高，经济性差。

(3) 当发电机内部、支接厂用高压变压器、发电机出口侧故障时，将通过相应的继电保护装置断开主变压器高压侧的断路器（对一台半断路器接线方式，则断开与该发电机—变压器组相连的两台断路器）及发电机励磁开关，将故障点从系统中切除并灭磁。

(4) 采用发电机—变压器组单元接线，有利于实现机、炉、电集中控制，接线简单、清晰，维护、运行管理方便，从而提高运行可靠性。

目前我国及许多国家的大容量机组的单元接线中，发电机出口一般不装设断路器，其理由是，大电流大容量断路器（或负荷开关）投资较大，而且在发电机出口至主变压器之间采用封闭母线后，此段线路范围的故障可能性亦已降低。甚至在发电机出口也不装隔离开关，只装设可拆的连接片，以供发电机测试时用。

发电机出口也有装设断路器的，主要从以下几方面考虑：

(1) 发电机组解、并列时，可减少主变压器高压侧断路器操作次数，特别是500kV或220kV为一台半断路器（3/2）接线时，能始终保持一串内的完整性。当电厂接线串数较少时，保持各串不断开（不致开环），对提高供电送电的可靠性有明显的作用。

(2) 启停机组时，可用厂用高压工作变压器供电给厂用电，减少了厂用高压系统的倒闸操作，从而可提高运行可靠性。当厂用工作变压器与厂用启动变压器之间的电气功角δ相差较大（一般$\delta>15°$）时，这种运行方式更为需要。

(3) 当发电机出口有断路器时，厂用备用变压器的容量可与工作变压器容量相等，且厂用高压备用变压器的台数可以减少。如我国规程规定，2台机组（不设出口断路器）要设置1台厂用备用变压器，而苏联的设计一般为6台机组设置一台厂用备用变压器。

二、电气主接线运行方式编制原则

电气主接线的运行方式，是电气运行人员在电气主接线正常运行、操作及事故状态下分析和处理各种事故的基本依据，因此，电气运行人员必须熟悉和掌握电气主接线的各种运行方式。

由于电力系统负荷频繁的变化，系统频率和电压的调整，潮流分布（功率分布）的改变，发电厂主辅设备的停电检修和修复后的设备投入运行以及发生电气事故等情况，故必须改变运行方式。在改变运行方式时，应最大限度地满足安全可靠的要求，因此应周密地考虑以下几个基本原则。

1. 保证对用户供电的可靠性

对重要用户要保证连续供电，此类用户应由两个独立电源供电，即当两个独立电源中的一个电源受到破坏或故障时，不影响另一个电源的工作，也就是采用双回路供电，其电源应布置在双母线制的不同母线组上，或布置在分段单母线的两个分段上。若发电厂与厂外系统电源的连接有两条联络线时，也应将联络线分配在不同母线组上或不同分段母线上，即分配在不同电源上。这样，当发电厂全厂启动或发生全厂停电事故时由电力系统分别向两路联络线送电，以保证对用户连续供电，提高对用户供电的可靠性。

2. 潮流分布要均匀

双母线并列运行时，要使电源进线和负荷出线功率均匀地分配在两组母线上，单母线分段时，分配在母线的不同分段上，这样流过母联断路器或分段断路器的电流最小，可避免设备过负荷或限制出力，同时，当部分电源及线路发生故障时，还可尽少地影响其他系统的正常运行，提高对用户包括厂用供电的可靠性。

3. 便于事故处理

若遇电力系统故障，使频率或电压突降，危及厂用电安全运行时，应能将预先选定好的厂用发电机与系统解列，以保持发电厂的正常运行。如遇35、10.5kV或6.3kV网络单相接地时，为缩小接地系统的故障范围，可将母线联络断路器或分段断路器短时解列。由于电源进线和负荷出线的功率均匀的分配在两组母线之间或两分段上，故当母线联络断路器或分段断路器断开时可减少对用户的少送电及发电厂负荷的降低，从而提高发电和供电的可靠性及灵活性。

4. 要满足防雷保护和继电保护的要求

当电气主接线运行方式改变时，防雷保护方式、继电保护及自动装置的整定值应作相应的调整，但不能改变太频繁。因此在各种运行方式下，都应该有相应的继电保护整定值，以避免在发生故障时，产生继电保护误动作（如越级跳闸或拒绝动作）而使事故扩大，从而提高运行的可靠性。

5. 在满足安全运行的同时，应考虑到运行的经济性

主要考虑的是实际接线位置的远近，并能满足发电机、变压器的对应性要求。应尽量使电能输送的距离缩短，以减少电能在导线上的损耗，保证经济运行。

6. 满足系统静态和动态稳定的要求

在电力系统的正常运行状态下，由于负荷的变化或发生各类型的短路事故，都会使功率失去平衡，造成电力系统静态和动态稳定的破坏，而使发电厂间或部分系统间发生非同期振荡事故。因此，在安排运行方式时，一定要满足系统稳定的要求。故在正常运行方式下，联络线的最大输送功率不得超过允许值，断路器切除故障的时间应尽量短（继电保护动作要正确），发电机自动装置（强行励磁及自动电压调整器）和线路的自动重合闸均应投入运行，以保证电力系统在异常运行情况下的稳定运行。

7. 电气设备的遮断（断流）容量应大于最大运行方式时的短路容量

在最大运行方式下，当短路容量超过电气设备的遮断容量时，在短路状态下，它就不能完全切断短路电流，从而使电气设备发生爆炸以至扩大事故，给国民经济带来严重损失。因此，在安排运行方式时，一定要使电气设备的遮断容量大于短路容量，以保证设备的安全运行。

三、电气主接线的设备编号

电气主接线的安全可靠运行，要求主接线中的每一个设备、每一条线路都要有一个编号，以便进行系统调度和运行人员操作。新投产220kV设备，尽可能按照SD 240—1987《电力系统部分设备统一编号准则》套编。对设备进行编号应遵循以下原则。

（1）唯一性。主接线中的每一个设备、每一条线路均有一个编号，且只有一个编号。换句话说，每一个设备、每一条线路都有一个编号，决不能有两个编号，但也不能没有编号。

（2）独一性。主接线中的每一个编号只能对应一个设备或一条线路，也就是说系统中不能两个或两个以上的设备和线路有相同的编号。

（3）规律性。编号按一定的规则进行编排，这样既可防止重复编号，又便于阅读和记忆。

下面介绍电气主接线设备编号的一般规则：

（1）每个设备编号的第一个字均为所在变电站名称的简称。

(2) 每个设备的编号应含有设备名称代码和序号。

(3) 每一条线路的前两个字均为线路两端变电站或发电厂的简称。若两站（厂）之间的线路有 2 回以上，则在简称两个字后面按序号和“回”字。

(4) 隔离开关的编号隶属于相应的断路器编号，接地开关编号隶属于相应的隔离开关编号。

现在结合图 1-9 中所示说明设备编号的规则。

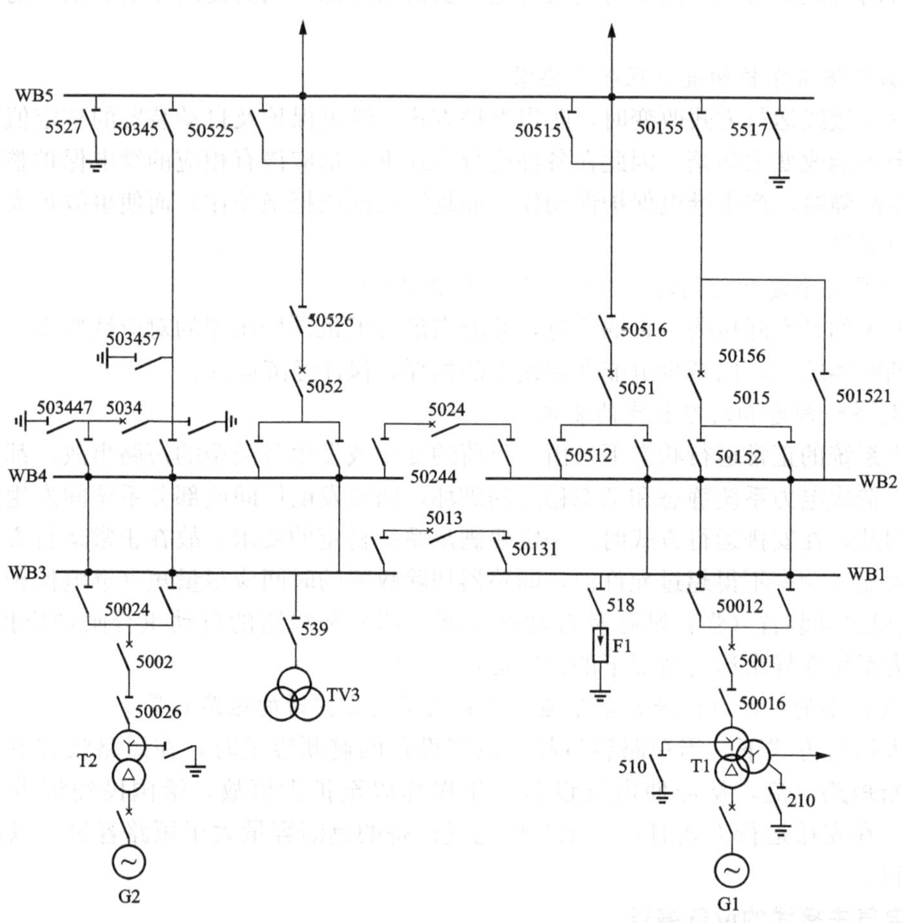

图 1-9 500kV 双母线分段带旁路

(1) 母线分别用 1、2、3、4、5 数字表示。排列顺序规定为：从发电机、变压器侧向出线线路侧，由固定端向扩建端（平面布置），自上而下（高层布置）排列，角形接线按顺时针方向排列。

1) 单母线，称 1 号母线（＃1M）。

2) 单母线分段，分别称 1 号、3 号母线（＃1M、＃3M）。

3) 双母线，分别称 1 号、2 号母线（＃1M、＃2M）。

4) 双母线分段，分别称 1 号、2 号、3 号、4 号母线（＃1M、＃2M、＃3M、＃4M）。

5) 旁路母线，称 5 号母线（＃5M）。（若旁路母线为两段，则称为＃5M1、＃5M2）。

（2）断路器由 4 位数字组成，前 2 位都是“50”，表示是 500kV 电压等级。

1）出线断路器从 51 开始顺序编号，即 5051，5052，…；

2）母联断路器用被连接的两条母线编号组成，小数在前，大数在后，如 5034、5013、5024。

3）主变压器断路器编号按主变压器序号，其高压侧断路器相应编号为 5001～5010。

4）500kV 的高压备用厂用变压器高压侧的断路器编号为 5000。

5）双绕组 500kV 联络变压器序号确定和断路器编号问题可按以下原则之一处理：

a. 按全厂、站主变压器序号统一编号。断路器编号与主变压器序号相对应。

b. 单独给联络变压器序号可采用 50，49，其主断路器为 5050，5049。

（3）隔离开关的编号常由 5 位或 6 位数字组成。

1）母线隔离开关由所属的断路器和母线号五位数字组成，如：母联 5012 号断路器的隔离开关，1 号母线侧为 50121，2 号母线侧为 50122。

2）旁联隔离开关由所属旁联断路器号加相应母线号六位数字组成。

a. 专用旁联隔离开关编号末两位分别为所连主母线和旁母线号，如 5015。

b. 旁路兼母联断路器所属旁联隔离开关编号，末两位分别为相关联两主母线号，其中，最末一位为隔离开关所接主母线号，如 501521。

3）用断路器号和“6”五位数字组成。出线断路器 5051，其线路侧隔离开关为 50516；1 号主变压器断路器 5001，其主变压器侧隔离开关为 50016。

4）一台半断路器接线断路器、隔离开关编号，用断路器号和所向母线号五位数字组成。

5）电压互感器隔离开关编号，由表示电压等级的“5”、母线号和“9”三位数字组成。如：1 号母线的电压互感器隔离开关为 519。

6）避雷器隔离开关编号，以“8”作为避雷器的标志，由表示电压等级的“5”、母线号和“8”三位数字组成。如：1 号母线的避雷器隔离开关为 518。

7）接地隔离开关编号，除以下各款特殊规定外，均按隶属关系，由“隔离开关号＋7”组成，如：5051 断路器与 50512 隔离开关间的接地隔离开关编号为 505127。

a. 线路出线上线路侧的接地隔离开关由“隔离开关号＋隔离开关组别＋7”组成。如：出线 5051 断路器，出线隔离开关为 50516，其线路侧第一组接地隔离开关为 5051617，隔离开关侧接地隔离开关则为 505167。

b. 母线上的接地隔离开关，由“电压级 5＋母线编号＋组别＋7”四位数组成。如：1 号母线上有两组接地隔离开关从固定端向扩建端依次编号为 5117 和 5127。

c. 电压互感器等元件的接地隔离开关，分别在该元件隔离开关编号之后加“7”表示。如：1 号母线的电压互感器隔离开关 519 与互感器间的接地隔离开关为 5197，靠母线侧的接地隔离开关同 b。

d. 主变压器中性点接地隔离开关以“电压级 5＋主变压器号＋0”组成。

图 1-10 是一台半断路器接线设备编号图。它的设备编号和前面介绍的基本一致。仅仅是断路器编号有所不同，它是按矩阵排列编号的。如第一串的三个断路器，分别为 5011（靠近 WB1）、5012（中间）、5013（靠近 WB2），第二串为 5021、5022、5023，依次类推。

设备编号在设备投入运行前就已经确定，运行人员应在设备投入运行前就熟悉设备编号。

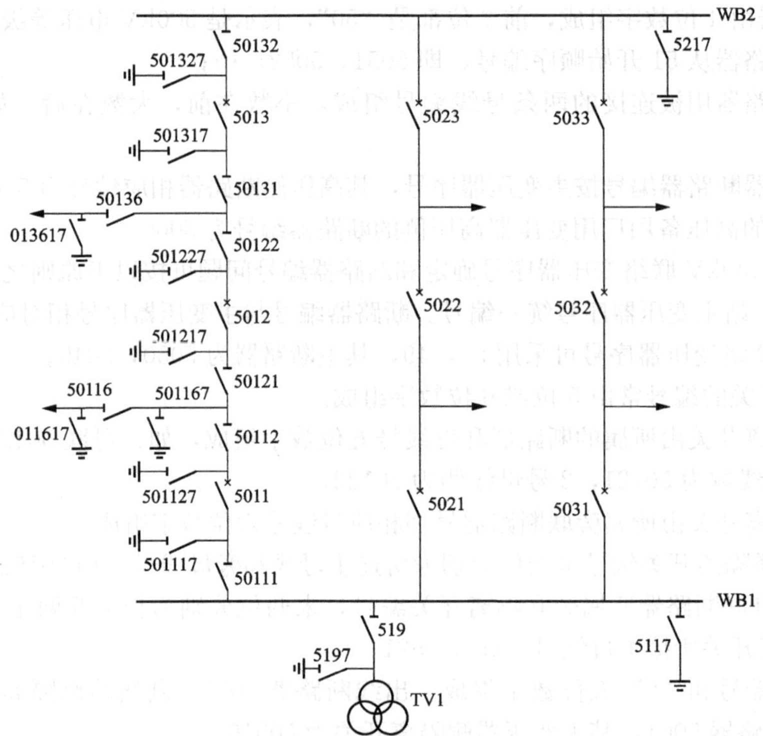

图 1-10 一台半断路器接线设备编号图

单元二　发电厂、变电站电气主接线的典型接线

一、发电厂电气主接线的典型接线

大型火力发电厂一般是指总容量在1000MW及以上，单机容量在200～1300MW（目前国内最大单机容量为600MW）的燃煤电厂。这类电厂是电力系统的主力，属于区域性发电厂。

图2-1、图2-2是某区域性大型火力发电厂的电气主接线。从图中可见，该厂安装了2台300MW的汽轮发电机组。由于没有近区用户，不设发电机电压母线，全部机组采用“发电机—双绕组变压器”单元接线，发电机所发电能扣除厂用电后全部经变压器升高电压分别送入220kV电力系统。

200MW及以上大机组，一般都是与双绕组变压器组成单元接线，而不采用与三绕组变压器组成单元，这不仅比用三绕组变压器经济，而且可免去由于在发电机出口装设断路器产生技术上的困难。因为200MW及以上的大机组主回路机端附近的短路电流很大，制造开断电流如此大的断路器目前还很困难；而且为防止母线附近钢结构发热，大机组出口主回路都采用分相封闭母线，在母线回路装设断路器，还将使配电装置结构变得很复杂。发电机出口不装设断路器，但可以装设隔离开关或设置可拆卸的连接点，以便单独对发电机进行试验。

1号、2号主变压器采用双绕组变压器，高压备用变压器选用自耦变压器作联络较为经济，自耦变压器的低压绕组可以作为厂用电系统的备用电源。

“发电机—变压器组”采用单元接线，厂用高压工作变压器（采用分裂绕组变压器）自发电机—变压器间引接，励磁系统通过励磁变压器自发电机—变压器间引接。另外，为保证厂用电源的可靠性，还自220kV高压备用变压器低压侧引接备用启动电源。

220kV出线共有两回，220kV配电装置采用的是双母线接线方式。

1. 该发电厂电气主接线的正常运行方式

（1）一组母线工作、一组母线备用的单母线运行方式。假定Ⅱ母线工作，Ⅰ母线备用。正常运行时，接在工作Ⅱ母线上的母线隔离开关22122接通，接在备用Ⅰ母线上的母线隔离开关22121断开，母联断路器2212断开，备用母线不带电。此运行方式为单母线接线运行，需要时工作母线和备用母线的工作状态可以进行互换。

（2）双母线并列运方式。Ⅱ母线、Ⅰ母线并列运行，母联断路器2212及其两侧隔离开关22122和22121均合上，各引出线和电源进线与工作Ⅱ母线、Ⅰ母线按固定方式连接，即电源和负荷均衡分布在两组母线上，1号发电机和1号变压器组成“发电机—变压器组”单元与2号发电机和2号变压器“发电机—变压器组”单元分别接于Ⅱ母线、Ⅰ母线；高压备用变压器其断路器断开热备用；各线路、电源及母线的继电保护均按规定投入。

采用这种运行方式的优点是：

（1）确保母线及引出线的双电源，提高可靠性。

（2）各组母线上均有电源和引出线，使输出功率与负荷基本平衡，母联断路器流过的电流很小，减小了电能损耗，如母联断路器误跳间，使系统潮流变化小，对系统各设备的冲击小，各机组仍可通过系统并联运行。

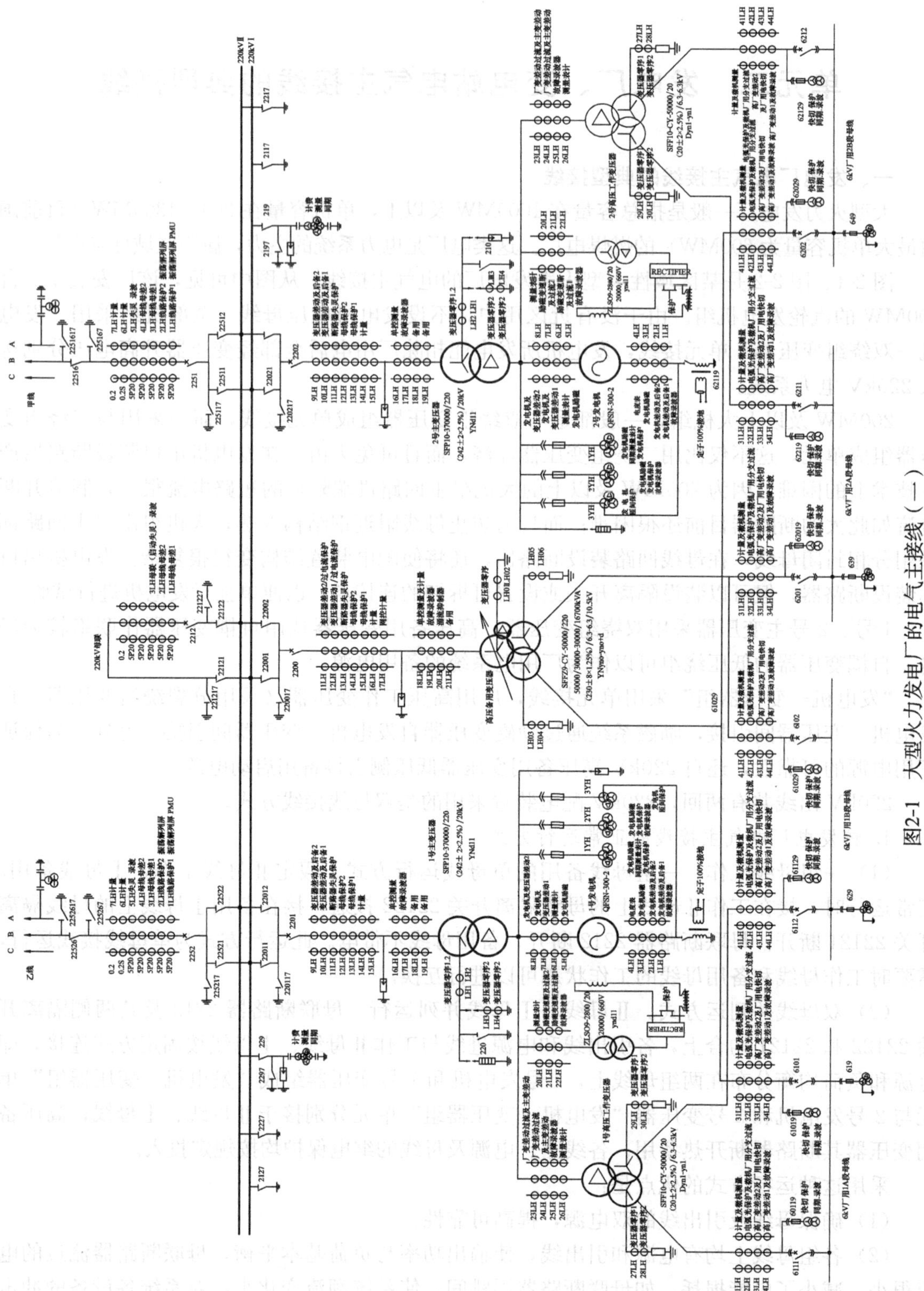

图2-1 大型火力发电厂的电气主接线（一）

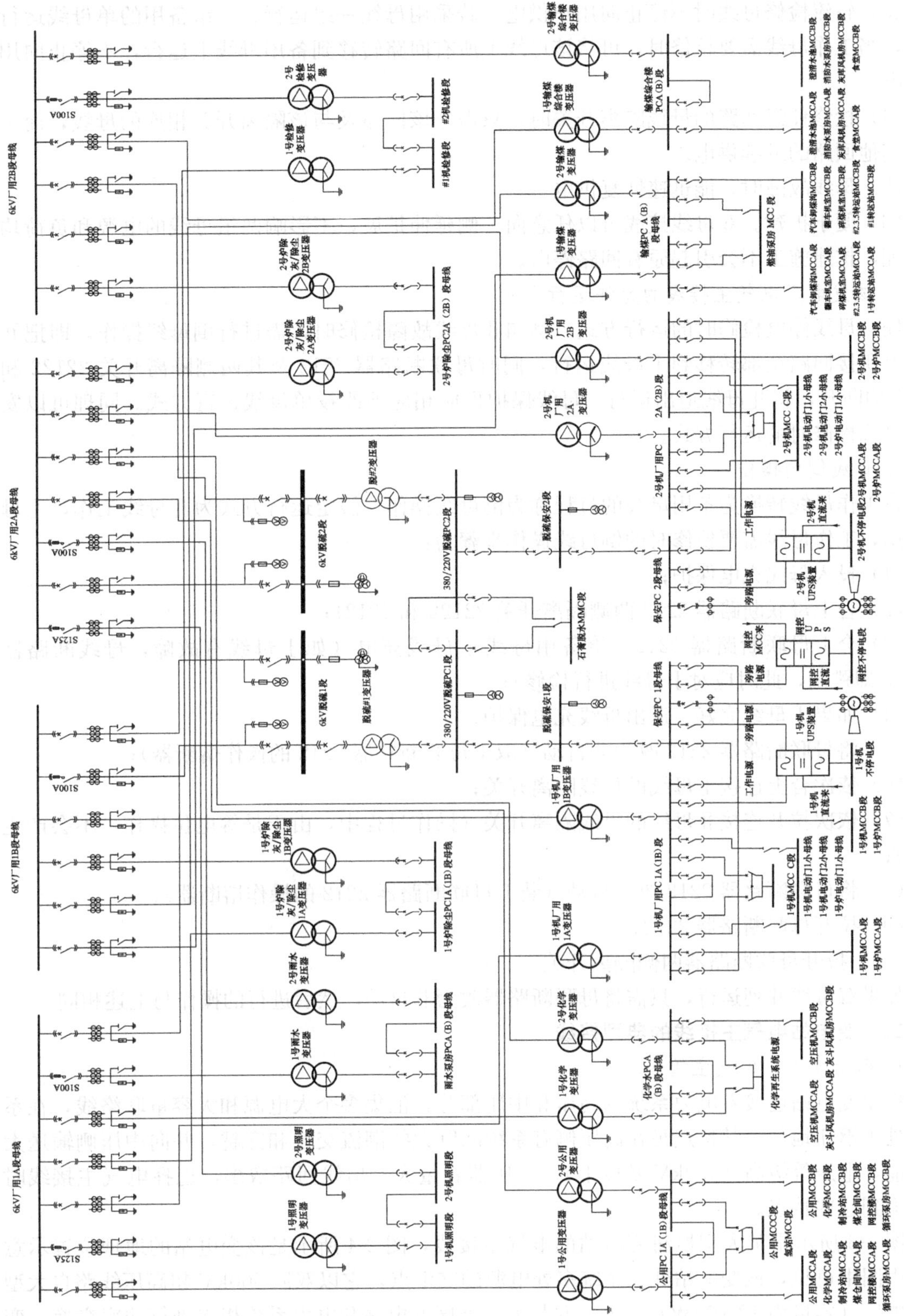

图2-2　大型火力发电厂的电气主接线（二）

(3) 轮流检修母线时不停止向用户供电。若采用母线一组运行、一组备用的单母线运行方式，当工作母线需要检修时，可将该母线上所有回路转移到备用母线上运行，不停止向用户供电。

(4) 检修任意回路的母线隔离开关时，只需停该回路及与该隔离开关相连的母线，而不影响其他回路的继续供电。

(5) 母线故障时，能迅速恢复供电。

(6) 便于扩建。双母线接线可以任意向一侧延伸扩展，不影响两组母线的电源和负荷均匀分配，扩建施工不会引起原有回路停电。

2. 该发电厂电气主接线的允许运行方式

任一母线停电检修时的运行方式。例如Ⅱ母线故障检修时，需进行倒母线操作，即把Ⅱ母线上所接回路全部转移到Ⅰ母线运行，同时母联断路器 2212 及其两侧隔离开关 22122 和 22121 均断开，将Ⅱ母线退出运行，母线保护也应相应地改投单母线运行方式。同理可以安排Ⅰ母线检修时的运行方式。

3. 母线倒闸操作

将工作母线转换为备用母线的过程称为倒母线操作。假定运行方式为Ⅱ母线工作，Ⅰ母线备用，工作母线需要检修时的倒母线操作步骤为：

(1) 投入母线充电保护；

(2) 合上母联断路器 2212 两侧隔离开关 22122 和 22121；

(3) 合上母联断路器 2212，给备用母线Ⅰ母线充电（如Ⅰ母线有故障，母线断路器 2212 立即跳闸，此时应对Ⅰ母线进行检修）；

(4) 如果Ⅰ母线完好，退出母线充电保护；

(5) 将母联断路器 2212 改为非自动（取下母联断路器 2212 的操作熔断器）；

(6) 依次合上连接Ⅰ母线的母线隔离开关；

(7) 依次拉开连接Ⅱ母线的母线隔离开关（操作过程中，由于是等电位操作，不会产生电弧）；

(8) 将母联断路器 2212 改为自动（装上母联断路器 2212 的操作熔断器）；

(9) 拉开母联断路器 2212；

(10) 拉开母联断路器两侧隔离开关。

如果双母线并列运行，只需将母联断路器改为非自动，然后进行的操作与上述相同。

二、变电站电气主接线的典型接线

1. 枢纽变电站电气主接线

枢纽变电站连接着电力系统的高压和中压部分，汇集多个大电源和大容量联络线，在系统中处于枢纽地位。其特点是在高压侧有系统间巨大的潮流交换和穿越，并向中压侧输送大量电能，电压等级高（330kV 及以上）、变压器容量大、出线回路数多，选择电气主接线时应考虑到这些特点。

图 2-3 所示是某大型枢纽变电站的电气主接线，图 2-4 所示是该变电站的地理位置示意图。由图中可见，该变电站处在系统多处电源的交汇点，它以双回 500kV 超高压线路自大型坑口电厂（容量为 1200MW）受电，并与另一地区变电站和电力系统相连进行功率交换。变电站安装有 500kV 2×750MVA 自耦变压器组及 220kV 2×120MVA 三绕组变压器。自耦变

压器从 500kV 系统受电，降压至 220kV 供给本地区。220kV 侧实际上可看作一地区变电站，一方面以 10 回 220kV 出线向 220kV 电网送电，另一方面经三绕组变压器降压至 110kV 供电给当地大城市。

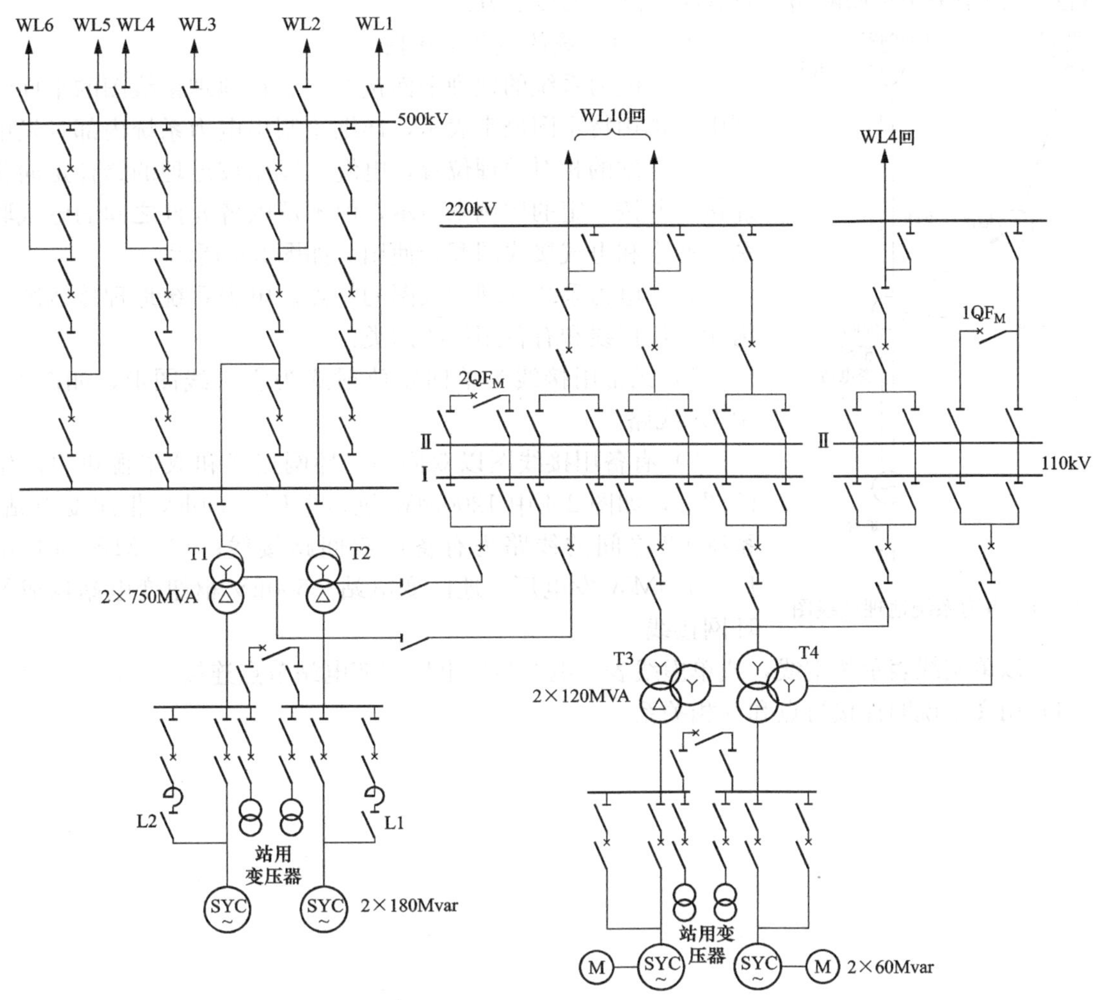

图 2-3　大型枢纽变电站电气主接线

500kV 母线和 220kV 母线均是电压中枢点，为了电网调压需要及补偿电网无功功率需要，变电站安装有 4 台调相机 SYC，2 台 180Mvar 的调相机接在自耦变压器的第三绕组，2 台 60Mavr 的调相机接在三绕组变压器的低压绕组。经过技术经济比较，也可以采用并联电容器代替调相机作补偿装置。

变电站有 500/220/110kV 三种电压等级。各电压等级配电装置的电气主接线分析如下：

500kV 配电装置采用一台半断路器接线。因为有 8 个回路（6 条线路加 2 台变压器），采用 12 台断路器 4 串并列，正常运行时两组母线同时工作。这种接线在母线检修或故障以及任一台断路器检修时，都不会造成任何回路停电，可靠性很高，这对于超高压系统的功率平衡和运行稳定性是十分重要的。

220kV 配电装置是双母线带旁路母线接线。因为出线回路数较多，设置了专用旁路断路器。由于所有进出线回路都装设了旁路隔离开关，在任何回路断路器检修时，该回路都不需停电。

110kV 配电装置也是采用双母线带旁路母线接线，但由于出线回路较少，未装设专用旁路断路器而是采用母联断路器兼旁路断路器的接线方式。

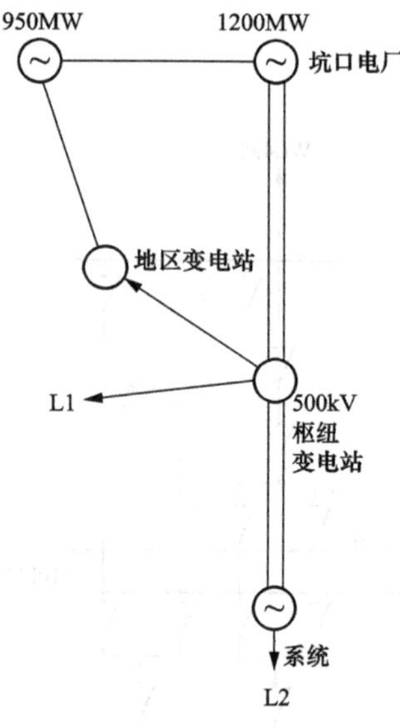

图 2-4 电力系统地理接线图

2. 电力系统的地理接线图

(1) 电力系统的地理平面接线图。在地理接线图的平面绘制中，选用特定图例来表示，详细绘制出电力系统内部各发电厂、变电站的相对地理位置，电缆、线路按地理的路径走向相连接，并按一定的比例来表示，但不反映各元件之间的电气联系，通常和电气接线图配合使用。如图 2-4 所示。

(2) 电力系统地理接线图的特点。电力系统地理接线图分为无备用接线和有备用接线两类：

1) 无备用接线为单回路放射式为主干线图形，如图 2-4 中 L1 线路。

2) 有备用接线图以双回路、环网接线和双电源供电网络的图形，如图 2-4 中 1200MW 坑口电厂、500kV 枢纽变电站、系统 L2 之间的线路为有备用双回路接线；1200MW 坑口电厂—950MW 发电厂—地区变电站—500kV 枢纽变电站构成的环网接线。

3) 以单实线表示架空线，或单虚线表示电缆与发电厂与变电站节点连接。

4) 用文字说明连接特点和互相关系。

单元三 低压电器设备

一、低压熔断器

低压电器是指 1kV 以下的电路控制电器，用于开合低压交、直流电路。

常用的低压电器有：低压隔离开关（统称闸刀开关）、接触器、磁力启动器、低压断路器（自动空气开关）等。

1. 低压熔断器的种类及型号

低压熔断器按结构形式分为螺旋式、插入式、管式以及开敞式、半封闭式和封闭式等；按有无填料分为有填充料式和无填充料式；按工作特性分为有限流作用和无限流作用；按熔体的更换情况分为易拆换式和不易拆换式等。

低压熔断器的型号如图 3-1 所示。

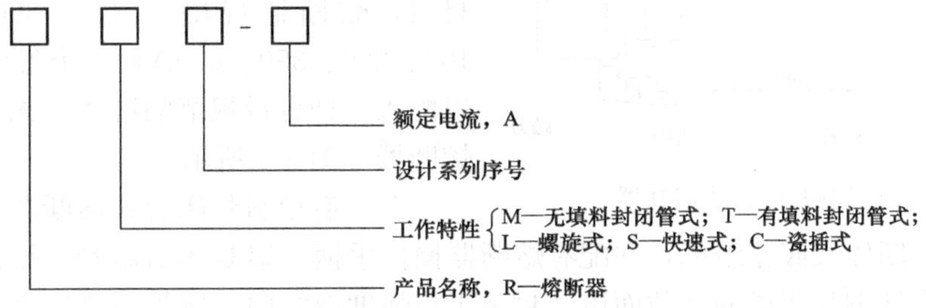

图 3-1 低压熔断器型号

例如，RM10-600 表示额定电流 600A、设计序号为 10 的无填料封闭管式熔断器。

2. 低压熔断器的结构类型

(1) 瓷插式熔断器。又名插入式熔断器，由磁盖、磁底座、静触点、动触点和熔丝组成。它是一种最常见的、结构简单的熔断器，熔体更换方便、价格低廉。一般用于交流 50Hz、额定电压 380V、额定电流 200A 以下的线路中，作为电气设备的短路保护及一定程度上的过载保护之用。RC1A 系列瓷插式熔断器如图 3-2 所示。

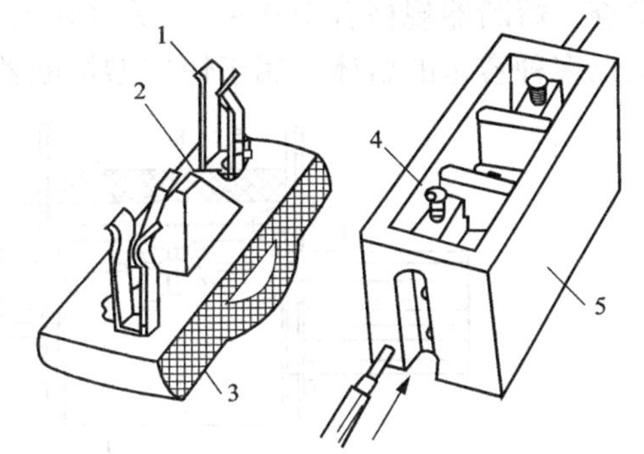

图 3-2 RC1A 系列瓷插式熔断器
1—动触点；2—熔丝；3—磁盖；
4—静触点；5—磁底座

(2) 螺旋式熔断器。由瓷帽、熔丝管、上接线端、下接线端以及底座等组成。熔丝管是一个瓷管，内装熔体和石英砂，熔体的两端焊在熔管两端的导电金属盖上，其上端盖中间有一熔断指示器，当熔体熔断时指示器弹出，通过瓷帽上的玻璃窗口可以看见。RL1 系列螺旋式熔断器如图 3-3 所示。

螺旋式熔断器特点是其熔丝管内充满了石英砂填料，以此增强熔断器的灭弧能力，具有体积小、灭弧能力强、有熔断指示和防振等优点，在配电及

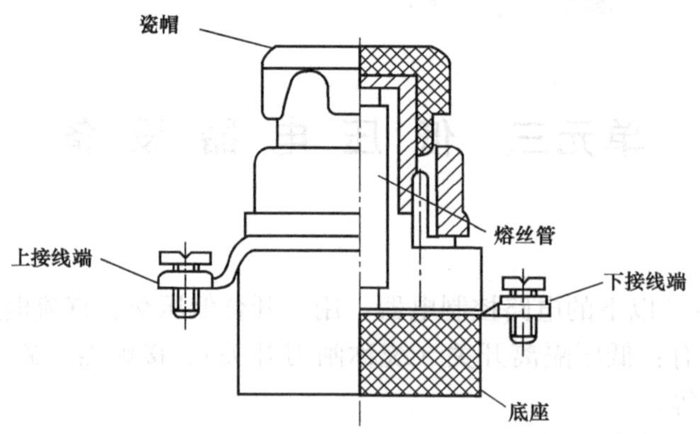

图 3-3 RL1 系列螺旋式熔断器

机电设备中大量使用。此外，有填料的封闭管式熔断器，具有分断能力高、有醒目的熔断指示和使用安全等优点，被广泛用于短路电流很大的电力网络或配电装置中。

(3) 无填料封闭管式熔断器。无填料封闭管式熔断器的熔管为绝缘耐温纸等材料压制而成，熔体多数采用铅锡、铅、锌和铅合金金属材料，熔断器规格有 15～600A（15、60、100、200、350、600A）六个等级、各级都可以配入多种容量规范的熔体。无填料封闭管式熔断器如图 3-4 所示。

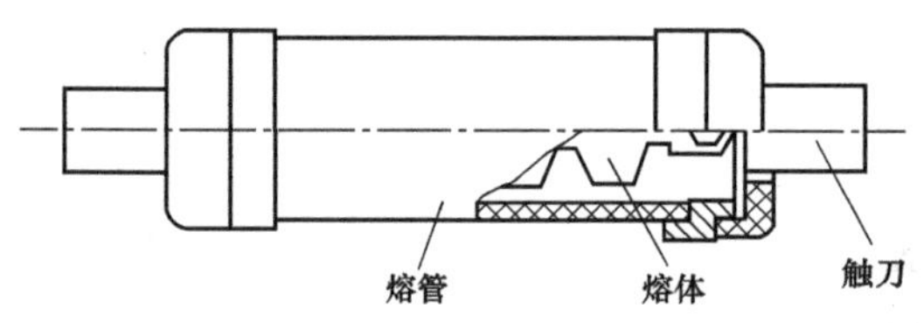

图 3-4 无填料封闭管式熔断器

(4) 有填料封闭管式熔断器。有填料封闭管式熔断器由熔断体及底座组成，并配有熔断器操作手柄。熔断体由熔管、熔体、填料、指示器等组成。由纯铜片制成的变截面熔体封装于高强度熔管内，熔管内充满高纯度石英砂作为灭弧介质。熔体两端采用点焊与连接板牢固连接。熔断体带有熔断指示器，能在熔体熔断时立即弹出红色醒目的指示器显示熔断。底座由插座及底板组成，呈敞开式结构，具有散热条件好、机械强度高、接触可靠、操作方便等特点。操作手柄采用热固性塑料，绝缘性能好、结构简单、操作自如。

常用有填料封闭管式熔断器为 RTO 型，其熔管由绝缘瓷制成，内填石英砂，以加速灭弧。熔体采用紫铜片，冲压成网状多根并联型式，上面熔焊锡桥，并有熔断信号装置，便于检查。熔断器规格有 100～1000A（100、200、400、600、1000A）五个等级，各级熔管均可配以多种容量的熔体，属于快速型熔断器。RTO 型熔断器的结构如图 3-5 所示。

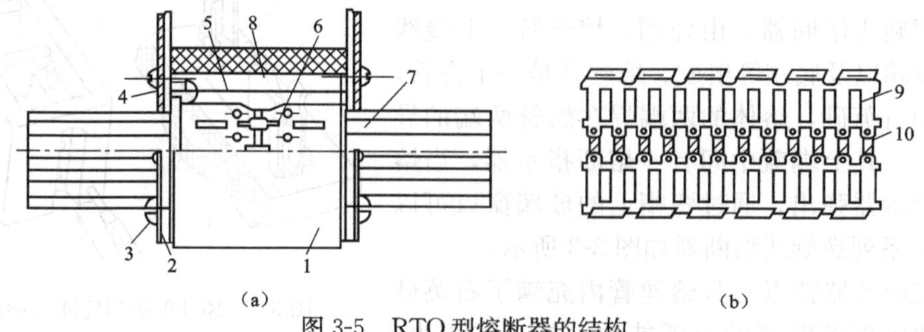

图 3-5 RTO 型熔断器的结构

(a) 熔管结构示意图；(b) 熔体

1—熔管管体；2—盖板；3—螺钉；4—指示器；5—康铜丝；6—熔件；7—刀形触头；8—石英砂；9—栅网熔件；10—锡桥

二、低压隔离开关（闸刀开关）及其组合电器

低压隔离开关（闸刀开关）是低压手动操作的开关电器中最简单的一种，额定电流在1500A以下，常用于不频繁操作的电路中。为了能在短路和过载时自动切断电路，通常将低压隔离开关（闸刀开关）与熔断器串联配合使用。有时将低压隔离开关（闸刀开关）和熔断器组成一个元件，称刀熔开关。

低压隔离开关（闸刀开关）的种类有很多。按极数可分为单极、双极和三极；按灭弧结构可分为带灭弧罩的和不带灭弧罩的；按操作方式可分为直接手柄操作式和杠杆操动机构式；按刀开关转换方向可分为单投（HD）和双投（HS）；按结构可分为平板式和条架式等。各种类型的低压隔离开关（闸刀开关），额定电流为100～400A时采用单刀片，600～1500A时采用双刀片。

1. HK型胶盖低压隔离开关（闸刀开关）

HK型胶盖低压隔离开关（闸刀开关）由磁底座、胶盖和刀闸组成，刀闸下配有熔丝，如图3-6所示。其额定电压有220V和380V，HK1型额定电流可达60A，HK2型额定电流可达30A。胶盖低压隔离开关（闸刀开关）主要作为照明、电热回路控制开关，三极胶盖低压隔离开关（闸刀开关）可作为不频繁操作的小型异步电动机的控制开关。

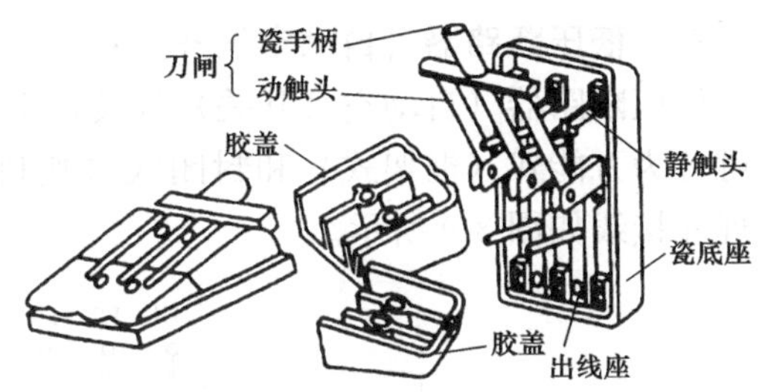

图3-6　HK型胶盖低压隔离开关（闸刀开关）

2. HH型铁壳低压隔离开关（铁壳开关）

HH型铁壳低压隔离开关由封闭在钢板和铸铁壳内的刀闸和熔断器组成，刀闸带快速刀刃，手动操作，如图3-7所示。在HH型铁壳低压隔离开关的铁盖上装有机械连锁装置，合闸状态时打不开盖，而打开盖时合不上闸，可以防止电弧伤人。铁壳低压隔离开关的额定电压有220、380、500V，HH3型铁壳低压隔离开关额定电流可达200A，可作为照明、电热等配电线路中手动不频繁开断和接通电路的控制元件，也可用作不频繁操作的小型异步电动机全压启动和22kW及以下电动机的控制元件。

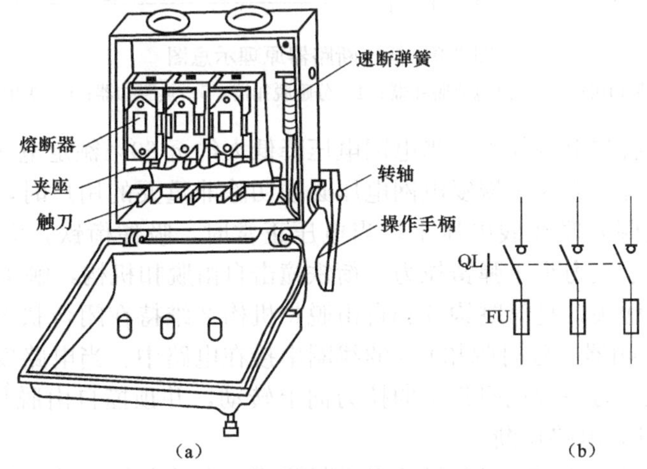

图3-7　HH型铁壳低压隔离开关（铁壳开关）

(a) 封闭式负荷开关；(b) 图形文字符号

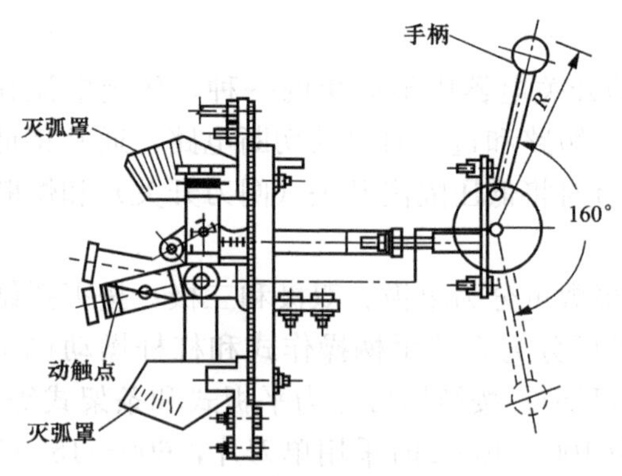

图 3-8 HS13 型低压隔离开关（板闸刀开关）

3. HD、HS 型低压隔离开关

该类型低压隔离开关用于成套开关柜或动力箱中，其结构均设为开启式。带杠杆操动机构的低压隔离开关，一般装有灭弧罩，能切断额定电流以下的负荷电流。

不装灭弧罩的低压隔离开关，不能切断负荷电路，仅作隔离开关用。额定电流 400A 及以下者机械寿命为 10000 次，600～1500A 者为 5000 次。HS13 型低压隔离开关（板闸刀开关）如图 3-8所示。

三、低压断路器（自动空气开关）

低压断路器（自动空气开关）种类按电源种类可分为交流和直流的自动开关；按结构特点可分为万能式（框架式）和封闭式（塑料外壳式）。低压断路器（自动空气开关）的工作原理和接线如图 3-9 所示。

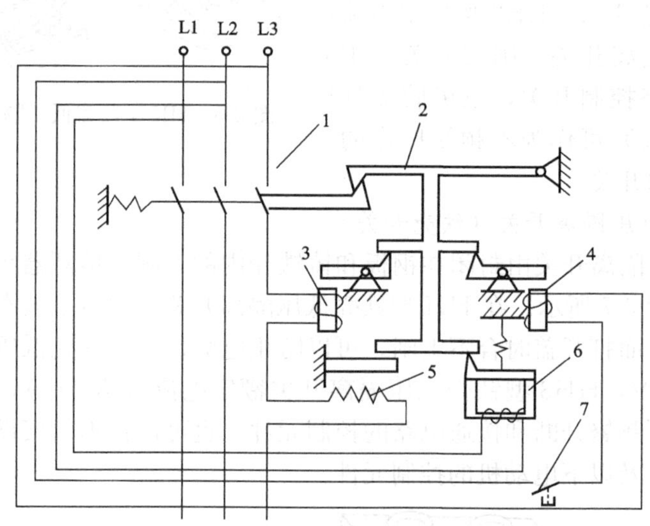

图 3-9 低压断路器原理示意图

1—主触头；2—自由脱扣机构；3—过电流脱扣器；4—分励脱扣器；5—热脱扣器；6—欠电压脱扣器；7—按钮

低压断路器还装有欠电压保护，当电网电压降低大约至 60％额定电压时，为了不致因电压过低而烧坏电动机等，或为了恢复电网电压必须切除非重要的用户时，欠电压保护立即动作。欠电压脱扣器线圈并联在线电压上，当电压正常时，吸住衔铁，而当电压降低到约为 60％额定电压时，由于吸力小于弹簧拉力，衔铁撞击自由脱扣机构，触头断开。

低压断路器的主触头，是靠跳钩 8 和自由脱扣机构 2 维持在闭合状态的。过电流脱扣器（瞬时脱扣）3 和热脱扣器（延时脱扣）5 的线圈串接在电路中。当电路发生故障时，较大的电流吸住衔铁的一端，另一端克服弹簧的拉力向上转动，并顶撞自由脱扣机构 2，释放跳钩 8，主触头即自动断开，电路切断。

如图 3-10 所示为 DZ10-250 型塑料外壳式断路器（自动空气开关）的剖面图。塑料外壳式断路器，简称塑壳式自动开关。原称装置自动开关，其全部结构和导电部分都装在一个塑

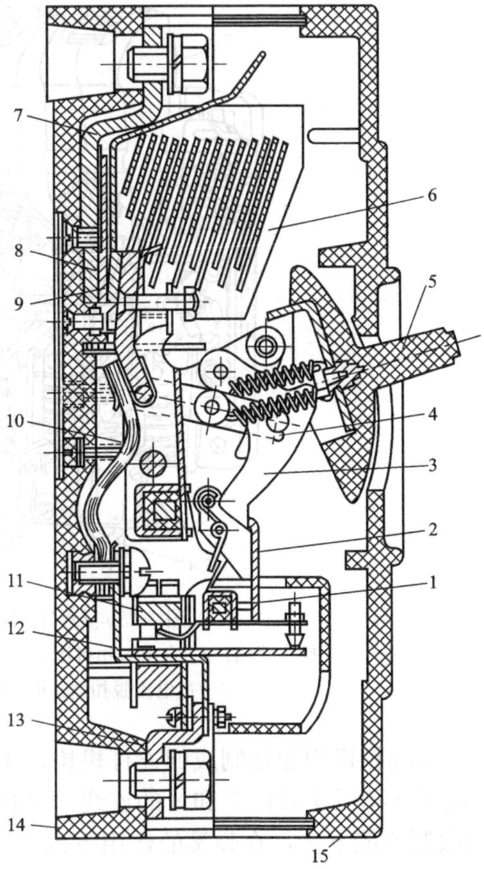

料外壳内，仅在壳盖中央露出操作手柄，供手动操作用。

如图 3-11 所示是 DW10-200 型框架式断路器的结构图。断路器是敞开地装在框架上。它的保护方案和操作方式较多，它具有较完善的灭弧罩，其断流能力较大。合闸操作方式较多，可直接由手柄操作；通过杠杆手动操作；也可由电磁铁操作和电动机操作等方式。故又称万能式断路器（自动开关）。

低压断路器的主要结构有触头系统、灭弧装置、自由脱扣机构及脱扣器、操动机构等。

1. 触头系统

低压断路器所装的触头数量与额定电流的大小有关。额定电流为 200A 时，只装有主触头；额定电流为 400～600A 时，装有主触头和灭弧触头；额定电流为 1000A 以上时，装有主触头、副触头和灭弧触头。主触头、副触头、灭弧触头为并联关系。正常工作时工作电流主要通过主触头，要求主触头接触电阻小而散热面积大，因而在接触处焊有银片，并施加足够的触点压力。

灭弧触头专用于保护主触头免受电弧烧伤。接通电路时，灭弧触头首先接通，然后主触头接通；断开电路时，主触头先断开，灭弧触头后断开。因此，在接通和断开电流时，电弧都发生在灭弧触头上，不会发生在主触头上，使主触头得到保护。灭弧触头具有可更换的碳或黄铜的灭弧端。

图 3-10　DZ10-250 型塑料外壳式断路器（自动空气开关）剖面图

1—牵引杆；2—自由脱扣机构；3—跳钩；4—连杆；5—操作手柄；6—灭弧室；7—引入线和接线端子；8—静触头；9—动触头；10—可挠连接条；11—电磁脱扣器；12—热脱扣器；13—引出线和接线端子；14—塑料底座；15—塑料盖

当灭弧触头失去作用时，副触点可以代替灭弧触头工作。当断路器分闸时主触头断开，其次是副触头，最后灭弧触头断开。合闸时顺序相反。

2. 灭弧装置

为了提高低压断路器的断流能力，迅速地熄灭电弧，低压断路器在触点的上部装有灭弧装置（灭弧罩）。灭弧罩的外壳由陶土、石棉板等绝缘耐热材料制成。灭弧罩内有许多互相绝缘的镀铜钢片组成的灭弧栅，栅片交错布置，且栅片上有不同形状的凹槽，构成“迷宫式”形状。为了防止相间飞弧造成短路，常增设灭焰栅。灭焰栅由横向金属片组成，以限制电弧喷出的距离。

3. 自由脱扣机构

低压断路器的合、分闸命令是通过一定的中间传动机构，传送到触头系统，使触头接通或断开的。当低压断路器合闸于短路故障上而合闸命令没有消除时，低压断路器应仍能自动分闸，否则会造成事故扩大。因此，一般低压断路器都设有自由脱扣机构。

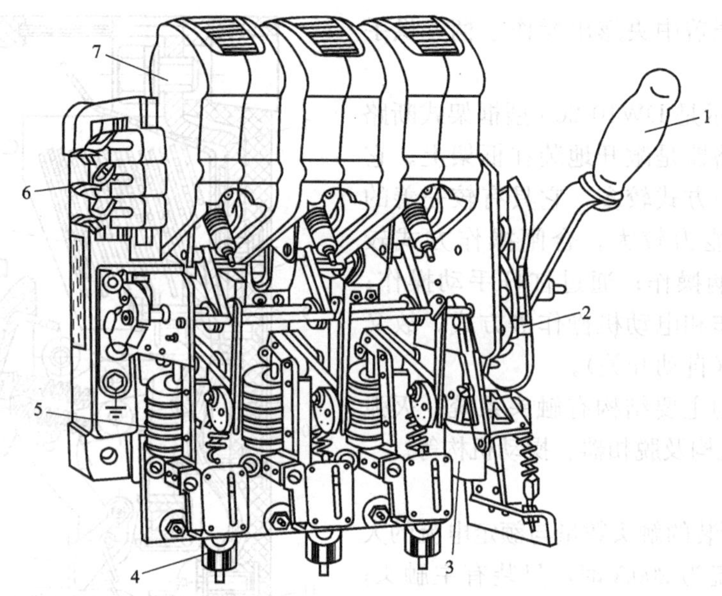

图 3-11 DW10-200 型框架式断路器结构图

1—操作手柄；2—自由脱扣机构；3—欠电压脱扣器；4—过电流脱扣电流调节螺母；5—过电流脱扣器；6—辅助触头（联锁触头）；7—灭弧罩

自由脱扣机构通常制成四连杆机构，工作原理如图 3-12 所示。当低压断路器在合闸位置时，铰链 9 稍低于铰链 7 和 8 的连线，又称为死点位置之下。此时，连杆 6 的下方受到止钉 10 的限制不能下折，在弹簧的作用下也不能跳闸。分闸时，分闸线圈 4 的铁芯 5 向上顶动连杆系统 6，使铰链 9 的位置移向铰链 7、8 的连线之上，连杆系统向上曲折，此时无论手柄 1 的位置如何，低压断路器都能断开，这样就实现了无论合闸命令是否消失，低压断路器都能跳闸的目的。要使低压断路器再次接通，必须将手柄转到分闸位置，使铰链 9 由处于铰链 7、8 的连线之下，将手柄转到合闸位置，触点接通。

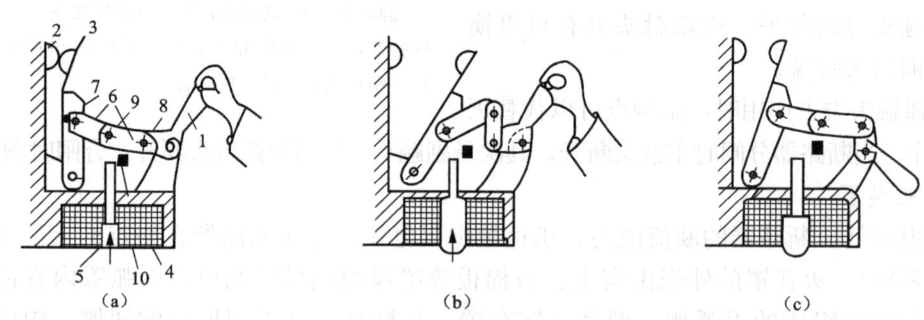

图 3-12 低压断路器自由脱扣机构工作原理图

(a) 低压断路器合闸；(b) 低压断路器分闸；(c) 低压断路器准备合闸

1—手柄；2—静触点；3—动触点；4—分闸线圈；5—铁芯；6—连杆；7、8、9—铰链；10—止钉

4. 脱扣器

能使低压断路器自动分闸的装置称为脱扣器。脱扣器有过电流脱扣器、热脱扣器、失压脱扣器、分励脱扣器等，可根据需要选用一种或几种。过电流脱扣器用于电路短路保护；失

压脱扣器是在电路电压降低到断路器额定电压的40%以下时动作，瞬时切断电路；分励脱扣器用于远距离控制低压断路器；热脱扣器用于电路过载保护。

5. 操动机构

低压断路器的操作方式有手动操作和远距离电动操作两种。其中，手动操作分为手柄直接操作和杠杆传动操作（额定电流1500A以下）两种；远距离电动操作分为电磁铁传动操作（额定电流600A以下）和电动机传动操作（额定电流1000A以上）两种。

（1）电磁合闸控制。图3-13所示为电磁合闸控制回路的原理接线图。动作过程是：按下按钮SB，通过时间继电器KT的延时动断触头KT和低压断路器的辅助动断触头，接通接触器KM的线圈，接触器KM的动合触头闭合，接通时间继电器KT的线圈，接触器KM的三对动合主触头闭合，使电磁铁线圈YO励磁动作，使断路器合闸，接触器动合辅助触头构成自保持。电磁铁是按短时工作设计的，通电时间不能超过1s。时间继电器的作用就是通电到1s时，时间继电器KT延时动断触头断开，切断接触器KM电路，KM动合主触头断开，使电磁铁线路YO断电，KM辅助动合触头断开，解除自锁，整个控制回路复位。

（2）电动机传动控制。图3-14所示为电动机传动控制的原理图。电动机采用三相异步电动机或直流串激电动机，通过蜗轮蜗杆减速后带动低压断路器合闸。动作过程是：按下按钮SB，通过中间继电器KT的动断触头和低压断路器辅助动合触头Q和行程开关的动断触头SQ，接通接触器KM的线圈。电动机M和抱闸制动器Z同时通电。抱闸松开，电动机旋转，直至低压断路器闭合。这时装在蜗轮上的凸轮，将终点行程开关SQ断开，切断接触器KM，电动机制动（终点开关断开后随即闭合，准备下一次合闸）。中间继电器KC是为了防止断路器跳跃的，在接触器KM辅助动合触头闭合后，中间继电器KC接通，其动合触头自保持，动断触头切断按钮SB至接触器KM线圈间的电路。

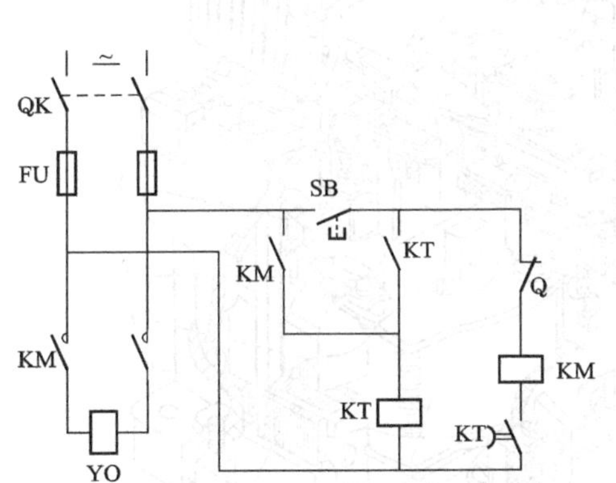

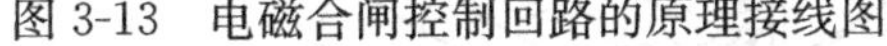
图3-13　电磁合闸控制回路的原理接线图

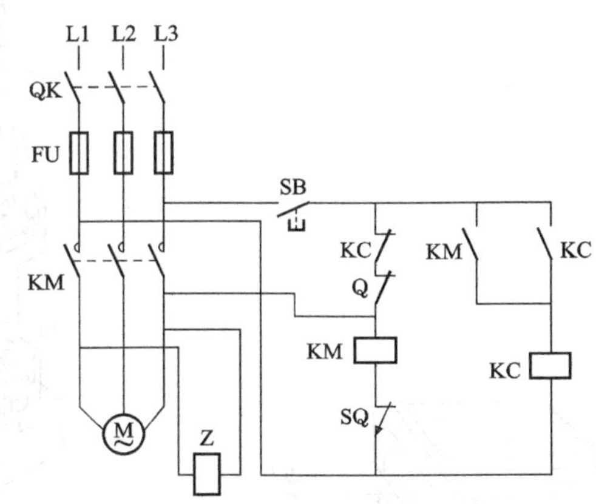

图3-14　电动机传动控制的原理图

四、交流接触器和磁力启动器

（一）交流接触器

交流接触器是用电磁原理实现低压电路的接通与开断的电器，它动作迅速、灭弧性能好、可频繁操作、使用寿命长、工作可靠、能实现远距离操作或自动控制，是使用范围很广的主要控制电器。

1. 交流接触器结构和工作原理

交流接触器的主要元件有电磁驱动及保持系统、触点系统和灭弧装置、支架或外壳等。

电磁驱动及保持系统由电磁线圈、动铁芯和静铁芯组成，吸合形式有螺管式、转动拍合式和E形直动式，如图3-15所示。

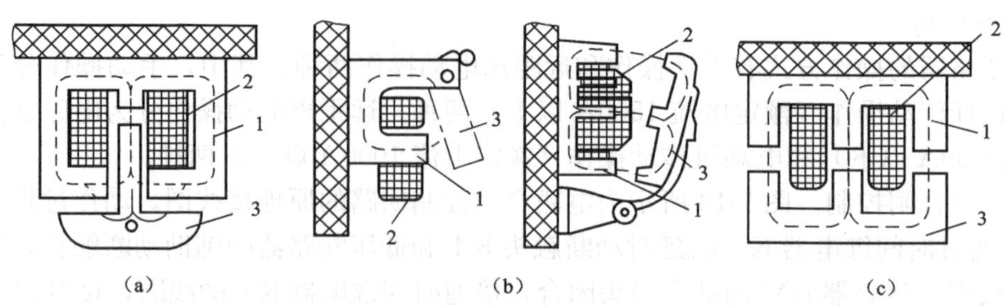

图3-15 交流接触器的电磁系统形式

(a)螺管式；(b)转动拍合式；(c)E形直动式

1—静铁芯；2—电磁线圈；3—动铁芯

交流接触器的电磁线圈在电流过零时，铁芯引力为零，受弹簧反作用力而产生振动与噪声。为了消除铁芯线圈的噪声，在静铁芯端面的一部分装嵌一个短路铜环，使铁芯磁通分成相位不同的两部分，从而使铁芯总吸合力的变化减小，使动铁芯始终被紧紧吸住，减少了振动和噪声，如图3-16所示。触头系统中主触头的形式，有两点接触的跨接桥式和一点接触的形式，辅助触头一般采用跨接桥式。灭弧装置采用石棉水泥或陶土制成的灭弧罩。CJ10型交流接触器的外形如图3-17所示。

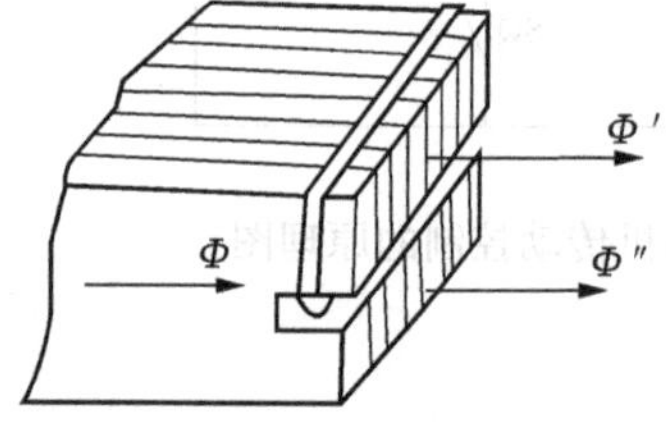

图3-16 铁芯短路环

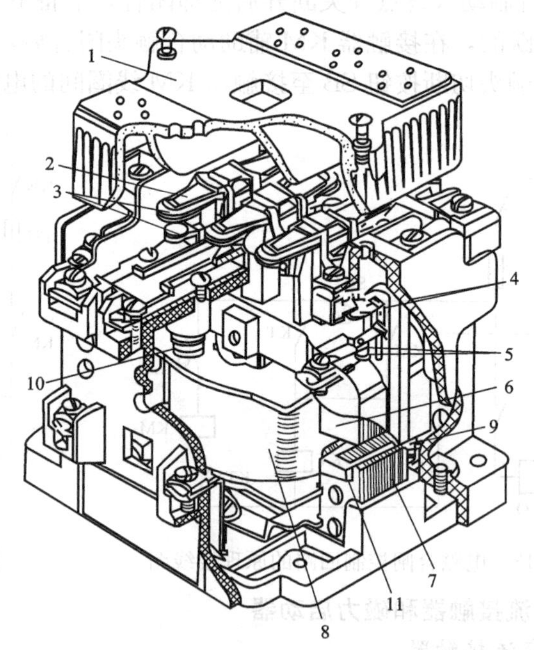

图3-17 CJ10型交流接触器外形图

1—灭弧罩；2—触头压力弹簧片；3—主触头；4—辅助常闭触头；5—辅助常开触头；6—动铁芯；7—静铁芯；8—线圈；9—缓冲弹簧；10—反作用弹簧；11—短路环

交流接触器控制电动机的原理接线图如图3-18所示。

主电路：接触器KM的主触头与被控制电器串联在电源电路内。

控制电路：接触器KM吸持线圈与停止按钮SB1、启动按钮SB2串接后接入电源，为了避免启动按钮松开后控制电路断电，将接触器KM的一对辅助动合触头与合闸按钮SB2并联，称为自锁，又称自保持。

启动电动机时，按下启动按钮SB2，控制电路接通，接触器KM吸持线圈通电，接触器衔铁吸合，主触头接通主电路，电动机启动。同时，接触器KM辅助动合触头KM闭合，实现“自保持”。停止电动机时，按下停止按钮，切断控制电路，接触器在弹簧的作用下衔铁释放，接触器KM动合主触头断开，电动机断电，接触器KM辅助动合触头断开，解除自保持。

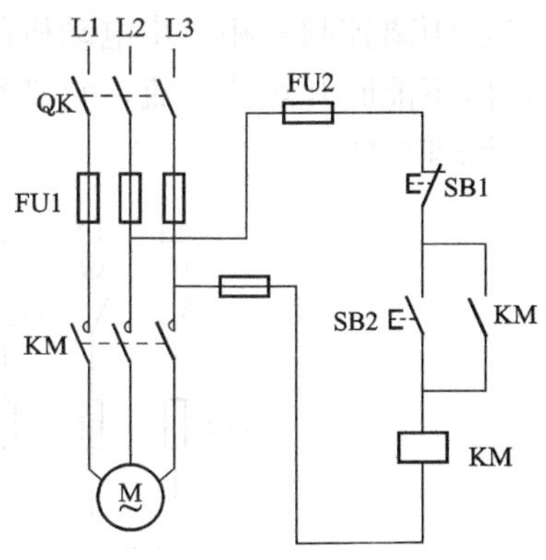

图3-18　交流接触器控制电动机原理接线图

2. 接触器型号含义

接触器型号由组类代号、设计序号、基本参数和辅助规格四项组成，如图3-19所示。

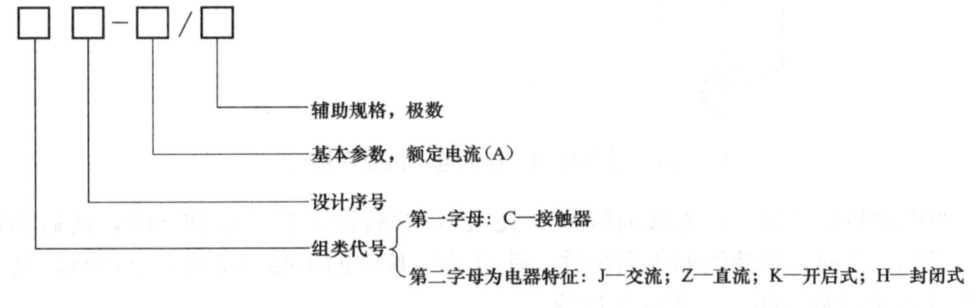

图3-19　接触器型号

例如，CJ10—20表示设计序列为10、额定电流为20A的交流接触器。

(二) 热继电器

电动机工作时，当负荷过大、电压过低或发生一相断路故障时，电动机的电流往往会超过规定值，如果电流超过得不多，熔断器不会熔断。但过负荷工作时间过长，电动机会因过热而寿命大大降低，甚至烧毁，因此需要有过载保护。热继电器是一种过载保护的自动控制电器，多用于电动机的过载保护。它是利用电流通过电阻时的热效应而动作的。现在广泛应用的双金属片式热继电器，结构简单、体积小，具有良好的反时限特性。它由发热元件、双金属片、触点及一套传动和调整机构组成。热继电器的结构如图3-20所示。

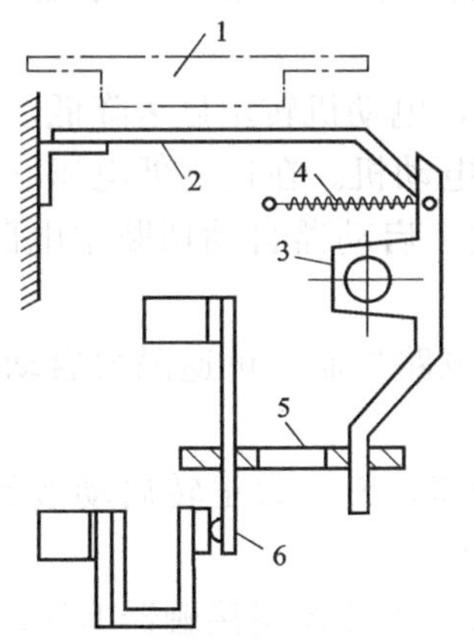

图3-20　双金属片式热继电器结构原理图

1—热元件；2—双金属片；3—扣板；4—弹簧；5—绝缘拉板；6—触点

当电动机过载时，电流增大，双金属片2受热膨胀向上弯曲，扣板3失去平衡，在弹簧4的作用下，向逆时针方向转动，其下端带动绝缘拉板5向右移动，将触点6断开切断控制回路，使主回路断电，电动机得到保护。

(三) 磁力启动器

磁力启动器由交流接触器、热继电器和按钮组成。它主要用来远距离控制三相异步电动机的启动、停止和正反转控制，兼作电动机的低电压和过载保护，但不能断开短路电流，它必须与熔断器配合使用。图 3-21 所示为用磁力启动器控制电动机的原理接线图。

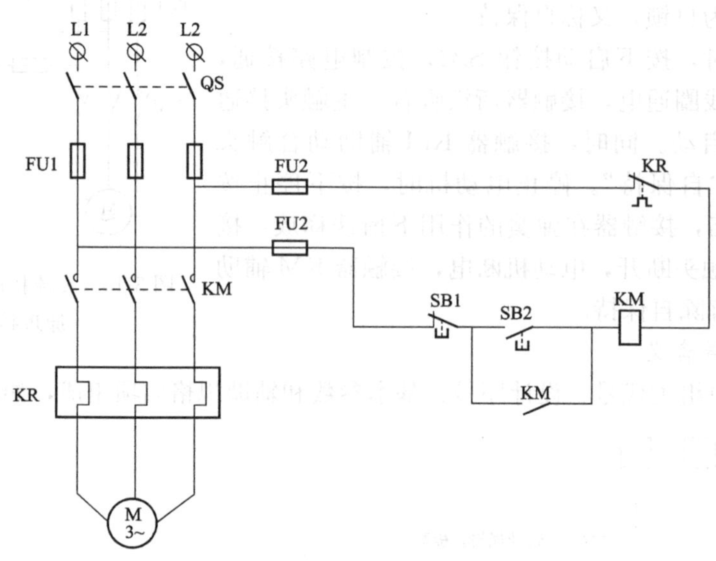

图 3-21 磁力启动器控制电动机原理接线图

（1）当电动机启动时，首先接通隔离开关 QS，然后按下启动按钮 SB2，使启动器 KM 的吸持线圈电路接通，吸持线圈吸引衔铁，使启动器 KM 的主触点接通，电动机转动，同时启动器 KM 的辅助触点闭合，实现自保持。

（2）当电动机停止运行时，按下停止按钮 SB1，启动器 KM 吸持线圈断电，衔铁释放，启动器 KM 主触点断开，电动机断电，同时启动器 KM 的辅助触点也断开，解除自保持。

（3）当电动机过载时，电动机电流增大，温度升高，双金属片受热元件过热而膨胀变形，热继电器 KR 的动断触点断开，切断启动器 KM 吸持线圈回路，使启动器 KM 的主触点断开，电动机断电而得到保护。

（4）当电路电压由于某种原因降低到额定电压的 85%以下时，电动机转矩显著降低，转速下降，定子和转子电流增大，使电动机过热，严重时甚至烧坏电动机。在这种低电压（欠电压）情况下，吸持线圈吸引力减小，在弹簧的作用下衔铁释放，启动器自动切断主电路，达到低电压（欠电压）保护的目的。

为了使电动机能正转或反转运行，常用可逆磁力启动器进行电路控制。可逆磁力启动器由两台交流接触器和一台热继电器组成，控制电路如图 3-22 所示。

图 3-22 中 KM1 为正转控制接触器，KM2 为反转控制接触器，SB2 为正转启动按钮，SB3 为反转启动按钮。

正转控制时，首先闭合隔离开关 QS，按下正转启动按钮 SB2，正转控制接触器 KM1 吸合线圈通电，衔铁吸合，接触器 KM1 主触点闭合，电动机正转。同时，KM1 辅助动合触点闭合，实现自保持，KM1 辅助动断触点断开，切断反转控制接触器 KM2 的吸持线圈所在控制回路，实现闭锁（互锁），确保接触器 KM1 和 KM2 线圈不会同时通电，避免造成电源发生相间短路。

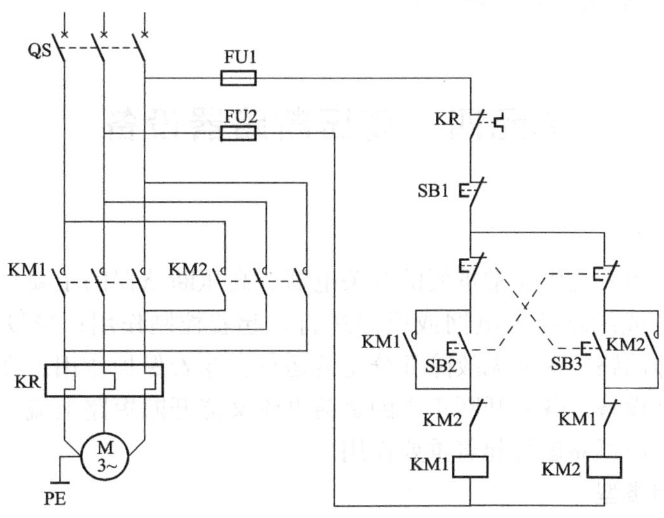

图 3-22　用可逆磁力启动器控制电动机正、反转的控制电路

反转控制时，按下反转控制按钮 SB3，正转控制接触器 KM1 吸合线圈断电，衔铁释放，KM1 主触点断开，电动机正转停止；反转控制接触器 KM2 吸合线圈通电，衔铁吸合，KM2 主触点闭合，电动机反转。同时正转控制接触器 KM1 辅助动合触点 KM1 断开，解除自锁；反转控制接触器 KM2 辅助动合触点闭合，实现自保持。

电动机的过载保护由热继电器实现，短路保护由熔断器实现，低电压保护由接触器本身实现。该电路适用于功率较小的允许直接正、反转的电路，不适用于大功率电动机和频繁正、反转控制的电动机。因为电动机如果从正转直接变为反转或从反转直接变为正转，在换接瞬间，转差率接近于 2，不仅会引起很大的电流冲击，而且会造成相当大的机械冲击，频繁操作还会使热继电器过热而动作。

单元四　高压断路器设备

一、概述

高压断路器是电力系统中非常重要的开关电器。高压断路器的主要功能是：正常运行倒换运行方式，把设备或线路接入电网或退出运行，起着控制作用；当设备或线路发生故障时，能迅速切除故障回路，保证无故障部分正常运行，起着保护作用。高压断路器是开关电器中最为完善的一种设备，既能开断正常的负荷电流又能开断短路电流。高压断路器对维持电力系统的安全、经济可靠运行起着重要作用。

二、高压断路器类型

根据高压断路器的装设地点，可分为户内和户外两种类型。按断路器使用灭弧介质的不同可分为油断路器（多油断路器和少油断路器）、压缩空气断路器、真空断路器、SF_6断路器等。

1. 油断路器

油断路器采用绝缘油作为灭弧介质，按使用油量的多少分为多油断路器和少油断路器。多油断路器的变压器油除作为灭弧介质和开断后触点之间的绝缘介质外，还作为带电部分对地绝缘介质，故它的油箱是直接接地的，用油量较大。在少油断路器中，变压器油只作为灭弧介质和开断后触点之间的绝缘介质，带电部分对地绝缘采用瓷件或其他介质。如图 4-1 所示为 SN10-10 型少油断路器的外形图

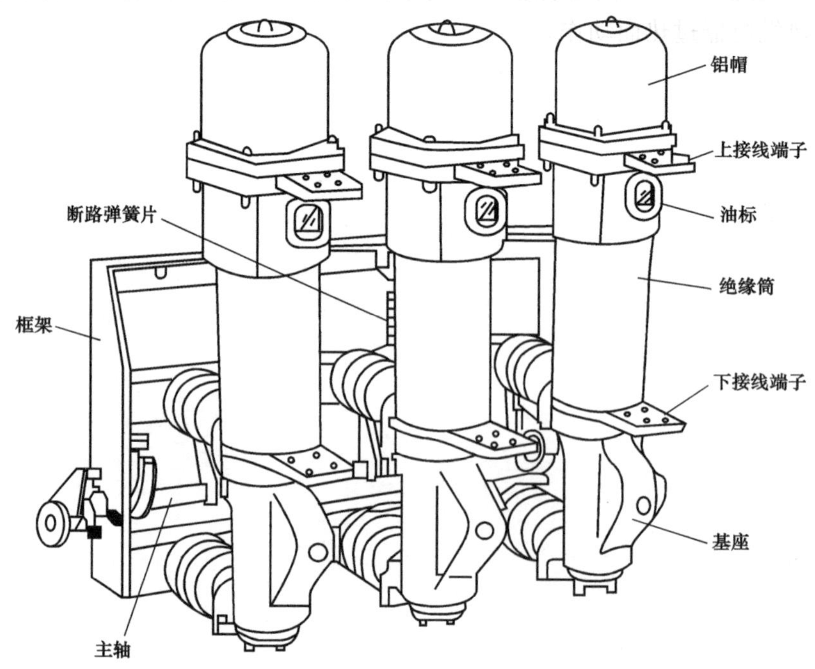

图 4-1　SN10-10 型少油断路器的外形图

2. 压缩空气断路器（简称空气断路器）

压缩空气断路器是利用压缩空气作为灭弧介质和开断后触点之间的绝缘介质，其额定电流和开断能力较大，适于开断大容量电路。具有动作快、开断时间短、维修周期长、无火灾危险的优点，但开断时噪声大、结构复杂、加工和装配要求高，需专设压缩空气装置作为气源。

3. 真空断路器

如图 4-2 所示，真空断路器是利用真空（气压 $p<133.3\times10^{-4}$Pa）的高介质电强度来灭弧的断路器。这种断路器具有体积小、重量轻、开断能力强、灭弧迅速、运行维护简单、灭弧室不需要检修、噪声低等优点。目前真空断路器在 3～35kV 配电系统得到广泛应用。

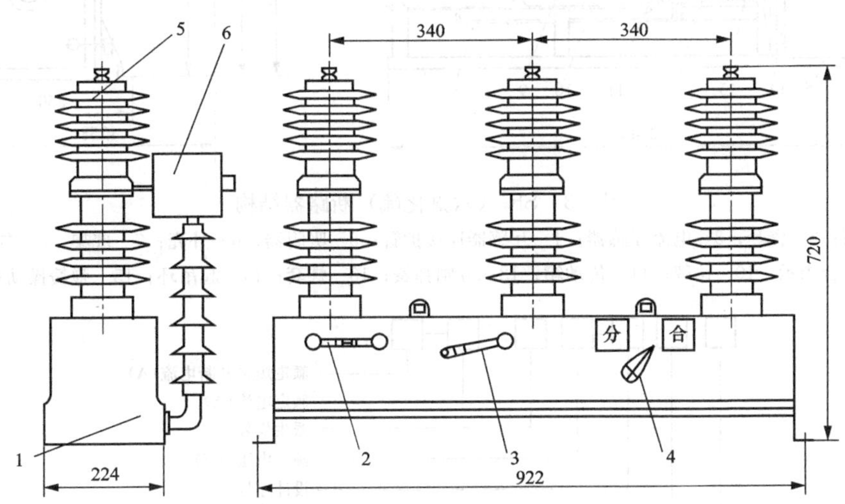

图 4-2　真空断路器结构

1—操动机构；2—分、合闸操动手柄；3—储能手柄；4—分、合闸指示；5—真空灭弧室封装；6—电流互感器

4. SF_6（六氟化硫）断路器

如图 4-3 所示，SF_6 断路器采用具有优良灭弧性能和绝缘性能的 SF_6 气体作为灭弧介质。这种断路器具有开断能力强、全开断时间短、体积小、运行维护量小等优点，但结构复杂、金属消耗量大、价格较贵。由于 SF_6 断路器的优良性能，目前在 35kV 及以上系统得到广泛应用，尤其以 SF_6 断路器为主体的封闭式组合电器（GIS），在高压配电装置应用日趋广泛。

由于油断路器运行维护工作量大，且有火灾的危险，而空气断路器结构复杂、制造工艺和材料要求高，有色金属消耗量大，维护工作量大等缺点，目前油断路器、空气断路器逐渐被 SF_6 断路器和真空断路器所取代。

三、高压断路器的型号

国产高压断路器的型号由字母和数字两部分组成，如图 4-4 所示。

高压断路器型号含义见表 4-1。

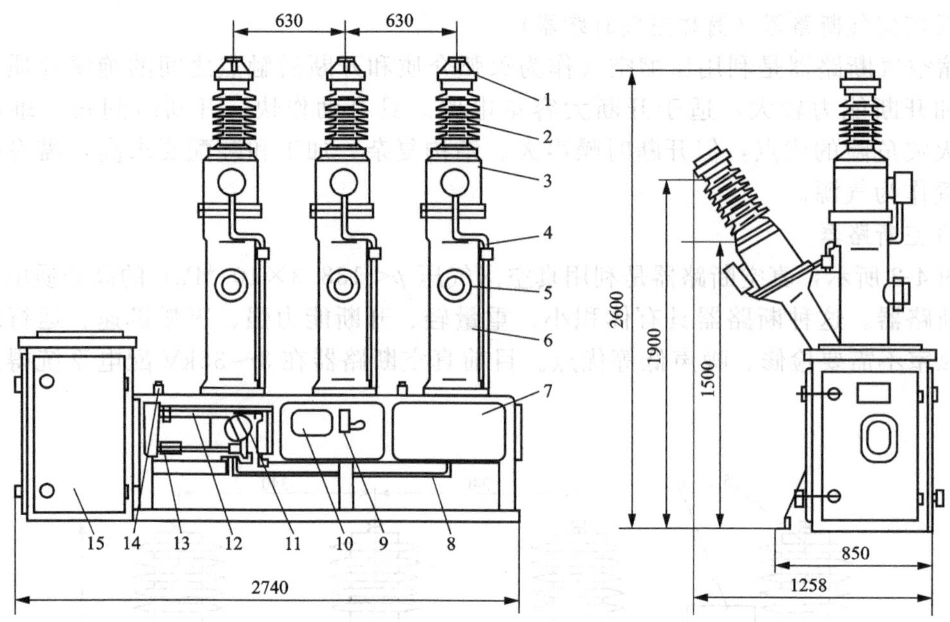

图 4-3 SF_6（六氟化硫）断路器结构

1—出线帽；2—瓷套；3—电流互感器；4—互感器连接护管；5—吸附器；6—外壳；7—底架；8—气体管道；9—分合指示；10—铭牌；11—传动箱；12—分闸弹簧；13—螺套；14—起吊环；15—弹簧操动机构

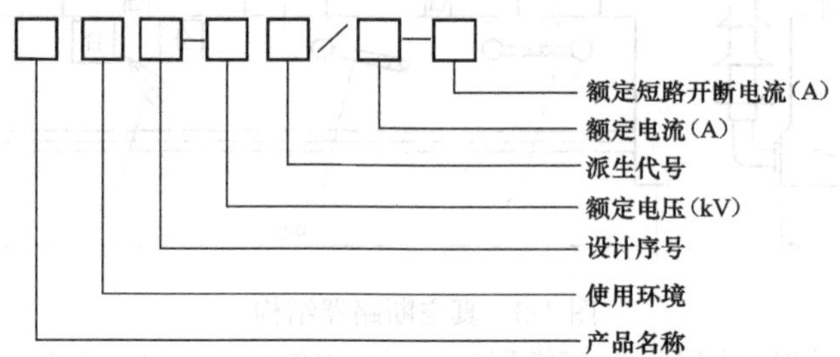

图 4-4 高压断路器型号

表 4-1 高压断路器型号含义

分类	类别	代表符号
派生代号	手车式 改进型 防污型 防振型	C G W Q
使用环境	屋内式 屋外式	N W
产品名称	多油断路器 少油断路器 空气断路器 磁吹断路器 自产气断路器 SF_6 断路器 真空断路器	D S K C Q L Z

例如，LW36-126/3150-40 表示为：SF_6 高压断路器、户外式、设计序号 36，额定电压 110kV，最高工作电压为 126kV，额定电流为 3150A，额定短路开断电流为 40kA。

四、高压断路器的基本参数

1. 额定电压（U_N）

额定电压（U_N）是允许断路器连续工作的工作电压（指线电压），标于断路器的铭牌上。国家标准规定，断路器额定交流电压等级有 3、6、10、20、35、60、110、220、330、500、750、1000kV 等；直流电压等级有±400、±500、±800kV。

2. 最高工作电压（U_{max}）

考虑到输电线上有电压降，变压器出口端电压应高于线路额定电压，断路器可能在高于额定电压的装置中长期工作，因此，又规定了断路器的最高工作电压（U_{max}）。按国家标准规定，对于额定电压为 220kV 及以上的设备，其最高工作电压为额定电压的 1.15 倍；对于额定电压为 330kV 及以上的设备，最高工作电压为额定电压的 1.1 倍。

3. 额定电流（I_N）

额定电流（I_N）是指断路器长期允许通过的电流，在该电流下断路器各部分的温升不会超过允许数值。额定电流（I_N）决定了断路器触头及导电部分的截面，并且在某种程度上也决定了它的结构。

4. 额定开断电流（I_{Nbr}）

开断电流是指在一定的电压下断路器能够安全无损地进行开断的最大电流。在额定电压下的开断电流称为额定开断电流（I_{Nbr}）。当电压低于额定电压时，允许开断电流可以超过额定开断电流，但不是按电压降低成比例地增加，而是有一个极限值，这个值是由某一种断路器的灭弧能力和承受内部气体压力的机械强度所决定的，上述这个极限值称为极限开断电流。

5. 动稳定电流（i_{ds}）

动稳定电流（i_{ds}）是指断路器在合闸位置时允许通过的最大短路电流。这个数值是由断路器各部分所能承受的最大电动力所决定的。动稳定电流又称为极限通过电流。

6. 热稳定电流（I_r）

热稳定电流（I_r）是表明断路器承受短路电流热效应能力的一个参数。它采用在一定热稳定时间内断路器允许通过的最大电流（有效值）表示。

7. 额定关合电流（i_{Ncl}）

断路器关合有故障的电路时，在动、静触头接触前后的瞬间，强大的短路电流可能引起触头弹跳、熔化、焊接，甚至使断路器爆炸。断路器能够可靠接通的最大电流称为额定关合电流（i_{Ncl}），一般取额定开断电流的 1.8 倍。断路器关合短路电流的能力除与断路器的灭弧装置性能有关外，还与断路器操动机构合闸所做功的大小有关。

8. 合闸时间（t_{on}）和分闸时间（t_{off}）

对有操动机构的断路器，自发出合闸信号（即合闸线圈加上电压）到断路器三相触头接通时为止所经过的时间，称为断路器的合闸时间（t_{on}）。分闸时间（t_{off}）是指从发出跳闸信号起（即跳闸线圈加上电压）到三相电弧完全熄灭时所经过的时间。一般 $t_{on}>t_{off}$。分闸时间由固有分闸时间和燃弧时间两部分组成。固有分闸时间是指从加上分闸信号起直到触头开始分离时为止的一段时间。燃弧时间是指触头开始分离产生电弧时起直到三相的电弧完全熄灭时为止的一段时间。

9. 自动重合闸性能

装设在输、配电线路上的高压断路器，如果配备自动重合闸装置必能明显地提高供电可靠性，但断路器实现自动重合闸的工作条件比较严格。这是因为自动重合闸不成功时，断路器必须连续两次跳闸灭弧，两次跳闸之间还必须关合于短路故障。为此要求高压断路器满足自动重合闸的操作循环，即进行下列试验合格。

$$分—\theta—合分—t—合分$$

其中 θ——断路器切断短路故障后，从电弧熄灭时刻起到电路重新接通为止所经过的时间，称为无电流间隔时间，通常 $\theta=0.3\sim0.5s$；

t——强送电时间，通常 $t=180s$。

原先处在合闸送电状态中的高压断路器，在继电保护装置作用下分闸（第一个“分”），经时间 θs 后断路器又重合闸，如果短路故障是永久性的，则在继电保护装置作用下无时限立即分闸（第一个“合分”），经强送电时间 t（180s）后重合闸，如短路故障仍未消除，则随即又跳闸（第二个“合分”）。

对于有重要负荷的供电线路，增加一次强送电是很有必要的。图 4-5 所示为高压断路器自动重合闸额定操作顺序的示意图，波形表示短路电流。

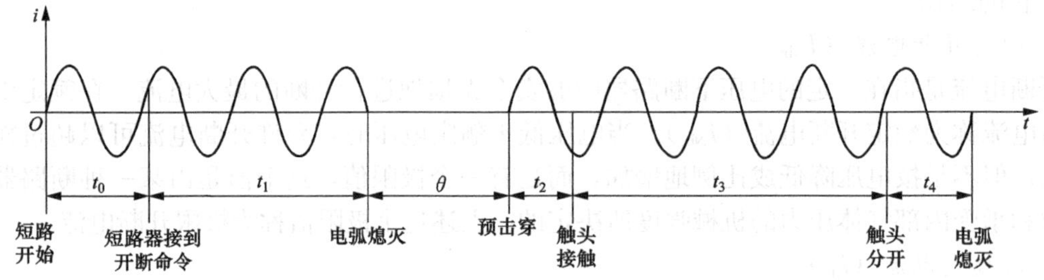

图 4-5 自动重合闸额定操作顺序示意图

t_0—继电保护动作时间；t_1—断路器全分闸时间；θ—自动重合闸的无电流间隔时间；t_2—预击穿时间；t_3—金属短接时间；t_4—燃弧时间

五、断路器的操动机构

高压断路器都是带触头的电器，通过触头的分、合动作达到开断与关合电路的目的，因此必须依靠一定的机械操动系统才能完成。在断路器本体以外的机械操动装置称为操动机构，而操动机构与断路器动触头之间连接的部分称为传动机构和提升机构。上述关系可用图 4-6 表示。

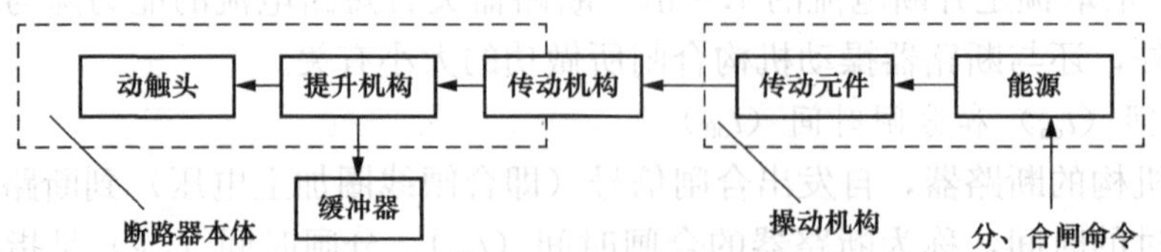

图 4-6 断路器操动机构组成

断路器操动机构接到分闸（或合闸）命令后将能源（人力或电力）转变为电磁能（或弹簧位能、重力位能、气体或液体的压缩能等），传动机构将能量传给提升机构。

传动机构将相隔一定距离的操动机构与提升机构连在一起，并可改变两者的运动方向。提升机构是断路器的一个部分，是带动断路器动触头运动的机构，它能使动触头按照一定的轨迹运动，通常为直线运动或近似直线运动。

操动机构一般做成独立产品。一种型号的操动机构可以操动几种型号的断路器，而一种型号的断路器也可配装不同型号的操动机构。根据能量形式的不同，操动机构可分为手动操动机构（CS）、电磁操动机构（CD）、弹簧操动机构（CT）、电动机操动机构（CJ）、气动操动机构（CQ）和液压操动机构（CY）等。

断路器操作时的速度很高。为了减少撞击，避免零部件的损坏，需要装置分、合闸缓冲器，缓冲器大多装在提升机构的近旁。在操动机构及断路器上应具有反映分、合闸位置的机械指示器。

1. 操动机构的性能要求

断路器的动作情况体现在触头的分、合动作上，而分、合动作又是通过操动机构来实现的。由此，操动机构的工作性能和质量的优劣，对高压断路器的工作性能和可靠性起着极为重要的作用，对于操动机构的主要要求如下：

（1）合闸。不仅能关合正常工作电流，而且在关合故障回路时，能克服短路电动力的阻碍，关合到底。在操作能源（如电压、气压或液压）在一定范围内（80%～110%）变化时，仍能正确、可靠地工作。

（2）保持合闸。由于合闸过程中，合闸命令的持续时间很短，而且操动机构的操作力也只在短时内提供，因此操动机构中必须有保持合闸的部分，以保证在合闸命令和操作力消失后，断路器仍能保持在合闸位置。

（3）分闸。操动机构不仅要求能够电动（自动或遥控）分闸，在某些特殊情况下，应该可能在操动机构上进行手动分闸，而且要求断路器的分断速度与操作人员的动作快慢和下达命令的时间长短无关。操动机构应有分闸省力机构。

（4）自由脱扣。在断路器合闸过程中，如操动机构又接到分闸命令，则操动机构不应继续执行合闸命令，而应立即分闸。

（5）防跳跃。断路器关合短路而又自动分闸（关合在故障线路上）后，即使合闸命令尚未解除也不会再次合闸。

（6）复位。断路器分闸后，操动机构中的每个部件应能自动地恢复到准备合闸的位置。

（7）联锁。为了保证操动机构的动作可靠，要求操动机构具有一定的联锁装置。常用的联锁装置有：

1）分合闸位置联锁。保证断路器在合闸位置时，操动机构不能进行合闸操作；在分闸位置时，不能进行分闸操作。

2）低气（液）压与高气（液）压联锁。当气体或液体压力低于或高于额定值时，操动机构不能进行分、合闸操作。

3）弹簧操动机构中的位置联锁。弹簧储能小到规定要求时，操动机构不能进行分、合闸操作。

2. 操动机构的种类及其特点

（1）弹簧操动机构。弹簧操动机构是一种以弹簧作为储能元件的机械式操动机构。弹簧借助电动机通过减速装置来工作，并经过锁扣系统保持在储能状态。开断时，锁扣借助磁力脱扣，弹簧释放能量，经过机械传递单元驱使触头运动。

作为储能元件的弹簧有压缩弹簧、盘簧、卷簧和扭簧等。

弹簧操动机构的一般工作原理是电动机通过减速装置和储能机构的动作，使合闸弹簧储存机械能，储存完毕后通过合闸闭锁装置使弹簧保持在储能状态，然后切断电动机电源。当接收到合闸信号时，弹簧操动机构将解脱合闸闭锁装置以释放合闸弹簧储存的能量。这部分能量中一部分通过传动机构使断路器的动触头动作，进行合闸操作；另一部分则通过传动机构使分闸弹簧储能，为合闸状态做准备。另外，当合闸弹簧释放能量，触头合闸动作完成后，电动机立即接通电源动作，通过储能机构使合闸弹簧重新储能，以便为下一次合闸动作做准备。当接收到分闸信号时，操动机构将解脱自由脱扣装置以释放分闸弹簧储存的能量，并使触头进行分闸动作。

弹簧操动机构动作时间不受天气变化和电压变化的影响，保证了合闸性能的可靠性，工作比较稳定，且合闸速度较快。由于采用小功率的交流或直流电动机为弹簧储能，因此，对电源要求不高，也能较好地适应当前国际上对自动化操作的要求。另外，它的动作时间和工作行程比较短，运行维护也比较简单。

其存在的主要问题主要表现为输出力特性与断路器负载特性配合较差；零件数量多，加工要求高；随着操作功的增大，重量显著增加，弹簧的机械寿命大大降低。

(2) 气动操动机构。气动操动机构是利用压缩空气作为能源产生推力的操动机构。由于压缩空气作为能源，因此，气动操作机构不需要大功率的电源，独立的储气罐能供气动机构多次操作。

气功操动机构的缺点是操作时响声大、零部件的加工精度比电磁操动机构高，还需配备空压装置。

(3) 液压操动机构。液压操动机构是用液压油作为能源来进行操作的机构，其输出力特性与断路器的负载特性配合较为理想，有自行制动的作用，操作平稳、冲击振动小、操作力大、需要控制的能量小，较小的尺寸就可获得几十千牛或几百千牛的操作力。除此之外，液压机构传动快、动作准确，是当前高压和超高压断路器操动机构的主要类型。

液压操动机构按传动方式可分为全液压和半液压两种。全液压方式的液压油直接操纵动触头进行合闸，省去了联动拉杆，减少了机构的静阻力，因而速度加快，但对结构材质要求较高。半液压方式液压油只到工作缸侧，操动活塞将液压能转换成为机械功带动联动杆使断路器合、分操作。

(4) 液压弹簧操动机构。液压弹簧操动机构是液压与弹簧机构的组合。近年来，液压机构和气动机构故障率较高，迫使制造厂大力开发配有弹簧机构的自能式 SF_6 断路器，以适应广大用户对可靠性的强烈要求。但自能式 SF_6 断路器的开断性能特别是对近区故障和断口电压的敏感性限制了它向更高电压方向的发展。而阿西布朗勃法瑞（Asea Brown BovenLtd，ABB）公司开发的 HMB 系列液压弹簧机构将液压机构和弹簧机构进行了较完美的组合，既发挥了液压机构对大、小功率的广泛适应性和碟簧储能的特点，同时又克服了原液压机构的许多缺点。

HMB 系列液压弹簧机构采用了模块式结构，通用性高、互换性强。变截面缓冲系统结构紧凑，使缓冲特性平滑。分、合闸速度特性可通过节流孔平滑调节（无级调变）。压力管理采用定油量和定压力兼容方式，机械特性较稳定，与环境温度无关。相对螺旋形弹簧而言，碟簧的力特性较“硬”，因此运动特性变化较小。它采用机械式（分闸）闭锁装置和新型密封系统，性能可靠。

（5）电动机操动机构。电动机操动机构的运动部分只有一个部件，即电动机的转子，直接驱动断路器的操作杆，带动动触头进行分/合闸操作，减少了中间的传动机构，具有较高的效率和可靠性。

对于电动机操动机构，外部触发信号由输入/输出单元传递给控制单元，由控制单元控制电源单元中的充/放电控制电路对分/合闸储能电容器组进行充电，同时对逆变单元进行供电，当充电电压达到设定值时才可以进行分、合闸操作，以免造成分、合闸不彻底，并且达到设定值后停止对电容器组充电。控制单元对逆变单元进行控制，使得驱动单元中的电动机操动机构驱动断路器进行分、合闸操作，同时控制单元接收反馈电路发送的电动机位置信号和预设行程曲线比较，若反馈电路指出电动机的行程曲线偏离了预设行程曲线，则控制单元发出信号给逆变单元，使之调节电动机的供电电压，以纠正偏差，确保断路器总是按所要求的行程曲线工作。

六、断路器控制回路

1. 断路器的控制开关

控制开关又称控制把手、万能转换开关，是运行人员对断路器进行手动跳、合闸的控制装置，其文字符号为 SA。控制开关种类很多，用得较多的是有两个固定位置的控制开关——LW2 系列封闭式控制开关，其中主要有 LW2-Z 型及 LW2-YZ 型，这两种的区别在于 LW2-YZ 型控制开关操作手柄上带有指示灯。

断路器的控制回路个使用较多的 LW2-Z-1a、4、6a、40、20、20/F8 型控制开关，共有 6 个触点盒，其中 1a、4、6a、40、20、20/F8 为各触点盒特征代号，F 表示控制开关为方形面板（O 表示圆形面板），8 为 1～9 种手柄中的一种。

图 4-7 所示是 LW2-Z 型控制开关结构示意图。正面是一个操作手柄，装于屏前，通过旋转手柄可以控制断路器合闸或分闸。与手柄固定连接的转轴上有 5～8 个触点盒，用螺杆相连装于屏后，每个触点盒四周均匀固定 4 个静触点，静触点外连 4 个接线端子。根据盒内动触点簧片的形状与安装位置的不同，采用不同的特征代号来表示。

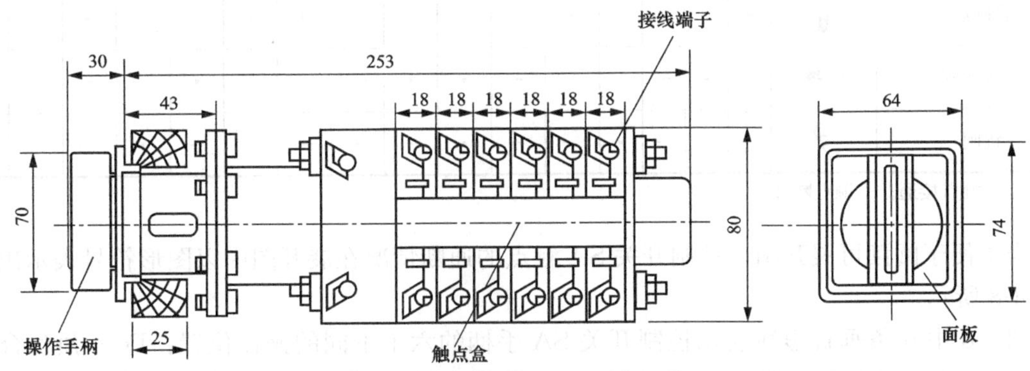

图 4-7　LW2-Z 型控制开关结构示意图

控制开关的手柄有“预备合闸”“合闸”“合闸后”“预备跳闸”“跳闸”和“跳闸后”六个位置，其中“跳闸后”和“合闸后”为两个固定位置，控制开关 SA 手柄正常应处于“跳闸后”（水平）或“合闸后”（垂直）位置。“预备合闸”与“预备跳闸”为两个预备位置，虽然控制开关手柄也处于垂直或水平位置，但在操作过程中是过渡位置，手柄不宜长时间停在该位置上。“合闸”和“跳闸”为两个自动复归的位置。

用控制开关操作的顺序如下：合闸操作时，将控制开关手柄由水平位置顺时针方向旋转 90°到垂直位置（“预备合闸”位置）。再将手柄顺时针旋转 45°（“合闸”位置）即发出合闸命令将断路器合上。断路器合上后，手松开控制开关手柄，在弹簧的作用下手柄自动反向复归 45°。回到垂直位置（“合闸后”位置），此时指示断路器处于合闸位置。跳闸操作时，应先将 SA 的手柄由垂直位置逆时针方向旋转 90°到水平位置（“预备跳闸”位置），再将手柄逆时针旋转 45°到“跳闸”位置，发出跳闸命令将断路器断开，手松开后，手柄在弹簧的作用下自动顺时针旋转 45°到水平位置（“跳闸后”位置），此时指示断路器处于跳闸位置。

随着转动手柄所处的位置不同，触点盒内触点通断情况不同。表 4-2 给出了 LW2-Z-1a、4、6a、40、20、20/F8 型控制开关的手柄处在六种不同的位置时，各触点的通断情况。

表 4-2　LW2-Z-1a、4、6a、40、20、20/F8 型控制开关触点图表

在“跳闸后”位置的手柄（正面）的样式和触点盒（背面）的接线图	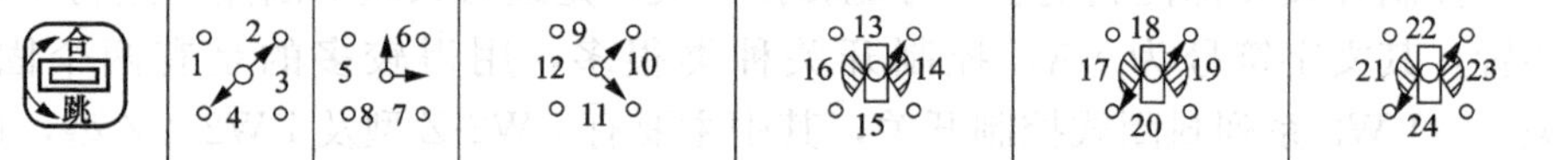															
手柄和触点盒形式	F8	1a		4		6a			40			20			20	
位置 \ 触点号	—	1-3	2-4	5-8	6-7	9-10	9-12	11-10	14-13	14-15	16-13	19-17	17-18	18-20	21-23	21-22	22-24
跳闸后		—	·	—	—	—	—	·	—	·	—	—	—	·	—	—	·
预备合闸		·	—	—	—	·	—	—	·	—	—	—	·	—	—	·	—
合闸		—	—	·	—	—	·	—	—	—	·	·	—	—	·	—	—
合闸后		·	—	—	—	·	—	—	—	—	·	·	—	—	·	—	—
预备跳闸		—	·	—	—	—	—	·	·	—	—	—	·	—	—	·	—
跳闸		—	—	—	·	—	—	·	—	·	—	—	—	·	—	—	·

注　·触点接通；—触点断开。

为了便于阅读可展开图。控制开关 SA 触点的通断情况在展开图中以图形符号表示出来，如图 4-8 所示。

图 4-8 中 6 条垂直虚线表示控制开关 SA 手柄的六个不同的操作位置：PC—预备合闸、C—合闸、CD—合闸后、PT—预备跳闸、T—跳闸、TD—跳闸后。13 条水平线表示 13 对触点回路，数字表示触点号。水平线下方位于垂直虚线上的粗黑点表示该对触点在此操作位置是接通的，否则是断开的。例如：触点 1-3 左侧 PC 及 CD 垂直虚线上对应的黑点表示控制开关 SA 手柄打在 PC（预备合闸）及 CD（合闸后）位置时触点 1-3 是接通的。

2. 对断路器控制回路的基本要求

断路器控制回路应满足下列基本要求：

(1) 应有对控制电源的监视回路。断路器的控制电源非常重要，一旦失去将无法操作断路器。因此，无论何种原因，当断路器控制电源消失时，应发出声、光信号，提醒运行人员及时处理。对于无人值班变电站，断路器控制电源消失时应发出遥信信号。

(2) 应经常监视断路器跳闸、合闸回路的完好性。当跳闸或合闸回路故障时，应发出断路器控制回路断线信号。

(3) 应有防止断路器“跳跃”的电气闭锁装置，发生“跳跃”对断路器是非常危险的，容易引起机构损伤，甚至引起断路器的爆炸，故必须采取闭锁措施。断路器的“跳跃”现象一般是在跳闸、合闸回路同时接通时才发生。“防跳”回路的设计应使得断路器出现“跳跃”时，将断路器闭锁至跳闸位置。

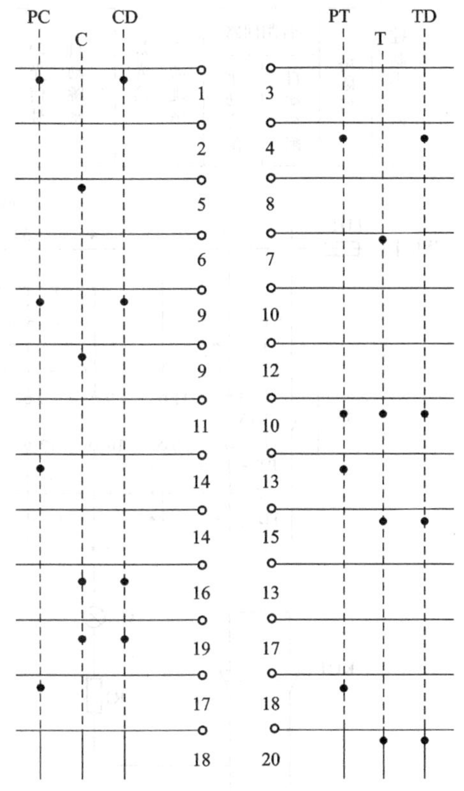

图 4-8 LW2-Z-1a、4、6a、40、20、20/F8 型控制开关触点通断的图形表

(4) 跳闸、合闸命令应保持足够长的时间，并且当跳闸或合闸完成后，命令脉冲应能自动解除。断路器的跳、合闸线圈都是按短时带电设计的，因此，跳、合闸操作完成后，必须自动断开跳、合闸回路，否则，跳闸或合闸线圈会烧坏。通常由断路器的辅助触点自动断开跳、合闸回路。

(5) 对于断路器的合闸、跳闸状态，应有明显的位置信号。故障自动跳闸、合闸时，应有明显的动作信号。

(6) 断路器的操动动力消失或不足时，例如弹簧操动机构的弹簧未拉紧，液压或气压操动机构的压力降低等，应闭锁断路器的动作并发出信号。SF_6 气体绝缘的断路器，当 SF_6 气体压力降低断路器不能可靠运行时，也应闭锁断路器的动作并发出信号。

(7) 在满足上述要求的前提下，力求控制回路接线简单，采用的设备和使用的电缆最少。

3. 断路器控制回路的构成

以灯光监视电磁操动机构的断路器控制回路为例。

灯光监视就是利用灯光信号监视操作电源及跳、合闸启动回路是否完好。以电磁操动机构的断路器控制回路详细叙述。

图 4-9 所示为灯光监视电磁操动机构的断路器控制回路，它由跳合闸回路、防跳回路、位置信号回路等基本控制回路组成。图中，KMC 为合闸接触器，YC 为合闸线圈，YT 为跳闸线圈，K1、K2 分别是自动合闸与跳闸的出口继电器触点；±WC、±WOM、+WFS 分别为控制电源小母线、合闸电源小母线和闪光电源小母线。

灯光监视电磁操动机构的断路器控制回路动作原理为：

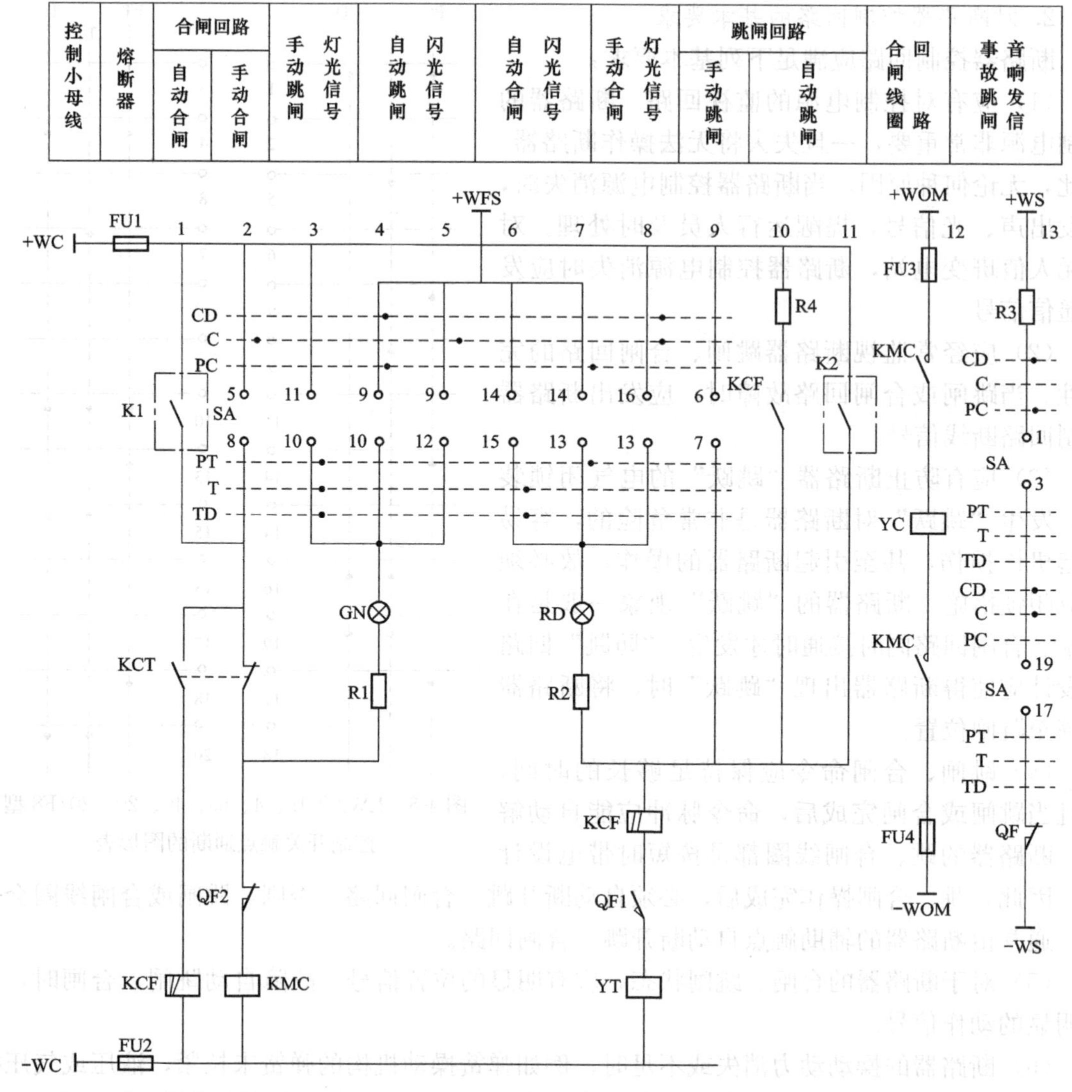

图 4-9 灯光监视电磁操动机构的断路器控制回路

(1) 手动合闸。

1)“预备合闸”PC：先将控制开关 SA 手柄顺时针旋转 90°至“预备合闸”PC 位置触点 SA9-10 和 SA14-13 接通，由于此时断路器处于跳闸状态，其辅助动合触点 QF1 断开、动断辅助触点 QF2 闭合，只有 SA9-10 触点流过电流。其路径为＋WFS→SA9-10→GN→R1→QF2→KMC→－WC，绿灯 GN 接通闪光电源而发闪光。

2)“合闸”C：将控制开关 SA 手柄顺时针旋转 45°至“合闸”C 位置。触点 SA5-8、SA9-12 和 SA16-13 接通，首先触点 SA5-8 通电，电流路径为＋WC→SA5-8→QF2→KMC→－WC，使合闸接触器 KMC 线圈通电，KMC 触点闭合后使合闸线圈 YC 通电而将断路器合上，断路器合闸后其辅助触点 QF1 闭合、QF2 断开；接着触点 SA16-13 通电，路径为＋WC→SA16-13→RD→QF1→YT→－WC，使红灯 RD 接通控制电源而发平光。

3)“合闸后”CD：断路器合闸后，手松开，SA 手柄在弹簧的作用下自动逆时针旋转

45°至“合闸后”CD 位置，触点 SA9-10 和 SA16-13 接通，仍只有 SA16-13 通电，电流路径为＋WC→SA16-13→RD→QF1→YT→－WC，仍为红灯 RD 发平光。

（2）手动跳闸。

1）“预备跳闸”PT：光将控制开关 SA 手柄逆时针旋转 90°至“预备跳闸”PT 位置，触点 SA11-10 和 SA14-13 接通，由于断路器的动合辅助触点 QF1 闭合，因此只有 SA14-13 通电，其路径为＋WFS→SA14-13→RD→QF1→YT→－WC，使红灯 RD 闪光。

2）“跳闸”T：将 SA 手柄逆时针旋转 45°至“跳闸”T 位置。触点 SA11-10、SA14-15、和 SA6-7 接通，首先 SA6-7 通电，使跳闸线圈 YT 励磁而将断路器断开，断路器的辅助触点 QF1 断开、QF2 闭合，接着触点 SA11-10 通电。路径为＋WC→SA11-10→GN→QF2→KMC→－WC，使绿灯 GN 发平光。

3）“跳闸后”TD：断路器断开后，手松开 SA 手柄，则 SA 手柄在弹簧作用下自动顺时针旋转 45°至“跳闸后”TD 位置，触点 SA11-10 和 SA14-15 接通，但仍只有 SA11-10 通电，电流路径和现象同“跳闸”T 位置。

（3）自动合闸。若自动装置动作使其合闸出口继电器 K1 触点闭合，则合闸接触器 KMC 线圈通电，KMC 触点闭合后使合闸线圈 YC 通电而将断路器合闸，而此时控制开关 SA 手柄仍在断路器自动合闸之前的位置—“跳闸后”TD 位置。触点 SA11-10 和 SA14-15 接通，但只有 SA14-15 通电，路径为＋WFS→SA14-15→RD→R2→QF1→－WC，红灯 RD 发闪光。

（4）自动跳闸。若一次系统发生故障启动继电保护装置而将保护跳闸出口继电器 K2 触点闭合，则跳闸线圈 YT 励磁将断路器断开，而此时控制开关 SA 手柄仍然在断路器自动跳闸之前的位置—“合闸后”CD 位置，触点 SA9-10 和 SA16-13 接通，但只有 SA9-10 通电，其路径为＋WFS→SA9-10→GN→R1→QF2→KMC→－WC，绿灯 GN 发闪光。

（5）熔断器监视。若红灯 RD 和绿灯 GN 有一个亮，则表示熔断器 FU1、FU2 完好。

（6）保护出口继电器 K2 触点保护。由于断路器的跳闸线圈 YT 的工作电流较大，可达几安培，若 K2 触点先于 QF1 断开，可能烧坏 K2 触点，可利用跳跃闭锁继电器 KCF 的一对动合触点串入电阻 R4 与 K2 触点并联，即使 K2 触点先跳开，电流回路改经 R4 和 KCF 流过，短接了 K2，K2 触点也不会烧坏。

七、高压断路器的运行维护

（一）高压断路器的运行规定

（1）高压断路器外露的带电部分应有醒目的相色漆；本体无锈蚀、液压系统无渗漏；机构箱密封良好，无漏雨进水。

（2）正常情况下，断路器应按铭牌规定的参数运行，不得超过额定值，断路器及其辅助设备应处于良好的工作状态。

（3）高压断路器规定了额定负荷下允许切断次数及故障电流下允许切断次数。当达到规定跳闸次数时，应汇报申请检修，一般不再投入运行。当达到停用重合闸次数时，应退出重合闸。操动机构在断路器动作次数达到允许切断次数时，报缺陷要求检修，各计数器不得随意复零。

（4）发出压力闭锁的断路器即认为失去断路能力，不得投入运行。断路的气体压力与其灭弧能力和绝缘能力相关，运行中必须严密监视气体压力及其泄漏情况。定期记录气体压力、温度。

(5) 装有"远方"和"就地"操作按钮的断路器，正常操作时，应采用"远方"操作，仅在调试或紧急事故处理时，才可使用"就地"操作。

(6) 长期停运、检修后的断路器，在送电前，试操作2～3次，无异常后方能正式操作。

(7) 断路器及操动机构有若干加热器以防止结露，加热器应始终处于接通状态。低温加热器一般在0℃时投入，在10℃时退出。

(8) 断路器液压操动机构，应通过监视信号和压力表对油压进行严密的监视，保证断路器有足够的操动动力和良好的操作性。每日记录液压压力值，加压油泵的启动次数，油泵加压频率超过一定频次，应立即汇报。

(9) 500kV断路器新安装或大修一个月后，通过密度监视器的读数检查密封情况；此后与目测检查相结合，每1～2年进行周期性检查，实行状态检修的除外。

(10) 真空灭弧室的使用或储存期超过产品规定的有效期（自真空灭弧室出厂之日算起），应更换真空灭弧室。

(11) 真空灭弧室触头的累计磨损超过产品使用说明的规定值，多数真空断路器在动触杆上标有允许磨损量警戒标志，当磨损量累计超过规定值时，断路器合闸后即看不见警戒标志，此时应更换真空灭弧室。

(12) 如果发现真空断路器真空灭弧室发生撞击、损坏或出现其他造成真空度降低的现象时，应立即联系电气检修，对该断路器做工频耐压试验，试验合格后方能将该断路器投运。

(二) 高压断路器的巡视检查

1. 断路器巡视项目

(1) 检查断路器瓷套、瓷柱有无损伤、裂纹、放电闪络和严重污垢、锈蚀等现象。

(2) 检查断路器触头处有无过热及变色发红等现象。

(3) 检查断路器实际分、合闸位置与机械、电气指示器是否位置一致。

(4) 检查断路器与操动机构之间的传动连接是否正常。

(5) 检查油箱的油位、气压是否正常。

(6) 检查储能油泵、空气压缩机每日启动次数。

(7) 检查储压器的漏氮或进油情况。

(8) 液压系统的外漏和内漏情况。

(9) 加热器投入和切除情况，照明回路完好情况。

(10) 定期记录SF_6气体压力和温度。

(11) 断路器各部分及管道无异声（漏气声、振动声）及异味，管道夹头正常。

(12) 套管无裂痕，无放电声和电晕。

(13) 引线连接部位无过热、引线弛度适中。

(14) 断路器分、合位置指示正确，并和当时实际运行工况相符。

2. 断路器特殊天气下的检查项目

(1) 大风时，引线有无剧烈摆动，上面有无落物，周围有无被刮起的杂物。

(2) 雨天时，断路器各部有无电晕、放电及闪络现象，触头有无冒气现象。

(3) 雾天时，断路器各部有无电晕、放电及闪络现象。

(4) 下雪时，断路器各触头积雪有无明显融化，有无冰柱及放电、闪络等现象。

(5) 气温骤降时，检查电控箱、液控箱及操作箱加热器投运情况。

3. 断路器分、合闸后应检查的项目

（1）仪表指示正确；无异常信号。

（2）本体无异常，位置指示器指示正确。

（3）操动机构是否启动补压或弹簧已储能。

4. 断路器故障跳闸后的检查项目

（1）引线及触头有无短路或烧伤及松动现象。

（2）支持绝缘子及瓷套管等有无裂纹、破损、放电等痕迹。

（3）气体有无泄漏或压力大幅度降低现象。

（4）各操动机构启动补压是否正常。

（5）断路器的位置指示一致且正常。

（6）断路器允许故障跳闸次数是否达到规定值。

5. 液压操动机构的检查项目

（1）机构箱门开启灵活，关闭紧密。

（2）油箱油位正常，无渗漏油。

（3）液压操动机构压力指示在合格范围内。

（4）机构箱内无异味。

（5）防凝露加热器正常良好。

6. 弹簧操动机构的检查项目

（1）机构箱门开启灵活，关闭紧密。

（2）储能电动机、行程开关触头无卡住和变形。

（3）分、合闸线圈无冒烟、无异味。

（4）断路器在分闸位置时，分闸连杆应复归，分闸锁扣到位，合闸弹簧储能。

（5）防凝露加热器正常良好。

（三）断路器的异常运行与事故处理

1. 断路器异常运行

断路器常见的异常现象如下：

（1）气压下降报警。

（2）弹簧未储能。

（3）储能电动机电源消失。

（4）液压操动机构油压异常闭锁。

（5）液压操动机构有渗漏油，油位过低。

（6）引线触头过热。

断路器异常运行时，运行人员应及时予以消除，不能消除的立即报缺陷。

在运行中断路器有下列现象之一时，应立即汇报，申请停电处理：当液压操动机构油压降至零压，机构严重漏油；气压下降发出操作闭锁；主瓷套管严重损坏和放电现象；引线接头过热发红。

2. 断路器的事故处理

（1）断路器拒分、拒合时的检查处理。

1）断路器拒分、拒合原因：①操作不当；②操作、合闸电源或二次回路故障；③断路器传动机构和操动机构机械故障；④弹簧未储能；⑤液压机构压力低，闭锁分、合闸；检同期不合格；⑥远方就地切换断路器位置不对；⑦断路器辅助触头接触不良。

2）断路器拒分、拒合后的处理：①检查保护装置有无异常信号，根据异常信号进行分析处理；②检查直流控制电源、操作回路电源等是否正常；③检查同期装置的方式是否正确，操作条件是否满足；④检查分、合闸线圈是否良好；⑤检查气体压力、液压压力是否闭锁；⑥弹簧操动机构是否储能；⑦检查远方、就地断路器位置是否正确；⑧检查控制回路是否断线，端子的连接是否牢固；⑨检查有关保护装置（主变压器保护、母线保护、失灵保护等）是否动作。

（2）断路器气压降低的处理。

1）监控系统发出相应断路器“断路器气体泄漏”告警信号时，应立即到现场检查压力表指示，检查断路器有无明显漏气迹象，若无明显漏气迹象，应立即汇报调度，通知检修人员带电补气；若有明显漏气迹象，并立即汇报调度和有关部门，力争在断路器闭锁之前将其退出运行。

2）发出闭锁操作压力信号时，立即断开断路器直流操作电源。

3）检查其压力，汇报调度，按调度命令将其退出运行。

4）注意进入现场时，应站在上风口。

（3）液压操动机构压力降到零时的检查处理。

1）液压操动机构压力降到零的原因：①液压系统回路逆止阀密封不良；②液压系统油外泄；③控制回路故障，不能启动油泵电机；④油泵电机故障，不能打压。

2）液压操动机构压力降到零时的处理。当发生液压操动机构压力降到零，报出零压闭锁信后，先断开油泵操作电源，再断开断路器操作电源，立即现场检查设备的实际压力数值，检查液压操动机构运行状态，然后汇报有关人员。

（4）液压操动机构发出油泵“加压超时”信号处理。

1）当液压操动机构发出油泵加压超时信号时，应检查有无压力异常信号或压力异常总闭锁信号发出。

2）检查电机控制回路的时间继电器（延时）是否动作。

3）检查油泵是否运转正常，检查断路器的实际压力是否正常。

4）检查交流接触器是否故障、热偶继电器是否动作、计时继电器是否良好、行程开关是否接触良好。

5）检查高压放油阀是否关紧、安全阀是否动作、油面是否过低等。

6）检查判断机构是否有内、外漏现象。

7）将检查的内容详细汇报调度要求检修。

（5）断路器故障分闸时发生拒动，造成越级分闸。

1）根据信号及保护动作情况，判断拒分断路器。

2）将故障断路器退出运行，恢复供电。

3）在恢复系统送电时，应将发生拒动的断路器脱离系统并保持原状。

4）待查清拒动原因并消除缺陷后方可投入。

单元五　隔离开关设备

一、概述

隔离开关是电力系统中常用的开关电器，它需与断路器配套使用。隔离开关触头全部裸露在空气中，具有明显的开断点，无灭弧装置，所以不能用它来开断负荷电流和短路电流。否则触头间将在高电压作用下产生强烈电弧，且电弧在空气中很难自行熄灭，严重时可能产生飞弧造成相对地或相间短路，从而烧毁设备，危及人身安全，即造成带负荷拉隔离开关严重事故。

1. 隔离开关的用途

（1）在电路中起隔离电压的作用，保证检修工作安全。

（2）用隔离开关配合断路器，在电路中进行刀闸操作。

（3）用来分、合小电流电路，如空载母线、电压互感器、避雷器、较短的空载线路及一定容量的空载变压器。

所以一般可用来进行以下操作：

1）分、合避雷器、电压互感器和空载母线。

2）分、合励磁电流不超过 2A 的空载变压器。

3）分、合电容电流不超过 5A 的空载线路（10kV 以下）。

4）分、合无接地故障时，变压器的中性点接地线。

5）分、合 10kV、70A 以下的环路均衡电流。

6）分、合无阻抗等电位的并联支路等。

在实际操作中，即能用断路器开断也能用隔离开关开断的电路，用断路器开断。用隔离开关开断的电路，确定能用隔离开关开断后，才能操作，不能用试的方式确定能否开断，否则，会引起严重的误操作。

2. 隔离开关的基本要求

（1）应具有明显可见的断口。使运行人员能清楚地观察隔离开关的分、合状态。

（2）绝缘稳定可靠。特别是断口绝缘，一般要求比断路器高出约 10%～15%，即使在恶劣的气候条件下，也不能发生漏电或闪络现象，确保检修运行人员的人身安全。

（3）导电部分要接触可靠。除能承受长期工作电流和短时动、热稳定电流外，户外产品应考虑在各种严重的工作条件下（包括母线拉力、风力、地震、冰冻、污秽等不利情况），触头能正常分合和可靠接触。

（4）尽量缩小外形尺寸。特别是在超高压隔离开关中，缩小导电闸刀运动时所需要的空间尺寸，有利于减少变电站的占地面积。

（5）隔离开关与断路器配合使用时，要有机械的或电气的联锁，以保证动作的次序。即在断路器开断电流之后，隔离开关才分闸；在隔离开关合闸之后，断路器再合闸。

（6）在隔离开关上装有接地开关时，隔离开关与接地开关之间应具有机械的或电气的联锁，以保证动作的次序。即在隔离开关没有分开时，保证接地开关不能合闸；在接地开关没有分闸时，保证隔离开关不能合闸。

(7) 隔离开关要有好的机械强度，结构简单、可靠，操动时运动平稳、无冲击。触头能正常分合和可靠接触。

3. 基本参数

(1) 额定电压。指隔离开关长期运行时所能承受的工作电压。

(2) 最高工作电压。指隔离开关能承受的超过额定电压的最高电压。

(3) 额定电流。指隔离开关长期通过的工作电流。

(4) 热稳定电流。指隔离开关在规定的时间内允许通过的最大电流。它表明了隔离开关承受短路电流热稳定的能力。

(5) 极限通过电流峰值。指隔离开关所能承受的最大瞬时冲击短路电流。

4. 隔离开关分类

(1) 根据相数可分为单相隔离开关和三相隔离开关。

(2) 根据装设地点可分为户内式和户外式。

(3) 根据支持绝缘子的数目可分为单柱式、双柱式和三柱式。

(4) 根据闸刀运动方式可分为水平旋转式、垂直旋转式、摆动式和插入式。

(5) 根据操动机构可分为手动式、电动式和气动式。

(6) 根据有无接地开关可分为有接地开关和无接地开关。

500kV 隔离开关一般采用户外、三相、分相电动远方操作隔离开关。220kV 隔离开关。一般采用户外、三相、分相电动和手动操作。

5. 隔离开关的型号和规格表示

隔离开关的型号、规格一般由文字符号和数字组合而成，如图 5-1 所示。

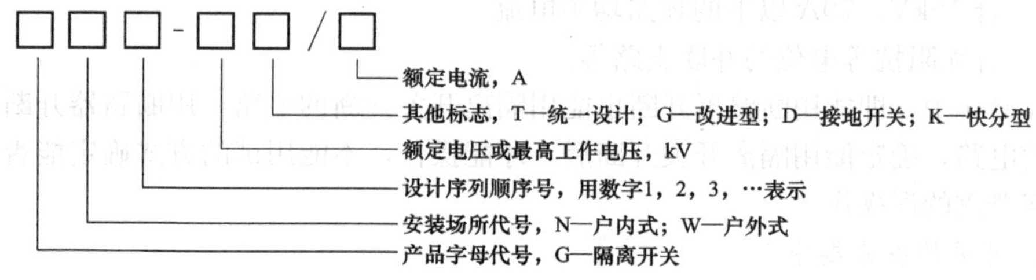

图 5-1 隔离开关型号

例如：GN30-12D/630，表示户内隔离开关，设计序号 30，最高工作电压 12kV，额定电流 630A，带接地开关。

二、隔离开关的操动机构

1. 手动操动机构

手动操动机构有杠杆式和蜗轮式两种，前者一般适用于额定电流小于 3000A 的隔离开关，后者一般适用于额定电流大于 3000A 的隔离开关。

2. 电动操动机构

(1) CJ2-XG 型电动操动机构属于户外用动力式机构，用于 GW4、GW7 等高压隔离开关或接地开关分、合闸操作。可进行远方控制，也可就地电动控制或利用手柄进行人力操作。

(2) CJ2-XC 型电动操动机构由电动机驱动齿轮及蜗轮减速装置，将力矩传递给输出轴，输出轴垂直安装，机构中设有分、合闸终点限位开关及机械限位装置，使机构主轴的转角限制在准确的位置。机构设有手柄，可在现场进行手动分、合闸操作。机构箱内设有刀开关和保护熔丝及电控操作的分、合闸按钮，也可用摇把进行人力分、合闸操作。机构内装有六动合、六动断的辅助开关，由转轴带动辅助开关切换，在隔离开关处于合闸或分闸位置时，发出相应的信号。为便于安装维修，机构箱为三面开门结构，用专门钥匙打开前门，从箱内两侧拧开蝶形螺母后，可打开两侧门。

三、隔离开关控制回路

（一）隔离开关的控制回路

隔离开关的控制分为就地控制和远方控制两种控制方式，110kV 及以上倒闸操作用的隔离开关一般采用远方和就地操作；检修用的隔离开关、接地隔离开关和母线接地器为就地操作。目前国产隔离开关一般都配有气动或电动操动机构，35kV 以下的隔离开关，其控制按钮装设在操动机构箱上。

隔离开关控制回路的构成原则如下：

（1）隔离开关控制回路必须受相应断路器的闭锁，以保证断路器在合闸状态下，不能操作隔离开关，即避免带电操作隔离开关。

（2）隔离开关控制须受接地隔离开关的闭锁，以保证接地隔离开关在合闸状态下，不能操作隔离开关。

（3）操作脉冲应是短时的，完成操作后，应能自动解除。

（4）隔离开关应有所处状态的位置信号。

隔离开关控制回路如图 5-2 所示。

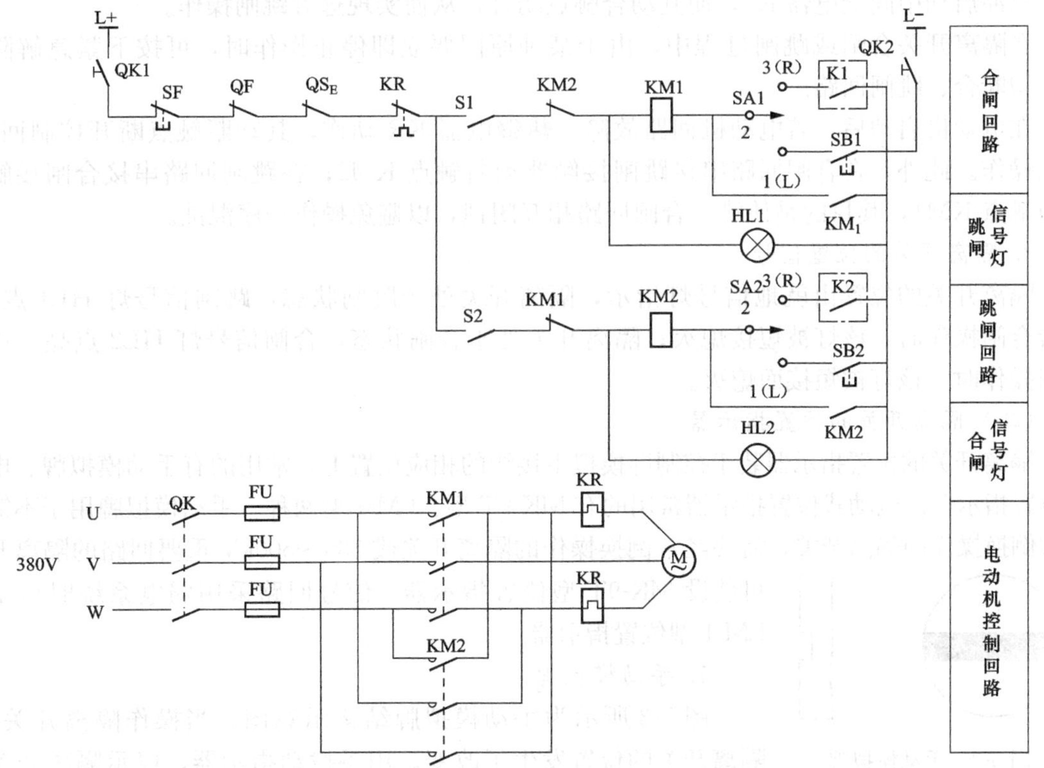

图 5-2　隔离开关的控制回路

1. 合闸控制

(1) 就地合闸操作。在具备合闸条件下，即断路器 QF 在跳闸状态（QF 辅助动断触点闭合）、隔离开关 QS 在跳闸终端位置（行程开关 S1 闭合）并无跳闸操作（跳闸接触器 KM2 未启动）、电动机回路完好（即热继电器阻动断触点闭合）的情况下，将切换开关 SAl 置于“就地”（L）位置，触点 1-2 接通，再按下就地合闸按钮 SB1，实现就地合闸操作。

(2) 远方操作合闸操作。将切换开关 SA1 置于“远方”（R）位置，触点 2-3 接通，保护测控装置输出合闸脉冲，启动中间继电器 K1 使其动合触点闭合，实现远方合闸操作。

上述两种情况均可使合闸接触器 KM1 线圈带电，其 3 对动合触点闭合，接通交流电动机三相电源，使其正方向转动，实现隔离开关就地或远方合闸。此外，合闸接触器 KM1 还有一对动合触点与 SB1 等并联作为接触器自保持回路，直至隔离开关合闸到位、行程开关 S1 断开后方可解除接触自保持作用，从而使合闸指令无需持续到合闸过程结束。

2. 跳闸控制

(1) 就地跳闸操作。在具备跳闸的条件下，即断路器 QF 仍在跳闸状态，隔离开关在合闸终端位置（行程开关 S2 闭合）并无合闸操作（合闸接触器 KM1 未启动)，电动机回路完好的情况下，将 SA2 切换到“就地”（L）位置，触点 1-2 接通，再按跳闸按钮 SB2，启动跳闸接触器 KM2，KM2 的三对动合触点闭合，使电动机反转，隔离开关跳闸。KM2 的自保持回路保证隔离开关跳闸到终位。

(2) 远方跳闸操作。SA2 切换到“远方”（R）位置，触点 2-3 接通，保护测控装置发出跳闸脉冲启动中间继电器 K2，使其动合触点闭合，从而实现远方跳闸操作。

在隔离开关合闸或跳闸过程中，由于某种原因要立即停止操作时，可按下紧急解除按钮，切断合、跳闸回路。

在电动机启动后，若电动机回路故障，热继电器 KR 动作，其动断触点断开控制回路，停止操作。此外，在合闸回路串接跳闸接触器动断触点 KM2；在跳闸回路串接合闸接触器动断触点 KM1，其目的是使跳、合闸回路相互闭锁，以避免操作程序混乱。

3. 隔离开关的位置信号

隔离开关的位置由就地信号灯指示，隔离开关处于跳闸状态，跳闸信号灯 HL1 点亮，进行合闸操作时，该灯被短接熄灭；隔离开关处于合闸状态，合闸信号灯 HL2 点亮，进行跳闸操作时，该灯被短接而熄灭。

(二) 隔离开关的位置指示器

隔离开关的位置指示器装于控制屏模拟主接线的相应位置上，常用的有手动模拟牌、电动式位置指示器。电动式位置指示器常用的有 MK-9T 型、LM-1 型两种。手动模拟牌用于不需要经常倒换操作的隔离开关，需要经常倒换操作的隔离开关或 330～500kV 重要回路的隔离开关可装设 MK-9T 型位置指示器，信号回路采用弱电系统时可采用 LM-1 型位置指示器。

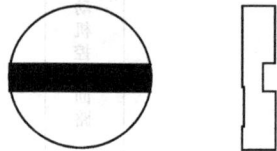

图 5-3 手动模拟牌结构示意图

1. 手动模拟牌

图 5-3 所示为手动模拟牌结构示意图。当操作隔离开关后，隔离开关的位置发生了改变。用手拨动指示器，以示隔离开关的合闸或分闸状态，使指示器与隔离开关的实际位置相一致。手动

模拟牌结构简单，操作方便。

2. 电动式位置指示器

(1) MK-9T型位置指示器。MK-9T型位置指示器的外形、内部结构及二次回路如图5-4所示。指示器内有两个电磁线圈，分别由隔离开关的辅助动合触点QS1、辅助动断触点QS2控制；舌片用永久磁铁做成，黑色标线与舌片固定连接。当隔离开关的位置改变时，隔离开关的辅助触点QS1、QS2的通断状态切换，两线圈的通断状态也改变，线圈磁场方向发生改变，舌片改变位置，黑色标线也随之改变位置，从而指示隔离开关新的位置。

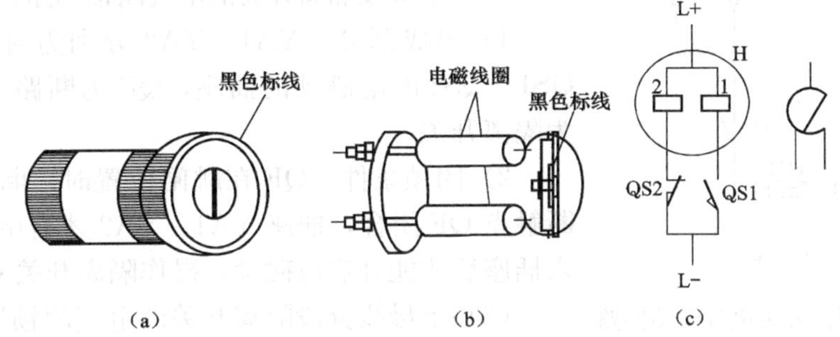

图5-4 MK-9T型位置指示器
(a) 外形；(b) 内部结构；(c) 二次回路

当隔离开关在合闸位置时，辅助动合触点QS1闭合，接通电磁线圈1，黑色标线停在垂直位置；当隔离开关在分闸位置时，辅助动断触点QS2闭合，接通电磁线圈2，黑色标线停在水平位置；当两线圈均无电流时，黑色标线在弹簧作用下停在45°位置。

(2) LM-1型位置指示器。LM-1型位置指示器装有2只信号灯，利用隔离开关的辅助触点控制信号灯的亮灭，信号灯的亮灭则表示隔离开关的通断状态。

(三) 隔离开关的闭锁回路

为了保证安全，操作高压开关必须按一定的顺序，一旦违反这种操作顺序，就可能导致事故发生，造成设备的损坏或人员伤亡。为防止可能出现的误操作，必须在高压配电装置上采取技术措施，这就是所谓的闭锁。

1. 闭锁装置功能

(1) 防止带负荷拉(合)隔离开关。即只有当与之串接的断路器处于断开位置时，隔离开关才能进行操作。

(2) 防止带接地线合闸或防止在接地隔离开关未拉开时合断路器送电。

(3) 防止在带电的情况下，合接地隔离开关或挂接地线。

(4) 防止误分、误合断路器。例如手车高压开关柜的手车未进入工作位置或试验位置，断路器不得合闸。

(5) 防止误入带电间隔。断路器、隔离开关未断开，该高压开关柜的门打不开。

2. 隔离开关闭锁接线的设计原则

(1) 有电指示器的应用。与一次回路直接有关的隔离开关全部断开后，仍难判断该回路是否确无电压(例如线路隔离开关的外侧)时，建议在有电的地方装设三相“有电指示器”。

(2) 隔离开关的防误接线。防误操作接线与电气接线的形式、隔离开关和接地开关的配置有关。总的原则如下：

1）具有动力操动机构的隔离开关，在操作回路中设置闭锁接线；对就地操作的隔离开关，装设电磁锁或其他闭锁措施。

2）隔离开关与接地开关之间装设机械闭锁时，为简化接线不再装设电气闭锁。

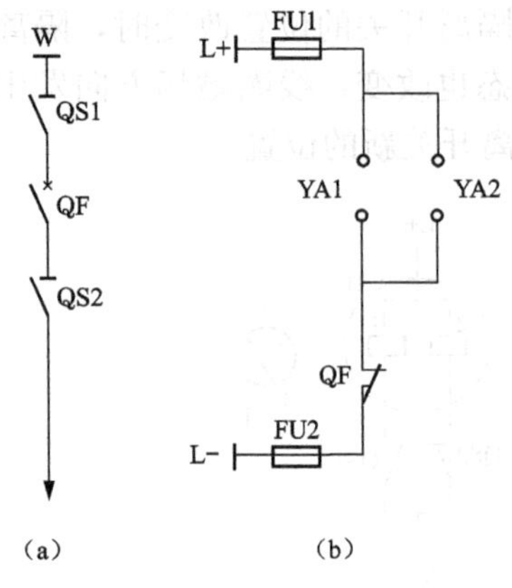

图 5-5　单母线隔离开关电气闭锁回路
（a）电气接线图；（b）二次回路控制图

3. 电磁锁闭锁电路

电磁锁闭锁装置的构成，除了电磁锁之外，还必须有断路器的辅助触点等构成的闭锁电路。

（1）单母线隔离开关的电气闭锁回路，如图 5-5 所示。

1）组成部分：YA1、YA2 分别为对应于隔离开关 QS1、QS2 的电磁锁的插座，QF 为断路器，QS1、QS2 为隔离开关。

2）闭锁条件：QF 在跳闸位置时，断路器的辅助动断触点 QF 闭合，插座 YA1、YA2 才有电压，电钥匙插入插座后才能开启电磁锁，操作隔离开关 QS1、QS2。

（2）单母线分段隔离开关的电气闭锁回路，如图 5-6 所示。

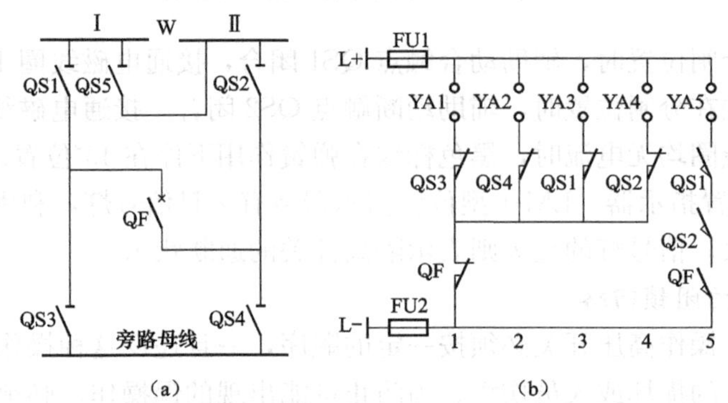

图 5-6　单母线分段隔离开关电气闭锁回路
（a）电气接线图；（b）二次回路控制图

闭锁条件：

QF 在跳闸位置时，隔离开关 QS3（或 QS4）断开时，可操作隔离开关 QS1（或 QS2）。

QF 在跳闸位置时，隔离开关 QS1（或 QS2）断开时，可操作隔离开关 QS3（或 QS4）。

QF 和隔离开关 QS1、QS2 均在合闸位置时，可操作隔离开关 QS5。

（3）双母线隔离开关的电气闭锁电路，如图 5-7 所示。

1）组成部分：YA1～YA5 电磁锁开关；QS1～QS5 隔离开关；QF、QF1 断路器；880L 隔离开关操作闭锁小母线。

2）闭锁条件：

a. 当母联断路器 QF 在跳闸位置时，可操作隔离开关 QS1 和 QS2。

b. 当出线断路器 QF1 在跳闸位置时，可操作隔离开关 QS5。

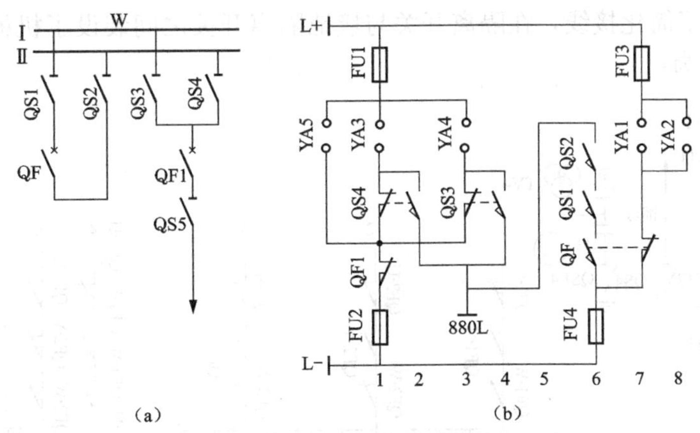

图 5-7　双母线隔离开关电气闭锁回路

（a）电气接线图；（b）二次回路控制图

c. 当出线断路器 QF1 在跳闸位置时和 QS4（或 QS3）断开时，可操作 QS3（或 QS4）。

d. 双母线并联运行时，隔离开关操作闭锁小母线 880L 取得负电源时，如果隔离开关 QS4（或 QS3）已闭合，可操作隔离开关 QS3（或 QS4）。

（4）双母线带旁路母线隔离开关的电气闭锁回路，如图 5-8 所示。

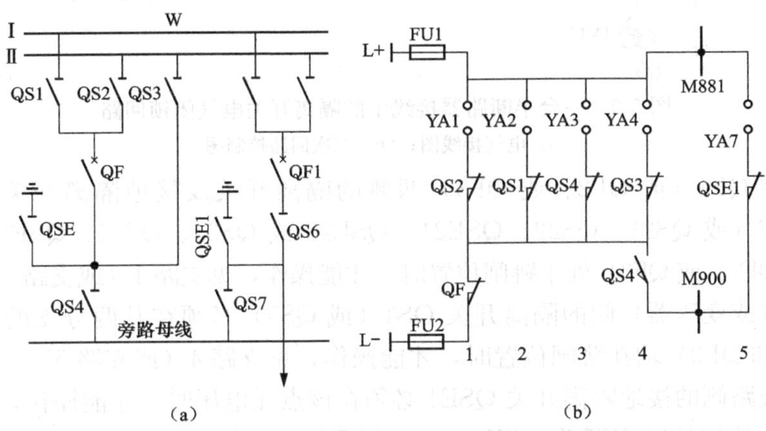

图 5-8　双母线带旁路母线隔离开关电气闭锁回路

（a）电气接线图；（b）二次回路控制图

1）“组成部分：QF、QF1 断路器；QSE、QSE1 接地隔离开关；M881 和 M900 为旁路隔离开关闭锁小母线。M881 经熔断器 FU1 取得正电源，而 M900 只有在断路器 QF 在跳闸位置，隔离开关 QS4 在合闸位置才能取得负电源。”

2）闭锁条件：

a. 旁路兼母联断路器 QF 在跳闸位置时，而隔离开关 QS2（或 QS1）断开时，可操作隔离开关 QS1（或 QS2），见支路 1（或支路 2）。

b. 在接地刀闸 QSE 与隔离开关 QS3 和 QS4 装有闭锁装置情况下，旁路兼母联断路器 QF 在跳闸位置时，而 QS4（或 QS3）断开时，可操作 QS3（或 QS4），见支路 3（或支路 4）。

c. 旁路兼母联断路器 QF 在跳闸位置时，QS4 合闸，QSE1 断开时，才能经支路 5 操作 QS7，从而避免由于 QSE1 在合闸位置，而误操作 QS7。

（5）一台半断路器接线中的隔离开关电气闭锁回路，如图 5-9 所示。

图 5-9 中，为了简化接线，在隔离开关与接地隔离开关之间装设了机械闭锁装置。各隔离开关的闭锁条件为：

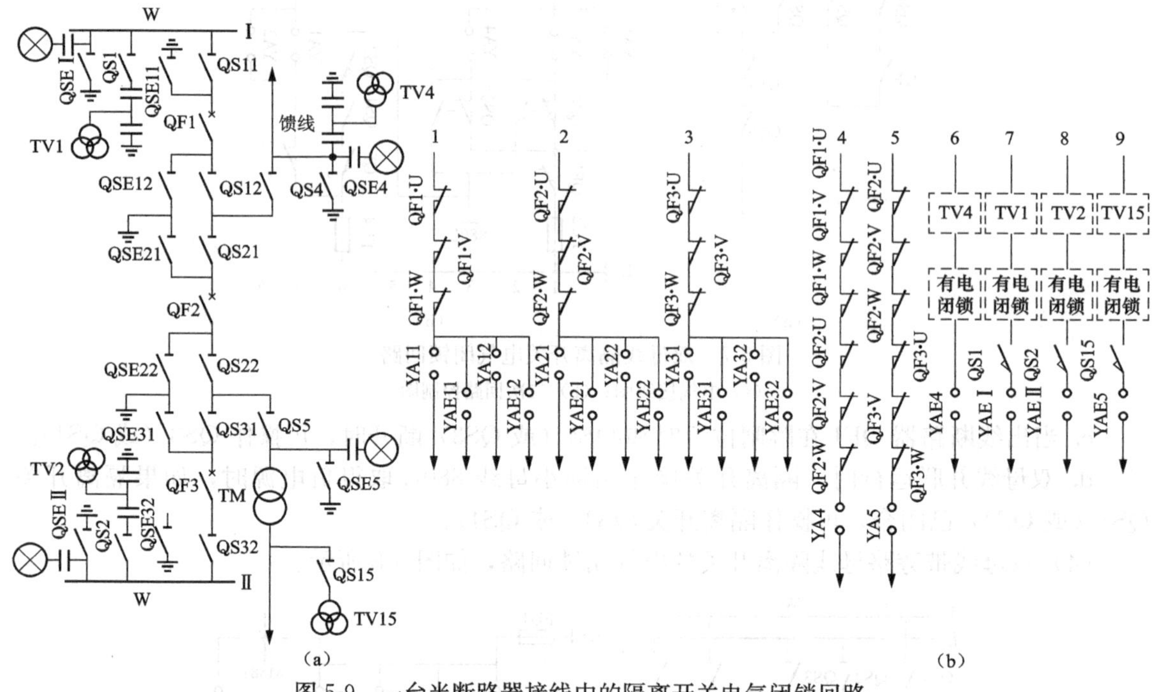

图 5-9　一台半断路器接线中的隔离开关电气闭锁回路

(a) 电气接线图；(b) 二次回路控制图

(1) 断路器 QF1（或 QF2、或 QF3）两侧的隔离开关及接地隔离开关 QS11、QS12、QSE11、QSE12（或 QS21、QS22、QSE21、QSE22 或 QS31、QS32、QSE31、QSE32）必须在 QF1（或 QF2、或 QF3）处于跳闸位置时，才能操作，见支路 1（或支路 2、或支路 3）。

(2) 馈线（或变压器）侧的隔离开关 QS4（或 QS5）必须在其两分支的断路器 QF1 和 QF2（或 QF2 和 QF3）均在跳闸位置时，才能操作，见支路 4（或支路 5）。

(3) 馈线线路侧的接地隔离开关 QSE4 必须在该点无电压时，才能操作，见支路 6。

(4) 母线上的接地隔离开关 QSE Ⅰ（或 QSE Ⅱ）必须在Ⅰ（或Ⅱ）母线上无电压时，才能操作，见支路 7（或支路 8）。

(5) 变压器侧的接地隔离开关 QSE5 必须在该点无电压时，才能操作，见支路 9。

四、隔离开关的运行维护

（一）隔离开关的运行规定

1. 隔离开关运行规定

(1) 500kV 隔离开关在运行中应采用远控进行分合操作，但要在现场设人员监视。分合操作时应分相认真检查。

(2) 正常运行时“远方/就地切换开关”切至“远方”位置，“选相开关”切至“三相”位置，并断开操作电源快分开关。

(3) 隔离开关运行时，电流、电压不超过其额定值。

(4) 隔离开关引弧触指、导电管、传动机构、夹紧机构、均压环应完好；导电部位无过热现象；传动机构无卡涩；绝缘子无污秽、闪络。

（5）运行中隔离开关与断路器、接地开关的电气及机械闭锁应完善可靠。

（6）隔离开关导电接触部位应涂有凡士林导电膏，传动变速部位涂黄干油，支持、转动绝缘子涂 RTV 硅胶（室温硫化型硅橡胶），均压环涂有相应相的相色漆。

（7）500kV 隔离开关、220kV 隔离开关不能电动合闸时，必须查明原因，消除后进行操作，操作时应分相认真检查，正常时禁止手动操作。

2. 隔离开关操作的规定

（1）500kV 隔离开关应远方操作，就地检查。

（2）操作前应检查相应的断路器在分闸位置及接地开关在分闸位置，以防止带负荷拉、合隔离开关，或带接地线送电。

（3）检查操作隔离开关的操作电源是否合好。

（4）操作时先将“选相开关”切至“三相”位置、将“就地/远方开关”切至“远方”位置。

（5）电动操作隔离开关，当发现刀闸不能正常操作时，立即按下“停”按钮；严禁按下接触器操作隔离开关。

（6）隔离开关操作分、合闸后，值班人员应逐相检查是否到位，触头接触是否良好。电动操作完毕后，应立即拉开其操作电源断路器。

（7）电动误拉、合隔离开关时，不允许将误拉、合隔离开关再次合上或拉开，应在汇报后按命令处理。

（8）500kV 隔离开关可实现单相手动操作，在正常运行的操作中，严禁使用手动操作，只有在检修试验时方可使用。

（二）隔离开关的巡视检查项目

（1）绝缘子完整，无破损及放电现象。

（2）各触点及触头接触处应无过热、发红、烧熔等现象。

（3）引线、接头无松动、变形、严重摆动及烧伤断股现象。

（4）检查均压环应牢固、可靠、平整。

（5）操动机构箱应封闭良好，无渗水现象。

（6）操动机构各部正常，位置指示器正确，销子无脱落，加热器良好。

（7）传动机构过死点，无松脱、锈蚀现象。

（8）隔离开关把手、销子、机械闭锁应完好。

（9）大风、大雪天气，应检查室外隔离开关是否有落物、摆动和覆冰现象；雷雨天气应检查隔离开关支持绝缘子无破损、放电痕迹。大雾天气应检查各部件无放电现象。

（三）隔离开关异常运行和事故处理

1. 隔离开关触头过热

触头过热时，刀片和导体接头变色发暗，接触部分变色漆变色或示温片变色、软化、位移、发亮或熔化；户外隔离开关触头过热，在雨雪天气可观察到触头处有冒汽或落雪立即融化现象；若触头严重过热，刀口可能烧红，甚至发生熔焊现象。

（1）隔离开关运行触头过热原因：

1）合闸不到位，使电流通过的截面大大缩小，因而出现接触电阻增大，同时产生很大的斥力，减少了弹簧的压力，使压缩弹簧或螺钉松弛，更使接触电阻增大而过热。

2）因触头紧固件松动，刀片或刀嘴的弹簧锈蚀或过热，使弹簧压力降低；或操作时用力不当，使接触位置不正。这些情况均使触头压力降低，触头接触电阻增大而过热。

3）刀口合得不严，使触头表面氧化、脏污；拉合过程中触头被电弧烧伤，各连动部件磨损或变形等，均会使触头接触不良，接触电阻增大而过热。

4）隔离开关过负荷，引起触头过热。

（2）隔离开关触头过热的处理方法：

1）用红外测温仪测量过热点的温度，以判断发热程度。

2）若隔离开关触头因接触不良而过热，可用相应电压等级的绝缘棒推动触头，使触头接触良好，但不得用力过猛，以免滑脱扩大事故。

3）若隔离开关因过负荷引起过热，应汇报调度，将负荷降至额定值或以下运行。

4）在双母线接线中，若某一母线隔离开关过热，可将该回路倒换到另一母线上运行，然后，拉开过热的隔离开关。待母线停电时再检修该过热的隔离开关。

5）在单母线接线中，若母线隔离开关过热，则只能降低负荷运行，并加强监视，也可加装临时通风装置，加强冷却。

6）在具有旁路母线的接线中，母线隔离开关或线路隔离开关过热，可以倒至旁路运行，使过热的隔离开关退出运行或停电检修。无旁路接线的线路隔离开关过热，可以减负荷运行，但应加强监视。

7）在 3/2 接线中，若某隔离开关过热，可开环运行，将过热隔离开关拉开。

8）若隔离开关发热不断恶化，威胁安全运行时，应立即停电处理。不能停电的隔离开关，可带电作业进行处理。

2. 隔离开关绝缘子损坏或闪络

运行中的隔离开关，有时发生绝缘子表面破损；龟裂、脱釉，绝缘子胶合部位因胶合剂自然老化或质量欠佳引起松动，以及绝缘子严重积污等现象。由于绝缘子的损坏和严重积污，当出现过电压时，绝缘子将发生闪络、放电、击穿接地。轻者使绝缘子表面引起烧伤痕迹，严重时产生短路、绝缘子爆炸、断路器跳闸。

运行中，若绝缘子损坏程度不严重或出现不严重的放电痕迹时，可暂时不停电，但应报告调度尽快处理。处理之前，应加强监视。如果绝缘子破损严重，或发生对地击穿，触头熔焊等现象，则应立即停电处理。

3. 隔离开关拒绝分、合闸

（1）隔离开关拒绝分、合闸的原因。用手动或电动操作隔离开关时，有时发生拒分、拒合，其可能原因如下：

1）操动机构故障。手动操作的操动机构发生冰冻、锈蚀、卡死、瓷件破裂或断裂、操作杆断裂或销子脱落，以及检修后机械部分未连接，使隔离开关拒绝分、合闸。若是气动、液压的操动机构，其压力降低，也使隔离开关拒绝分、合闸。隔离开关本身的传动机构故障也会使隔离开关拒绝分、合闸。

2）电气回路故障。电动操作的隔离开关，如动力回路熔断器熔断，电动机运转不正常或烧坏，电源不正常；操作回路如断路器或隔离开关的辅助触头接触不良，隔离开关的行程开关、控制开关切换不良，隔离开关箱的门控开关未接通等均会使隔离开关拒绝分、合闸。

3）误操作或防误装置失灵。断路器与隔离开关之间装有防止误操作的闭锁装置。当操作顺序错误时，由于被闭锁隔离开关拒绝分、合闸；当防误装置失灵时，隔离开关也会拒动。

4）隔离开关触头熔焊或触头变形，使刀片与刀嘴相抵触，而使隔离开关拒绝分、合闸。

（2）隔离开关拒绝分、合闸的处理。

1）操动机构故障时，如属冰冻或其他原因拒动，不得用强力冲击操作，应检查支持销子及操作杆各部位，找出阻力增加的原因；如果生锈、机械卡死、部件损坏、主触头受阻或熔焊应检修处理。

2）如果电气回路故障，应查明故障原因并做相应处理。

3）确认不是误操作而是防误闭锁回路故障，应查明原因，消除防误装置失灵。或按闭锁要求的条件，严格检查相应的断路器、隔离开关位置状态，核对无误后，解除防误装置的闭锁再行操作。

4）电动操作隔离开关在拒分、拒合时，应当观察接触器动作、电动机转矩、传动机构动作等情况，区分故障范围；若接触器不动作，属控制回路不通，应首先检查是否由于误操作造成，再检查三个隔离开关的操动机构的侧门是否关好，热继电器、交流接触器是否闭合，就地/远方开关是否切至相应位置，五防锁是否开启，检查开关是否断开及辅助触点是否确已闭合，以及操作电源及断路器是否良好，或检查回路是否接通等；若电动机能够转动，机构因机械卡滞拉不开，应停止电动操作，经倒运行方式，将故障隔离开关停电检修。

4. 隔离开关自动掉落合闸

隔离开关在分闸位置时，如果操动机构的机械装置失灵，如弹簧的锁住、弹力减弱、销子行程太短等，遇到较小振动，使机械闭锁销子滑出，造成隔离开关自动掉落合闸。这不仅会损坏设备，而且也易对工作人员造成伤害。如某变电站35kV一隔离开关自动掉落引起系统带接地线合闸事故，使一台大容量变压器烧坏，而且，接地线烧断，电弧对近旁的控制电缆放电，高电压传到控制室，烧坏了许多二次设备，险些危及人身安全。

5. 误拉、合隔离开关

在倒闸操作时，由于误操作，可能出现误拉、误合隔离开关现象。由于带负荷误拉、合隔离开关会产生异常弧光，甚至引起三相弧光短路，故在倒闸操作过程中，应严防隔离开关的误拉、误合。当发生带负荷误拉、合隔离开关时，按隔离开关传动机构装置形式的不同，分别按下列方法处理：

（1）对手动传动机构的隔离开关，当带负荷误拉闸时，若动触点刚离开静触点便有异常弧光产生，此时应立即将触点合上，电弧便熄灭，避免发生事故。若动触点已全部拉开，则不允许将动触点再合上。若再合上，会造成带负荷合闸，产生三相弧光短路，扩大事故。

（2）对电动传动机构的隔离开关，因这种隔离开关分闸时间短，比人力直接操作快，当带负荷误拉闸时，应将最初操作一直继续操作完毕，操作中严禁中断，禁止再合闸。

（3）对手动蜗轮型的传动机构，则拉开过程很慢，在主触点断开不大时（2～3mm以下）就能发现火花。这时应迅速作反方向操作，可立即熄灭电弧，避免发生事故。

（4）当带负荷误合隔离开关时，即使错合，甚至在合闸时产生电弧，也不允许再拉开隔离开关。否则，会形成带负荷拉闸，造成三相弧光短路，扩大事故。只有在采取措施后，先用断路器将该隔离开关回路断开，才可再拉开误合的隔离开关。

6. 隔离开关合闸不到位

隔离开关合不到位，多数是机构锈蚀、卡涩、检修调试未调好等原因引起的。发生这种情况，可拉开隔离开关再合闸一次，如仍合不到位应申请停电处理。

单元六 电 压 互 感 器

一、电压互感器种类及特点

1. 电压互感器种类

电压互感器的种类很多，可分为以下几种：

(1) 按工作原理可分为电磁式和电容式。

(2) 按安装地点可分为户内式和户外式。通常 35kV 以下制成户内式，35kV 以上制成户外式。

(3) 按相数可分为单相式和三相式。单相电压互感器可制成任何电压等级，而三相电压互感器则只限于 20kV 及以下电压等级。

(4) 按绕组数可分为双绕组式、三绕组式和四绕组式。双绕组式每相有一个一次绕组，一个二次绕组；三绕组电压互感器除有一个供给测量仪表和继电器的二次绕组外，还有一个附加二次绕组，用来接入监视电网绝缘状况的仪表和接地保护继电器；四绕组式比三绕组式多一个基本二次绕组，把测量与保护和自动装置分开，其他绕组作用与三绕组式相同。

(5) 按绝缘结构可分为干式、塑料浇注式、充气式和油浸式。

2. 电压互感器特点

(1) 干式电压互感器。结构简单，无着火和爆炸危险，但体积大，只适用于 6kV 以下的户内配电装置。

(2) 塑料浇注式电压互感器。结构紧凑，尺寸小，无着火和爆炸危险，且使用维护方便，适用于 3～35kV 的户内配电装置。

(3) 充气式电压互感器。主要用于 GIS（SF_6 封闭式组合电器）的配套；绝缘性能好，主要用于 10kV 以上的户外配电装置。

(4) 油浸式电压互感器。按其结构可分为普通式和串级式。10～35kV 的电压互感器都制成普通式，它与普通小型变压器相似。110kV 及以上的电压互感器普遍采用串级式，所谓串级式就是一次绕组由匝数相等的几个绕组元件串联而成，最下面一个元件接地，二次绕组只与最下面一个元件耦合。其特点是：绕组和铁芯采用分级绝缘，简化了绝缘结构；绕组和铁芯都放在瓷箱中，瓷箱兼作高压出线套管和油管。因此，串级式可节省绝缘材料，减轻重量和体积。

目前电力系统广泛应用的电压互感器，电压等级为 220kV 以下多为电磁式，220kV 及以上多为电容分压式。

二、电磁式电压互感器

1. 电磁式电压互感器工作原理

电磁式电压互感器的工作原理、构造和连接方法都与变压器相同。其主要区别在于电压互感器的容量很小，通常只有几十到几百伏安。

电压互感器一次侧额定电压 U_{1N} 和二次侧额定电压 U_{2N} 之比，称为电压互感器的额定变压比，用 K_U 表示，K_U 近似等于一、二次绕组的匝数比，即

$$K_U = U_{1N}/U_{2N} \approx N_1/N_2 \tag{6-1}$$

式中　N_1 和 N_2——电压互感器一次绕组和二次绕组的匝数。

由于电压互感器一次侧额定电压是电网的额定电压，故已标准化（如 3、6、10、35、110、220、330、500kV 等）。二次侧额定电压已统一为 100V（或 $100/\sqrt{3}$V），所以电压互感器的变压比也是标准化的。

电压互感器与普通变压器相比，其工作状态有以下特点：

（1）电压互感器一次侧的电压（即电网电压），不受互感器二次侧负荷的影响，并且在大多数情况下，二次侧负荷是恒定的。

（2）电压互感器二次侧所接的负荷是测量仪表和继电器的电压线圈，它们的阻抗很大，因此，电压互感器的正常工作方式接近于空载状态。必须指出，电压互感器二次侧不允许短路，因为短路电流很大，会烧坏电压互感器。

2. 电压互感器准确级和额定容量

（1）准确级。是指在规定的一次侧电压和二次侧负荷变化范围内，负荷功率因数为额定值时，电压误差的最大值，我国电压互感器准确级和误差限值见表 6-1。3P、6P 为保护级。准确等级为 0.2 级的电压互感器主要用于精确的实验测量。0.5 级及 1 级的电压互感器通常用于发电厂、变压站内配电盘上的仪表及继电保护装置中，对计算电能用的电能表应采用 0.2 级或 0.5 级电压互感器。3 级的电压互感器用于一般的测量。3P、6P 级为继电保护用。

表 6-1　电压互感器的准确级和误差限值

准确级次	误差限值		一次侧电压变化范围	二次侧负荷变化范围
	电压误差±（%）	相位差±（′）		
0.2	0.2	10	$(0.8 \sim 1.2)\ U_{1N}$ $\cos\varphi_2 = 0.8$	$(0.25 \sim 1)\ S_{2N}$ $\cos\varphi_2 = 0.8$
0.5	0.5	20		
1	1.0	40		
3	3.0	不规定		
3P	3.0	120	$(0.05 \sim 1)\ U_{1N}$	
6P	6.0	240		

（2）额定容量。电压互感器的额定容量 S_{2N}，是电压互感器在最高准确级工作时，它所允许二次侧负荷的容量。同一电压互感器在不同的准确级下工作有不同的额定容量，准确级越高，额定容量越小。电压互感器按照在最高工作电压下长期工作的允许发热条件，还规定有最大容量，只有供给对误差无严格要求的仪表和继电器或信号灯负载时，才允许将电压互感器用于最大容量。

三、电容式电压互感器

随着电力系统输电电压的增高，电磁式电压互感器的体积越来越大，成本也越来越高。因此为满足电力工业日益发展的需要，研制出了电容式电压互感器。

图 6-1 所示为电容式电压互感器原理接线图。电容式电压互感器实质是一个电容分压器，在被测装置和地之间有若干相同的电容器串联。

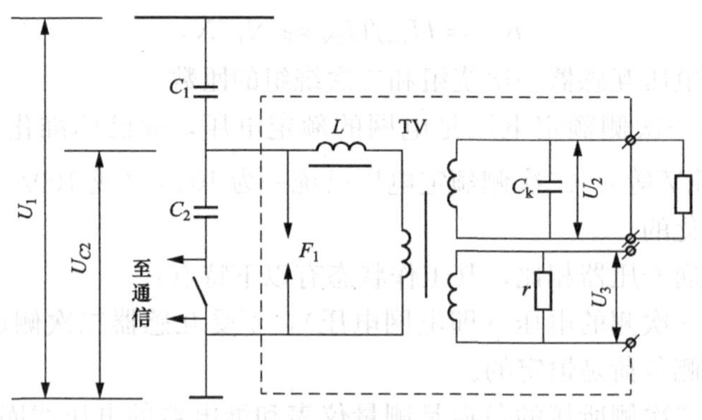

图 6-1　电容式电压互感器原理接线图

为便于分析，将电容器串分成主电容 C_1 和分压电容 C_2 两部分。设一次侧相对地电压为 U_1，则 C_2 上的电压为

$$U_{C2}=\frac{C_1}{C_1+C_2}U_1=KU_1 \tag{6-2}$$

式中　K——分压比。

改变 C_1 和 C_2 的比值，可得到不同的分压比。由于 U_{C2} 与一次侧相对地电压 U_1 成正比，所以测得 U_{C2} 就可得到 U_1，这就是电容式电压互感器的工作原理。

但是，当 C_2 两端接入普通电压表或其他负荷时，所测得的值将小于电容分压值 U_{C2}，且负载电流越大，测得的值越小，误差也越大。这是由于电容器的内阻抗 $1/j\omega$（C_1+C_2）所引起的。为减小误差，在电容分压器与二次侧负载间加一中间变压器 TV，中间变压器实际就是一台电磁式电压互感器。

中间变压器 TV 中的电感 L 是为了补偿电容器的内阻抗的，因此称为补偿电感。当 $\omega L=1/[\omega$（C_1+C_2）] 时，内阻抗为零，使输出电压 U_2 与二次侧负载无关。实际上，由于电容器和电感 L 中有损耗存在，接负载时仍存在测量误差。

在 TV 的二次绕组上并联一补偿电容 C_k，用来补偿 TV 的励磁电容和负载电流中的电感分量，提高负载功率因数，减少测量误差。阻尼电阻 r 的作用，是防止二次侧发生短路或断路冲击时，由铁磁谐振引起的过电压。F_1 为保护间隙，当分压电容 C_2 上出现异常过电压时，F_1 先击穿，以保护分压电容 C_2、补偿电抗器 L 及中间变压器 TV 不致被过电压损坏。

电容式电压互感器与电磁式电压互感器相比，具有冲击绝缘强度高、制造简单、质量轻、体积小、成本低、运行可靠、维护方便并可兼作高频载波通信的耦合电容等优点。但是，其误差特性和暂态特性比电磁式电压互感器差，且输出容量较小，影响误差的因素较多。过去电容式电压互感器的准确度不高，目前我国制造的电容式电压互感器，准确级已达到 0.5 级，在 220kV 及以上得到广泛应用。

四、光电式电压互感器

1. 光电式互感器的基本原理

目前各国研制的光电式电压互感器的传感方式大体分为有源型和无源型两种。

（1）有源型。有源型的高压侧电压信号通过采样后将电压信号传送到发光二极管变成光信号，再由光纤传递到低电压侧，进行逆变换成电信号后放大输出。由于二极管的发光强度与施加电压成比例，所以信号输出也与施加电压成比例。这种形式的互感器的传感头需要供电电源，发光元件还存在耐冲击性能差及强度随老化而发生变化等问题需要解决。

(2) 无源型。某些晶体物质（如常用的BGO—铋系化合物）具有光电效应，在没有外电场作用下，其各向同性，光率体为一圆球体，在电场作用下，透过该物质的光会产生双折射现象，这种现象称为泡克尔斯（Pockels）效应。其双折射快慢轴之间的相位差ϕ与被测量电压U成正比，当$\phi \leqslant 1$时，输出光强与被测电压成正比，只要测出输出光强，便可得到被测电压。

无源型互感器的传感头不需要供电电源，结构较简单，且完全消除了电磁元件、无磁饱和问题、高电压侧电子器件无温度稳定性问题，互感器运行寿命长，故为各国近年来研制的主要传感方式。

2. 光电式电压互感器基本结构

无源型光电式电压互感器的基本结构方框图如图6-2所示，由高压部分、光纤电压传感器和光电探测器三部分组成。

(1) 高压部分包括高压绝缘套管、SF_6绝缘气体等，被测高电压加到上电极、下电极接地，泡克尔斯电光效应晶体处于电场中。

如果高电压由电容分压器按一定分压比降低到光纤电压传感器所能承受的较低电压（如5kV左右），称为电容分压型。如将高电压（如110kV及以上）直接加在泡克尔斯晶体上则称为无分压型。后一种形式结构简单，有取代前一种形式的趋势。

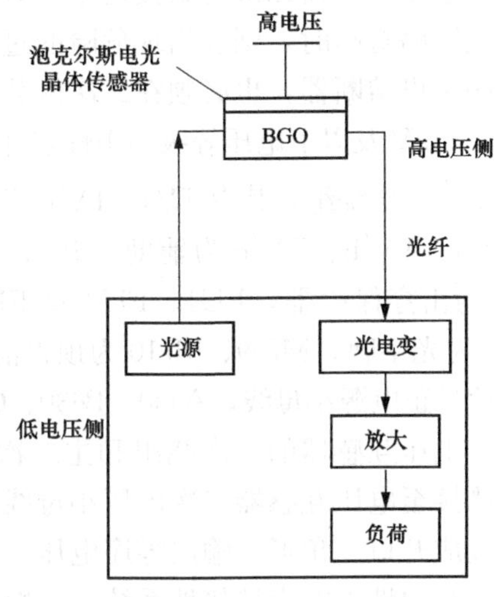

图6-2　光电式电压互感器结构方框图

(2) 光纤电压传感器包括泡克尔斯电光效应晶体（如BGO等），光信号变换的光学元件和传输光信号的光纤等，如图6-3所示。来自光源的光经光纤传送至传感头，经准直透镜将光传送至起偏器变成线偏振光，透过1/4波长板后，变成圆偏振光，入射到BGO晶体，由于受电场的作用，通过BGO晶体的光产生双折射，使入射的圆偏振光变成椭圆偏振光，经检偏器检测后，变成幅度受电压调制的线偏振光，最后经光纤传递到光电探测器。

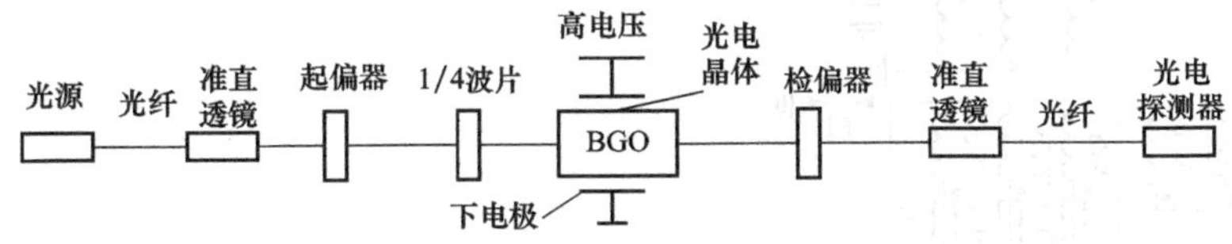

图6-3　光电测量电压原理图

光电探测器包括光电转换器、模拟信号处理电路、数字信号处理电路、光源驱动电路、电源和控温器等。

五、电压互感器二次回路

1. 对电压互感器二次回路的要求

(1) 电压互感器的接线方式应满足测量仪表、远动装置、继电保护和自动装置检测回路的具体要求。

（2）应装设短路保护。

（3）应有一个可靠的接地点。

（4）应有防止从二次回路向一次回路反送电压的措施。

（5）对于双母线上的电压互感器，应有可靠的二次切换回路。

2. 电压互感器二次回路的短路保护

普通电磁式电压互感器实质上就是小型降压变压器。当一次输入额定电压时，二次输出电压也是额定值（100V 或 $100/\sqrt{3}$V）。接于电压互感器二次回路的负载是测量仪表、远动装置、继电保护和自动装置的电压线圈，负载阻抗很大，通过的二次电流很小。在正常运行时，电压互感器二次绕组接近于空载状态。从电压互感器二次向一次回路看内阻抗很小，若二次回路短路时，则会出现危险的过电流，将损坏二次绕组和危及人身安全。所以，即使一次侧装设熔断器，也必须在二次侧装设熔断器或断路器，作为二次侧的短路保护。

35kV 及以下电压等级的中性点非直接接地的电力系统，通常采用三相五柱式电压互感器有 2 个二次绕组，其中 TVa、TVb、TVc 为主二次（简称二次）绕组，额定相电压为 $100/\sqrt{3}$V，TV′a、TV′b、TV′c 为辅助（开口三角）二次绕组，额定相电压为 100/3V。F 为避雷器，F1 为击穿保险器，FU1、FU2 及 FU3 为熔断器，KE 为接地继电器，KS 为信号继电器，H1 为光字牌，M709、M710 为预告信号小母线，M713、M716 为掉牌未复归小母线，＋M700 为信号正电源小母线，A630、B630、C630、N630、L630 为电压互感器二次电压小母线。

电压互感器的一次绕组和主二次绕组 TVa、TVb、TVc 为完全星形接线，输出的二次电压接至电压互感器二次电压小母线 A630、B630、C630、N630 上；电压互感器辅助二次绕组接成开口三角形，输出零序电压。

在中性点非直接接地系统，一般不装设距离保护，不用担心在二次回路末端短路时，因熔断器熔断较慢而造成距离保护误动作的问题。因此，对于 35kV 及以下的电压互感器，可以在二次绕组各相引出端装设熔断器，如图 6-4 所示 FU1～FU3 作为短路保护。

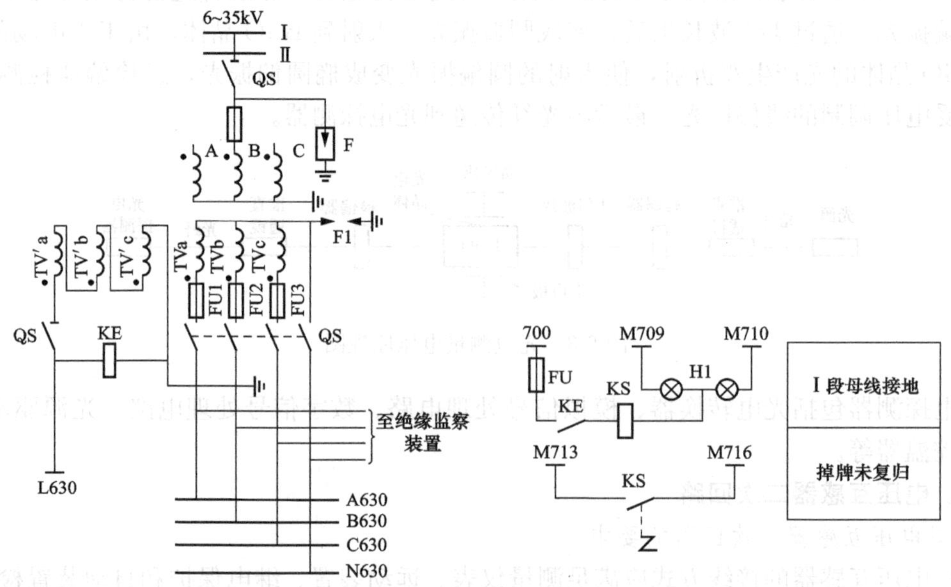

图 6-4　B 相接地的电压互感器二次电路图

110kV 及以上电压等级的中性点直接接地的电力系统，如图 6-5 所示，通常采用的电压互感器也有两个二次电路，其中 TVa、TVb、TVc 为主二次（简称二次）绕组的额定相电压为 $100/\sqrt{3}$V，TV′a、TV′b、TV′c 为辅助（开口三角）二次绕组，额定相电压为 100/3V。F 为避雷器，F1 为击穿保险器，QF1、QF2 及 QF3 为微型空气断路器，FU 为熔断器，SM 为控制开关，其触点见表 6-2，PV 为电压表，*C* 为电容器，A630、B630、C630、N630、L630 为电压互感器二次电压小母线，（试）S630 为试验电压小母线。

电压互感器一次绕组和主二次绕组接成完全星形接线，一次绕组和主二次绕组的中性点直接接地，辅助二次绕组接成开口三角形。

如图 6-5 所示，在中性点直接接地的系统中，通常装有距离保护，如果在远离电压互感器的二次回路上发生短路故障，由于二次回路阻抗较大，短路电流较小，则熔断器不能快速熔断，但在短路点附近电压比较低或等于零，可能引起距离保护误动作。所以，对于 110kV 及以上的电压互感器二次回路的短路保护采用微型空气断路器 QF1、QF2 及 QF3。电压互感器二次绕组输出与隔离开关动合辅助触点 QS 串联，防止二次回路向一次回路反送电。

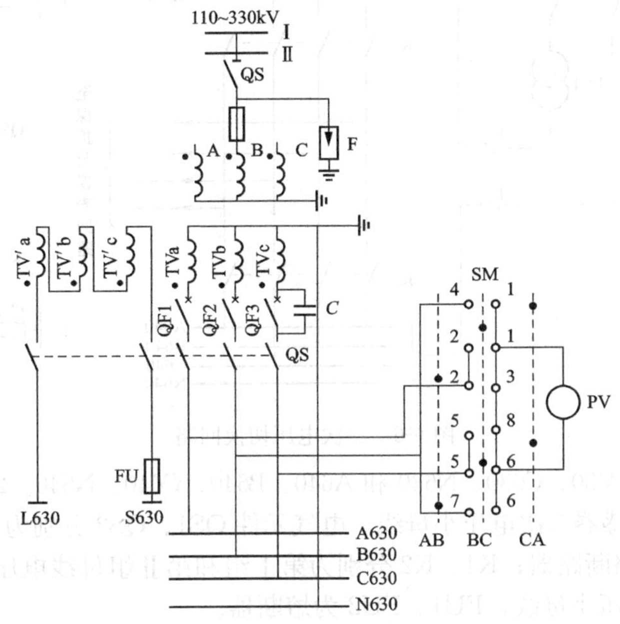

图 6-5　中性点接地的电压互感器二次电路图

表 6-2　　LW2-5、5/F4-X 控制开关触点表

在"BC"位置手柄（正面）样式和触点盒（背面）接线		BC AB　CA	1　2 4　3			5　6 8　7		
手柄和触点盒形式		F4-X	5			5		
触点号			1-2	2-3	1-4	5-6	6-7	5-8
手柄位置	AB 相间电压		—	•	—	—	•	—
	BC 相间电压		•	—	—	•	—	—
	CA 相间电压		—	—	•	—	—	•

3. 双母线系统电压互感器的二次电压切换回路

测量仪表、继电保护及自动装置等二次设备必须及时监测一次设备或回路的运行状态，当一次设备或回路运行方式发生变化时，其二次设备也要随之变化。否则，当母线联络断路器断开，两组母线分开运行时，可能出现一次回路与二次回路不对应的情况，则仪表可能测量不准确，远动装置、继电保护和自动装置可能发生误动作或拒绝动作。所以，双母线上的电气元件应具有二次电压切换回路。一般利用隔离开关的辅助触点和中间继电器触点进行自动切换，其回路如图 6-6 所示。

双母线系统电压互感器的二次电压切换回路有以下两种类型：

(1) 一次回路运行方式发生变化的电压回路的切换。双母线上所连接的各一次回路运行方式发生变化时（一次回路所在母线变化），各电气元件的测量仪表、继电保护及自动装置等设备电压回路的切换。

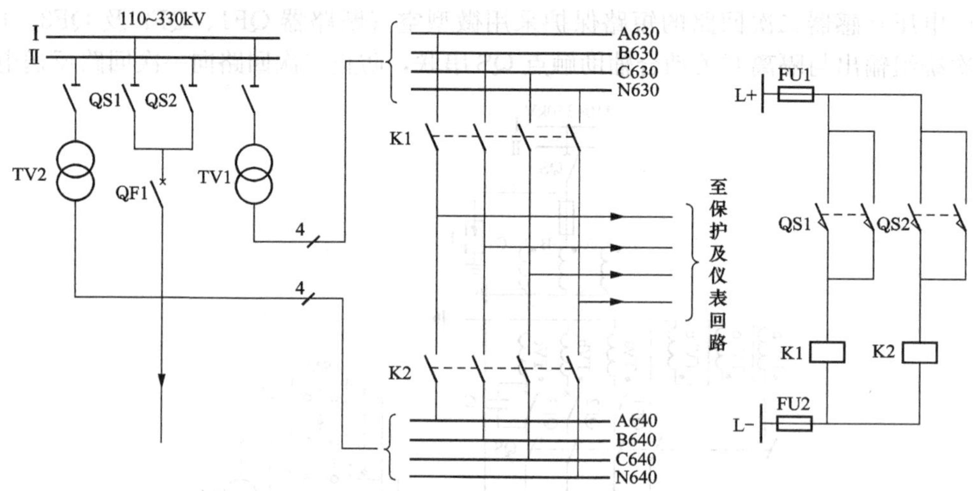

图 6-6 二次电压切换回路

图 6-6 中 A630、B630、C630、N630 和 A640、B640、C640、N640。2—640 分别为第Ⅰ组和第Ⅱ组母线电压互感器二次电压小母线。电气元件 QS1、QS2 分别为第Ⅰ组和第Ⅱ组母线隔离开关；QF 为线路断路器；K1、K2 分别为第Ⅰ组和第Ⅱ组母线电压互感器切换继电器；“L_+、L_-”为直流电压小母线；FU1、FU2 为熔断器。

线路运行在 110～330kV 第Ⅰ组母线上，则 QS2 分闸，QF1 合闸，QS1 也合闸；QS1 辅助动合触点闭合，启动电压切换继电器 K1，K1 带电；K1 动合触点闭合，将测量仪表、继电保护及自动装置等接至第Ⅰ组母线电压互感器二次电压小母线上。

当线路运行在 110～330kV 第Ⅱ组母线上时，则 QS1 分闸，Q1F 合闸，QS2 也合闸；QS2 辅助动合触点闭合，启动电压切换继电器 K2，K2 带电；K2 动合触点闭合，将测量仪表、继电保护及自动装置等接至第 E 组母线电压互感器二次电压小母线上。

另一种方法是。在一次回路运行方式发生变化时，通过利用隔离开关辅助触点进行切换电压回路，如图 6-7 所示。

(2) 互为备用的电压互感器二次电压切换。对于 6kV 及以上电压等级的双母线系统，两组母线的电压互感器应具有互为备用的切换回路。以便其中一组母线上的电压互感器停用时，保证其二次电压小母线上的电压不间断，其切换电路如图 6-8 所示。

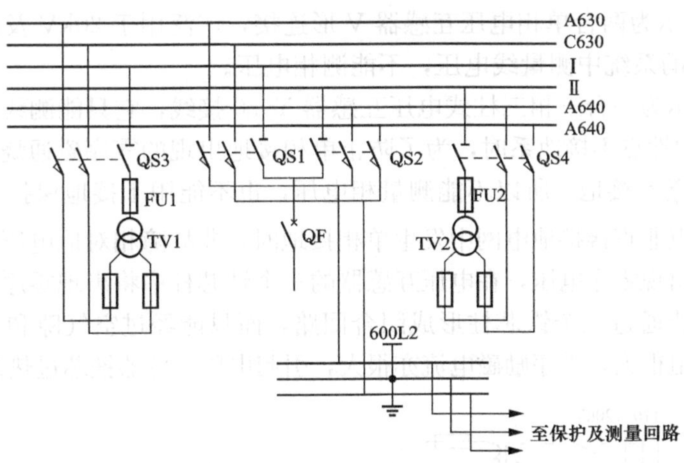

图 6-7　利用隔离开关辅助触点进行切换电压回路

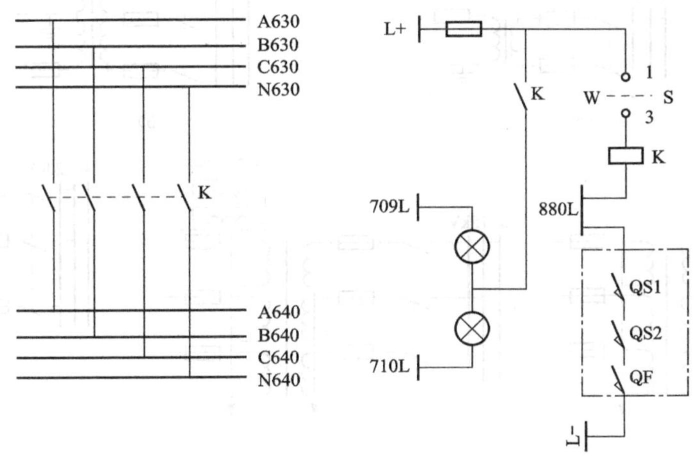

图 6-8　双母线电压互感器互为备用的切换电路图

切换操作是利用手动开关 S 和中间继电器 K 实现的。由于这种切换只有当母联断路器在闭合状态下才能进行，因此，中间继电器 K 的负电源是由母联隔离开关操作闭锁小母线 880L 供给。例如：Ⅰ组母线上的电压互感器 TV1 需要停用时，停用前双母线需并联运行（即合上母联断路器），使母联隔离开关操作闭锁小母线 880L 与电源负极接通、然后再接通手动开关 S，启动中间继电器 K，K 动作后，其动合触点闭合，点亮光字牌 H1，显示“电压互感器切换”字样，最后断开Ⅰ组母线电压互感器 TV1 的隔离开关 QS1，使 TV1 的电压小母线由 TV2 供电。

六、电压互感器的接线方式

电压互感器有单相和三相两种。单相的可制成任何电压等级，而三相的一般只制成 20kV 及以下的电压等级。

在三相电力系统中，通常需要测量的电压有线电压、相对地电压和发生单相接地故障时的零序电压。为了测量这些电压，图 6-9 所示为几种常见的电压互感器接线。

图 6-9（a）所示为一台单相电压互感器的接线，可测量某一相间电压（35kV 及以下的中性点非直接接地系统）或相对地电压（110kV 及以上中性点直接接地系统）。

图 6-9（b）所示为两台单相电压互感器 V 形连接，广泛用于 20kV 及以下中性点不接地或经消弧线圈接地的系统中测量线电压，不能测相电压。

图 6-9（c）所示为一台三相三柱式电压互感器 Yyn0 接线，它只能测线电压。这种接线用于 35kV 及以下的中性点不接地系时，为了防止单相接地出现的零序磁通烧损电压互感器，它一次侧绕组的中性点不接地。所以不能测量相电压，也不能用于接地保护只能用来测量线电压。其原因是中性点非直接接地电网中发生单相接地时，非故障相对地电压升高$\sqrt{3}$倍，三相对地电压失去平衡，出现零序电压，在电压互感器的三个铁芯柱中将出现零序磁通。由于零序磁通是同相位的，不能通过三个铁芯柱形成闭合回路，而只能经过空气隙和互感器外壳构成通路。因此，磁路磁阻很大，零序励磁电流亦很大，引起电压互感器铁芯过热甚至烧毁。

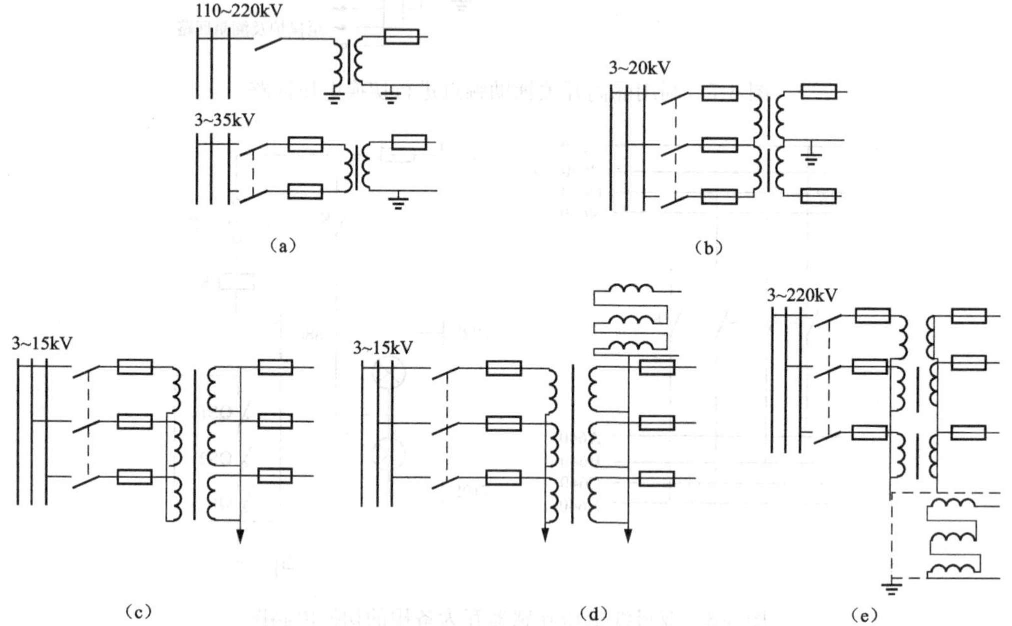

图 6-9 常见的电压互感器接线

（a）一台单相电压互感器的接线；（b）两台单相电压互感器 V 形连接；（c）三相三柱式电压互感器 Yyn0 接线；（d）三相五柱式电压互感器 YNyn0d0 接线；（e）三台单相三绕组电压互感器 YNyn0d0 接线

图 6-9（d）所示为一台三相五柱式三绕组电压互感器 YNyn0d0 接线，其一次绕组、基本二次绕组接成星形，且中性点均接地，辅助二次绕组接成开口三角形。该种接线可用来测量线电压和相电压，还可用作绝缘观察，所以广泛用于小电流接地电网中。当系统发生单相接地时，三相两柱式电压互感器内出现的零序磁通可以通过两边的辅助铁芯柱构成回路。辅助铁芯柱的磁阻小，零序励磁电流也小，因而不会出现烧毁电压互感器的情况。

图 6-9（e）所示为三台单相三绕组电压互感器 YNyn0d0 接线，广泛应用于 35kV 及以上电网中，可测量线电压、相对地电压和零序电压。这种接线方式在发生单相接地时，各相零序磁通以各自的电压互感器铁芯构成回路，因此对电压互感器无影响。该种接线方式的辅助二次绕组接成开口三角形，对于 35～60kV 中性点非直接接地电网，其相电压为 $100/\sqrt{3}$V，对中性点直接接地电网，其相电压为 100V。

在 380V 的装置中，电压互感器一般只经过熔断器接入电网。在高压电网中，电压互感器经过隔离开关和熔断器与电网连接。一次侧熔断器的作用是当电压互感器及其引出线上短路时，自动熔断切除故障，但不能作为二次侧过负荷保护。因为熔断器熔件的截面是根据机械强度选择的，其额定电流比电压互感器的额定电流大很多倍，二次侧过负荷时可能不熔断，所以电压互感器二次侧应装设熔断器，来保护电压互感器的二次侧过负荷或短路。

在110kV及以上的电网中，考虑到电压互感器及其配电装置的可靠性较高，加之高压熔断器的灭弧问题较大、制造困难、价格较贵，所以不装设高压熔断器，只用隔离开关与母线相连。

七、电压互感器的运行维护

1. 运行规定

(1) 运行中的电压互感器严禁二次短路，不得长期过电压、过负荷运行。

(2) 电容式电压互感器低压出线盒内的N端子在互感器用作载波通信时，要经结合滤波器接地。当互感器不用作载波通信时，该端子必须直接接地，不允许开路。

(3) 电容式电压互感器断开电源后，须将导电部分多次放电，方可接触。

(4) 在停用运行中的电压互感器之前，必须先将该组电压互感器所带的负荷全部切至另一组电压互感器。否则须经调度值班员批准，将该组电压互感器所带的保护及自动装置暂时退出，然后再退出电压互感器。

(5) 在切换电压互感器二次侧负荷的操作中，应注意先将电压互感器一次侧并列运行，再切换二次负荷。

(6) 电压互感器退出运行前，距离保护、方向保护、低电压闭锁（复压闭锁）过电流保护、低电压保护、过励磁保护、阻抗保护应退出。

(7) 停用电压互感器必须断开二次侧快分开关、取下二次侧熔断器，以防反充电。

(8) 线路停电检修时必须取下线路电压互感器二次侧熔断器。

(9) 主变压器停电检修时必须取下500kV侧的电压互感器二次侧熔断器。

(10) 电压互感器停电或二次回路断开，若一时不能恢复，应参考电流表和相关的表计计算电量。

(11) 电压互感器停电时的操作顺序：拉开二次侧快分开关（取下二次侧熔断器）；拉开一次侧隔离开关；验电；合上接地开关。电压互感器送电时操作顺序相反。

(12) 新投入或大修后的可能变动的电压互感器必须定相。

2. 电压互感器的巡视检查

(1) 瓷套应清洁完整，无裂纹、破损及放电现象和痕迹。

(2) 外壳清洁无渗漏油现象及异常声音。

(3) 二次侧接线部分清洁，无放电痕迹。

(4) 设备线夹及引线无过热、断股现象。

(5) 基础无下沉、倾斜现象。

(6) 二次侧端子箱密封良好，无进水受潮现象。

(7) 二次侧快分开关（熔断器）位置正确，接触良好，无异味和过热现象。

3. 异常运行及事故处理

(1) 电压互感器的常见故障及分析。

1) 铁芯片间绝缘损坏。故障现象：运行中温度升高。产生故障的可能原因：铁芯片间绝缘不良、使用环境条件恶劣或长期在高温下运行，促使铁芯片间绝缘老化。

2）接地片与铁芯接触不良。故障现象：运行中铁芯与油箱之间有放电声。产生故障的原因：接地片没插紧，安装螺钉没拧紧。

3）铁芯松动。故障现象：运行时有不正常的振动或噪声。产生故障的原因：铁芯夹件未夹紧，铁芯片间松动。

4）绕组匝间短路。故障现象：运行时，温度升高，有放电声，高压熔断器熔断，二次侧电压表指示不稳定，忽高忽低。产生故障的原因：系统过电压，长期过载运行，绝缘老化，制造工艺不良。

5）绕组断线。故障现象：运行时，断线处可能产生电弧，有放电响声，断线相的电压表指示降低或为零。产生故障的原因：焊接工艺不良，机械强度不够或引出线不合格，而造成绕组引线断线。

6）绕组对地绝缘击穿。故障现象：高压侧熔断器连续熔断，可能有放电响声。产生故障的原因：绕组绝缘老化或绕组内有导电杂物，绝缘油受潮，过电压击穿，严重缺油等。

7）绕组相间短路。故障现象：高压侧熔断器熔断，油温剧增，甚至有喷油冒烟现象。产生故障原因：绕组绝缘老化，绝缘油受潮，严重缺油。

8）套管间放电闪络。故障现象：高压侧熔断器熔断，套管闪络放电。产生故障原因：套管受外力作用发生机械损伤，套管间有异物或小动物进入，套管严重污染，绝缘不良。

（2）电压互感器回路断线及处理。当运行中的电压互感器回路断线时，有如下现象显示："电压回路断线"光字牌亮、警铃响；电压表指示为零或U_B、U_C不一致，有功功率表指示失常，电能表停转；低电压继电器动作，同期鉴定继电器可能有响声；可能有接地信号发出（高压熔断器熔断时）；绝缘监视电压表较正常值偏低，正常相电压表指示正常。

电压回路断线的可能原因是：高、低压熔断器熔断或接触不良；电压互感器二次回路切换开关及重动继电器辅助触点接触不良。因电压互感器高压侧隔离开关的辅助开关触点串接在二次侧，与隔离开关辅助触点联动的重动继电器触点也串接在二次侧，由于这些触点接触不良，而使二次回路断开；二次侧快速断路器（自动空气开关）脱扣跳闸或因二次侧短路自动跳闸；二次回路接线头松动或断线。

电压互感器回路断线的处理方法如下：

1）停用所带的继电保护与自动装置，以防止误动。

2）如因二次回路故障，使仪表指示不正确时，可根据其他仪表指示，监视设备的运行，且不可改变设备的运行方式，以免发生误操作。

3）检查高、低压熔断器是否熔断。若高压熔断器熔断，应查明原因予以更换，若低压熔断器熔断，应立即更换。

4）检查二次电压回路的触点有无松动、有无断线现象，切换回路有无接触不良，二次侧断路器（自动空气开关）是否脱扣。可试送一次，试送不成功再处理。

（3）高、低压熔断器熔断及处理。运行中的电压互感器发生高、低压熔断器熔断时，有如下故障现象显示：对应的电压互感器"电压回路断线"光字牌亮，警铃响；电压表指示偏低或无指示，有功功率表、无功功率表指示降低或为零。

处理方法：复归信号。检查高、低压熔断器是否熔断，若高压熔断器熔断，应拉开高压侧隔离开关并取下低压侧熔断器，经验电、放电后，再更换高压熔断器。测量电压互感器的绝缘并确认良好后，方可送电。若低压熔断器熔断，应立即更换。更换熔丝后若再次熔断，应查明原因，严禁将熔丝容量加大。

（4）电压互感器本体故障的处理。运行中的电压互感器有下列故障现象之一者，应立即停用：

1）高压熔断器连续熔断 2～3 次。

2）内部有放电声或其他噪声。

3）电压互感器冒烟或有焦臭味。

4）绕组或引线与外壳间有火花放电。

5）运行温度过高。

6）电压互感器漏油。

在停用电压互感器时，若电压互感器内部有异常响声、冒烟、跑油等故障，且高压熔断器又未熔断，则应该用断路器将故障的电压互感器切断，禁止使用隔离开关或取下熔断器的方法停用故障的电压互感器。

单元七　电 流 互 感 器

一、电流互感器种类及特点

1. 电流互感器种类

电流互感器的种类很多，大致可分为以下几种类型：

(1) 按用途可分为测量用和保护用两种。而保护用电流互感器又分为稳态保护用（P）和暂态保护用（TP）两类。

(2) 按安装地点可分为户内式、户外式及装入式。35kV及以上多为户外式；10kV及以下多为户内式；装入式又称套管式，即把电流互感器装在35kV及以上的变压器或断路器的套管中，这种型式应用很普遍。

(3) 按安装方法可分为穿墙式和支持式。穿墙式装在墙壁或金属结构的孔中，可节约穿墙套管，支持式装在平面和支柱上。

(4) 按绝缘可分为干式、浇注式和油浸式。干式是用绝缘胶浸渍，适用于低压户内的电流互感器；浇注式是用环氧树脂浇注绝缘，目前仅用于35kV及以下的电流互感器；油浸式多为户外型。

(5) 按一次绕组匝数可分为单匝和多匝。单匝式结构简单、尺寸小、价廉，但一次电流小时误差大。回路中额定电流在400A及以下时均采用多匝式。

(6) 按高、低压耦合方式可分为电磁耦合式、光电耦合式、电磁波耦合式和电容耦合式。

2. 电流互感器特点

(1) 电流互感器的一次绕组串联在被测电路中，一次绕组中的电流完全取决于被测电路的一次侧负荷电流，而与电流互感器二次侧电流无关。由于电流互感器一次绕组匝数很少，阻抗小，因此串接在一次侧电路中对一次侧电流无影响。

(2) 电流互感器的二次绕组与测量仪表、继电器等设备的电流线圈串联，由于测量仪表和继电器等元件的电流线圈阻抗都很小，电流互感器的正常工作方式接近于短路状态。

(3) 电流互感器在运行中不允许二次侧开路。

二、电磁式电流互感器

电流互感器一次侧额定电流 I_{1N} 和二次侧额定电流 I_{2N} 之比，称为电流互感器的额定变流比，即

$$K_i = \frac{I_{1N}}{I_{2N}} \approx \frac{N_2}{N_1} \tag{7-1}$$

式中　N_1 和 N_2——电流互感器一次绕组和二次绕组的匝数。

由于电流互感器二次侧额定电流通常为5A或1A，设计电流互感器时，已将其一次侧额定电流标准化（如100A，150A，…），所以电流互感器的变流比是标准化的。

根据磁动势平衡原理，电流互感器的磁动势平衡方程为

$$I_1N_1 + I_2N_2 = I_0N_1 \tag{7-2}$$

式中　I_1、I_2——电流互感器的一、二次侧电流；

I_0——电流互感器正常工作时的励磁电流。

由式（7-1）和式（7-2）得

$$I_1 = - I_2 \frac{N_2}{N_1} + I_0 = I_0 - K_i I_2 \tag{7-3}$$

电流互感器在运行中不允许二次侧开路。因为在正常运行时，二次侧负荷电流产生的二次侧磁动势，I_2N_2 对一次侧磁动势 I_1N_1 起去磁作用，因此励磁磁动势 I_0N_1 及铁芯中的合成磁通 Φ_0 很小，在二次绕组中感应的电动势也很小，不超过几十伏。如果二次侧开路。二次侧电流 I_2 为零，二次侧磁动势 I_2N_2 也为零，而一次侧磁动势 I_1N_1 不变，全部用来励磁，使 $I_0N_1=I_1N_1$，则励磁磁动势较正常时大许多倍，铁芯中的磁通密度剧烈增加达到饱和状态，磁通 Φ_0 的波形接近平顶波，在磁通 Φ_0 过零时，在电流互感器的二次绕组中要感应出很高的尖顶波电动势，其峰值可达到数千伏，如图 7-1 所示。

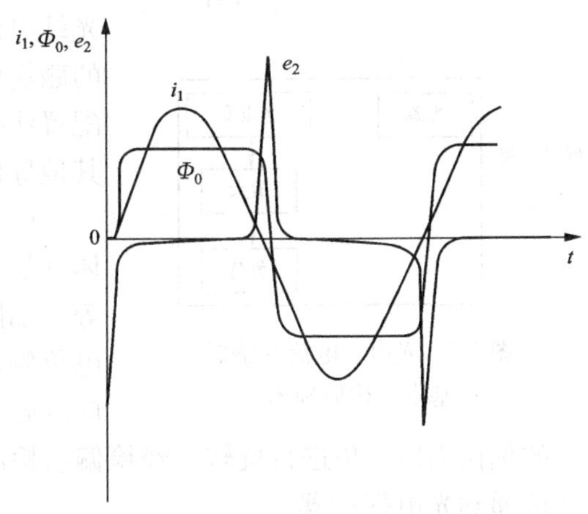

图 7-1　电流互感器二次侧开路时，i_1 和 Φ_0 和 e_2 的变化曲线

这一高电压对设备绝缘和运行人员的安全都是危险的；同时磁感应强度剧增，引起铁芯中有功损耗增大，使铁芯过热，导致互感器损坏。为了防止电流互感器二次侧开路，对运行中的电流互感器，当需要拆开所连接的仪表和继电器时，必须先短接其二次绕组。

三、光电式电流互感器

1. 光电式电流互感器分类

光电式电流互感器分为有源型、无源型和全光纤型三种。

（1）有源型。高压侧电流信号通过采样线圈传递给发光二极管而变成光信号，二极管的发光功率随电流大小而改变，光信号由光纤传递到低电位侧，进行逆变换成电信号后放大输出。这种形式的电流互感器传感头也需要电源供电给高压侧电子器件，头部结构较为复杂，是较早期的结构形式。

（2）无源型。无源型的传感头部分不需要供电电源，传感部分一般用法拉第磁光效应原理制成，将某种具有法拉第效应的元件（如铅玻璃）放在由一次侧电流产生的磁场中，用直线偏振光沿磁场方向入射法拉第效应元件，则通过此元件的光的偏振面将随磁场强度（H）的大小成正比地旋转，这种效应称为法拉第效应。输出光强正比于磁场强度（即电流大小），因而只要测得光强度即可得出一次侧电流值。无源型光电式电流互感器的结构简单，为当前较为盛行的结构方式。

（3）全光纤型。全光纤电流互感器实际上也是无源型，但结构比无源型还简单，其传感头是由光纤本身制成的，在被测电流的导体上用光纤绕上几圈，即构成传感器，其他部分则与无源型完全一样，这种结构比前述无源型易于制造，精度易满足要求，可靠性也比较高，但是这种结构的光纤应采用特殊的光纤—零双折射的具有保偏性能的光纤，这种光纤与前述有源型和无源型所采用的普通光纤不同，它制造比较困难，质量难以保证，且价格昂贵，它的研制和使用受到较大的限制。

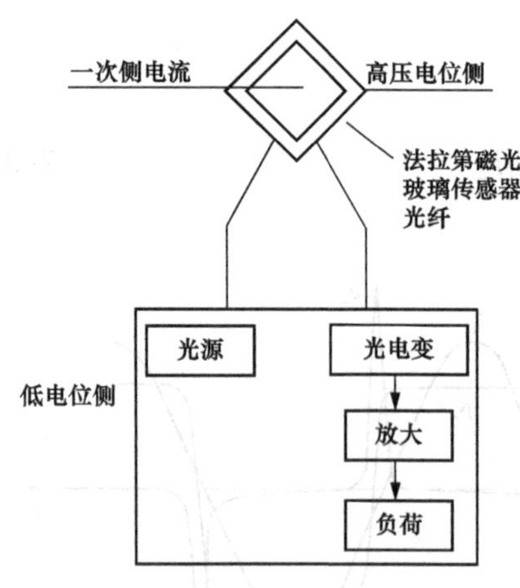

图 7-2 光电式电流互感器基本结构原理图

2. 光电式电流互感器基本结构

无源型光电式电流互感器的基本结构原理如图 7-2 所示，与光电式电压互感器相似，也由三大部分组成。

(1) 高压部件包括高压绝缘套管、SF_6 绝缘气体等。光纤电流传感头安装在高压电位侧一次侧电流导线附近的磁场中，图 7-2 所示为回转积分式结构，在导体周围配置法拉第元件，利用积分法进行测量，其原理上可使其他导体磁场的影响为最小。

(2) 光纤电流传感器包括具有法拉第磁光效应的晶体（如铅玻璃等），光信号变换的光学元件和传输光纤等，如图 7-3 所示。来自光源的光，经光纤传送到高压电位侧，经起偏器变成直线偏振光，入射具有法拉第效应的磁光元件，由于被测电流磁场沿光路方向作用，偏振光的偏振面以 θ 角进行旋转，经检偏器检测后，变成幅度受电流调制的线偏振光，然后经光纤传递到光电探测器。

(3) 光电探测器包括光电转换器、模拟信号处理电路、数字信号处理电路、光源驱动电路、电源和控温器等。

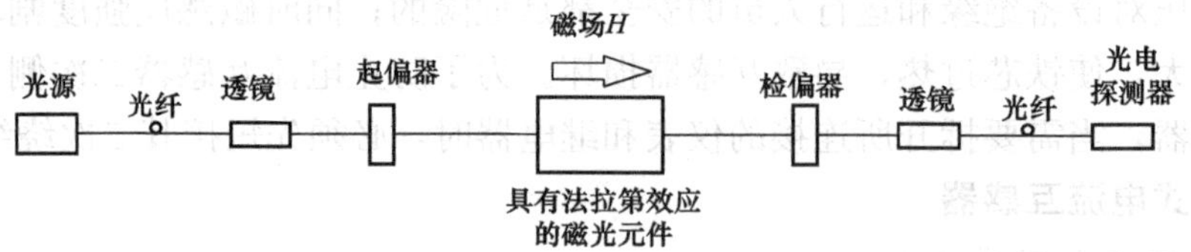

图 7-3 光电测量电流原理图

四、电流互感器的二次回路

对电流互感器二次回路的主要要求：

(1) 测量仪表与保护装置共用一组电流互感器时应满足的要求。

1) 由于测量与保护用的电流互感器特性不同，一次系统发生短路时，保护用的电流互感器铁芯不饱和，短路电流的二次侧值很大，可能使接在同一个二次绕组的测量仪表损坏。所以测量仪表与保护装置应分别接到不同的二次绕组上。一般 220kV 及以上一次回路的电流互感器，其测量仪表与保护装置分别接到不同的二次绕组；60kV 及以下测量仪表与保护装置共用同一个二次绕组。

2) 若测量仪表与保护装置共用电流互感器的同一个二次绕组时：保护装置应接在测量仪表之前，防止检修测量仪表而影响保护装置的工作；测量仪表应经中间变流器连接，即使中间变流器二次侧开路，对保护装置影响小。

3) 220kV 及以上各回路的测量仪表电流回路一般用一根电缆接至其电流互感器端子箱，再从端子箱经电缆引至控制室的控制及仪表屏（台）。60kV 及以下各回路，其测量仪表与保护装置共用同一根电缆接至其电流互感器端子箱，经电缆引至控制室后再分至测量仪表和保护装置。

(2) 保护装置用电流互感器的接线应满足的要求。保护装置用电流互感器的接线应满足保护所反映的故障类型，以及保护灵敏系数的要求。对于发电机或 220kV 及以上一次回路的主保护（发电机及主变压器的差动保护、母线保护等），一般应由单独的电流互感器或电流互感器单独的二次绕组供电；当不能满足需要共用同一个二次绕组时，主保护与其他保护的电流回路要经中间变流器进行隔离，以减少对主保护的影响。

（3）几种测量仪表接在一组电流互感器的同一个二次绕组时应满足的要求。几种测量仪表接在一组电流互感器的同一个二次绕组时，应先接指示和积算式仪表，再接记录仪表，最后接发生仪表；或者按电流表、功率表、电能表、记录型仪表及变送器顺序串联接线。串联顺序应使电流互感器二次回路的接线电缆最短，要考虑电流互感器二次绕组容量满足其所串联的测量仪表负荷容量的要求，同时也要考虑电流互感器的准确度级要满足所串联的测量仪表最高测量误差要求。若不满足测量误差要求，可以通过加大电流回路电缆截面的方法解决问题。

（4）电流互感器二次回路的切换。电流互感器的二次回路一般不允许切换。当需要切换时，要有防止开路的措施。防止开路的措施通常有以下几种：

1）电流互感器二次回路不允许装设熔断器。

2）继电保护与测量仪表一般不合用电流互感器。当必须合用时，测量仪表要经过中间交流器接入。

3）对于已安装而尚不使用的电流互感器，必须将其二次绕组的端子短接并接地。

4）为了带电检修、调试电流回路二次设备，又不至于使电流互感器二次回路开路，电流互感器二次回路的端子应使用试验端子。

5）电流互感器二次回路的连接导线应保证有足够的机械强度。

（5）电流互感器二次回路的接地。电流互感器二次回路应有一个可靠的接地点，但不允许有多处接地点。测量仪表的电流互感器二次回路中性点在其配电装置处经端子一点接地；同时有几组电流互感器的二次绕组与保护装置连接时，要在保护屏经端子接地，但对于微机型保护装置不做此项要求。

（6）保证电流互感器的极性连接正确。

（7）应满足测量仪表、远动装置、继电保护和自动装置等二次设备的具体要求。

五、电流互感器的接线方式

电流互感器常用的接线如图 7-4 所示。

图 7-4（a）所示为一相式接线方式。一相式电流保护的电流互感器主要用于测量对称三相负载或相负荷平衡度小的三相装置中的一相电流。电流互感器的接线与极性的关系不大，但需注意的是二次侧要有保护接地，防止一次侧发生过电流现象时，电流互感器被击穿，烧坏二次侧仪表、继电设备。但是严禁多点接地。两点接地二次电流在继电器前形成分路，会造成继电器无动作。因此在 GB 14285—2006《继电保护技术规程》中规定对于有几组电流互感器连接在一起的保护装置，则应在保护屏上经端子排接地。如变压器的差动保护，并且几组电流互感器组合后只有一个独立的接地点。

图 7-4（b）所示为两相 V 形接线，也叫不完全星形接线。

由图 7-5 的向量图可看出；公共线中流过的电流为两相电流之和，所以这种接线又叫两相电流和接线。由 $\dot{I}_a+\dot{I}_c=\dot{I}_b$ 可知，二次侧公共线中的电流，恰为未接互感器的 B 相的二次侧电流。因此这种接线可接三只电流表，分别测量三相电流，所以广泛应用于中性点不接地系统无论负荷平衡与否的三相三线制中，供测量或保护用。

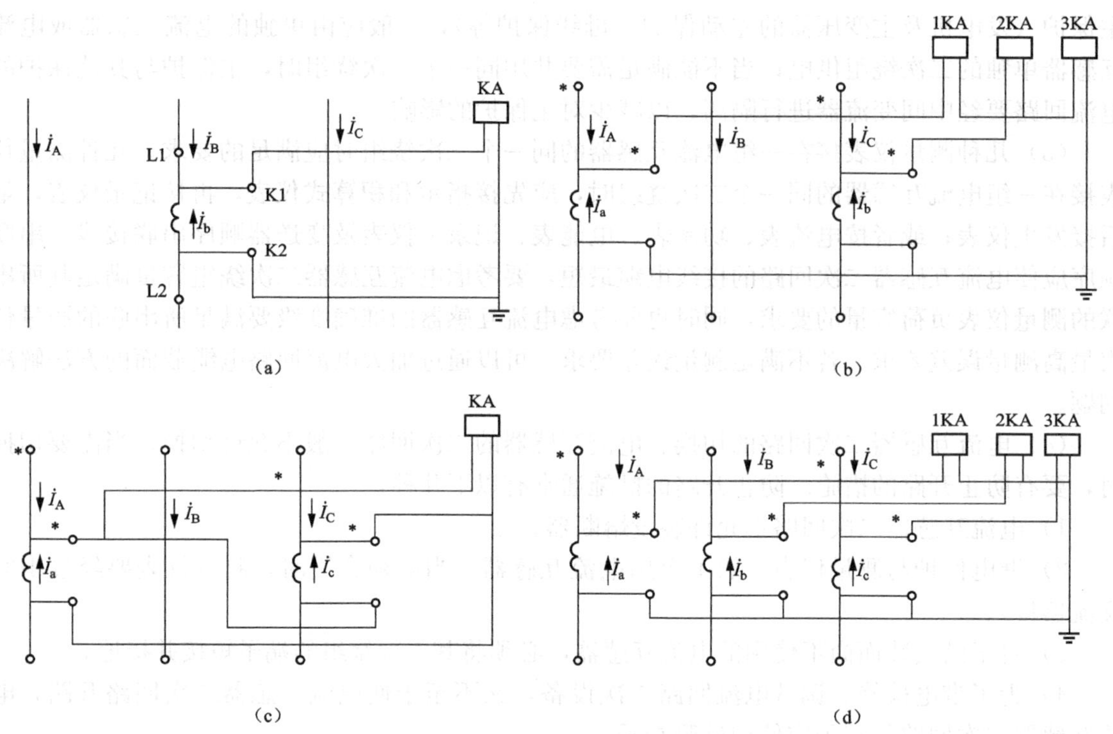

图 7-4 电流互感器常用的接线

(a) 一相式；(b) 两相 V 形；(c) 两相电流差；(d) 三相星形

图 7-4（c）所示为两相电流差接线。这种接线二次侧公共线中流过的电流，等于两个相电流之差，即 $\dot{I}_j=\dot{I}_a-\dot{I}_c$，由图 7-6 两相电流差接线相量图可知，其数值等于每相电流的$\sqrt{3}$倍。多用于三相三线制电路的继电保护装置中。

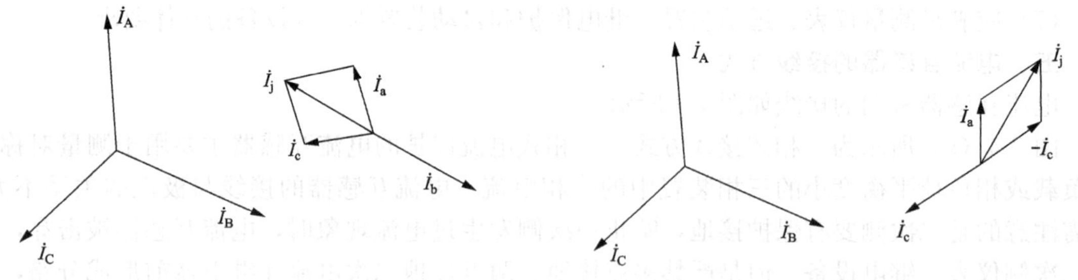

图 7-5 两相 V 形接线相量图　　图 7-6 两相电流差接线相量图

图 7-4（d）所示为三相星形接线。三只电流互感器分别反应三相电流和各种类型的短路故障电流。广泛用于负荷不论平衡与否的三相三线制电路和低压三相四线制电路中，供测量和保护用。

电流互感器在正常工作时，必须注意二次绕组回路不允许开路。由电流互感器的工作原理可知，电流互感器的一次侧电流是由其所串联的主电路决定的，当二次回路开时，$i_2=0$，一次侧电流完全变为励磁电流 $i_0=i_1$，它所产生的励磁磁势 i_1N_1 比正常工作的励磁磁势 i_0N_1 大许多倍，从而使铁芯严重饱和，使磁通的波形畸变为平顶波，在磁通过零时，在二次绕组中将感应出很高的尖顶波电势，其峰值可达几千伏甚至上万伏，这对工作人员和二次回路设备都有很大的危险。同时由于磁通剧增，将使铁芯过热，烧损线路的绝缘，为了防止二次侧开路，规定电流互感器二次侧不准装设熔断器。在运行时若需拆除仪表或继电器时，必须先用导线或短路连接片将二次回路短接，以防开路。而一旦发生开路时，要设法减少或使一次侧负荷为零，然后带上绝缘工具进行处理，在处理时应停用相应的保护装置。

六、互感器的运行维护

1. 电流互感器的运行规定

（1）运行中的电流互感器二次侧禁止开路，不得过负荷运行。

（2）各连接良好无过热现象，瓷质无闪络。

（3）电流互感器端子箱内的二次侧连接片应连接良好，严禁随意拆动。

（4）运行中的电流互感器的二次侧只允许有一处接地点，其他地方不得有接地点。

（5）SF_6 绝缘电流互感器释压动作时应立即断开电源，进行检修。

（6）电流互感器的二次侧连接板操作顺序是先短接，后断开。

（7）6kV 及以上电流互感器一次侧用 1000～2500V 绝缘电阻表测量，其绝缘电阻值不低于 50MΩ；二次侧用 1000V 绝缘电阻表测量，其绝缘电阻值不低于 1MΩ；0.4kV 电压、电流互感器用 500V 绝缘电阻表测量，其值不低于 0.5MΩ。

2. 电流互感器的巡视检查

（1）瓷套、复合绝缘套应清洁完整，无破损裂纹及放电现象。

（2）运行中内部无异常声音。

（3）设备接头和引线应无过热、变色、断股等异常现象。

（4）基础无下沉倾斜现象，安装牢固可靠。

（5）油位、油色应正常，无渗漏油现象。

（6）SF_6 绝缘电流互感器显示 SF_6 气体压力正常（0.39MPa）。

（7）二次接线盒、端子箱封闭严密，无进水受潮现象，端子排接触良好，无过热开路放电现象。屏蔽线接地应良好。

3. 电流互感器异常运行及处理

（1）电流互感器运行时的常见故障：

1）运行过热。有异常的焦臭味，甚至冒烟。产生此故障的原因是：二次开路或一次负荷电流过大。

2）内部有放电声，声音异常或引线与外壳间有火花放电现象。产生此故障的原因是：绝缘老化、受潮引起漏电或电流互感器表面绝缘半导体涂料脱落。

3）主绝缘对地击穿。产生此故障的原因是：绝缘老化、受潮、系统过电压。

4）一次或二次绕组匝间层间短路。产生此故障的原因是：绝缘受潮、老化、二次侧开路产生高电压使二次匝间绝缘损坏。

5）电容式电流互感器运行中发生爆炸。产生此故障的原因是：正常情况下其一次绕组主导电杆与外包铝箔电容屏的首屏相连，末屏接地。运行过程中，由于末屏接地线断开，末屏对地会产生很高的悬浮电位，从而使一次绕组主绝缘对地绝缘薄弱点产生局部放电。电弧将使互感器内的油电离气化，产生高压气体，造成电流互感器爆炸。

6）充油式电流互感器油位急剧上升或下降。产生此故障的原因是：油位急剧上升是由于内部存在短路或绝缘过热，使油膨胀引起；油位急剧下降可能是严重渗、漏油引起。

(2) 二次侧开路及处理。当运行中的电流互感器二次侧开路时，有如下现象显示：铁芯发热，有异常气味或冒烟；铁芯电磁振动较大，有异常噪声；二次侧导线连接端子螺钉松动处，可能有滋火现象和放电响声，并可能伴随有关表计指示的摆动现象；有关电流表、功率表、电能表指示减小或为零；差动保护回路断线"光字牌亮"。

1）二次回路断线可能的原因：

a. 安装处有振动存在，因振动使二次导线端子松脱开路。

b. 保护或控制屏上电流互感器的接线端子连接片因带电测试时误断开或连接片未压好，造成二次侧开路。

c. 二次侧导线因机械损伤断线，使二次侧开路。

2）电流互感器二次侧开路的处理方法：

a. 停用有关保护，防止保护误动。

b. 值班人员穿绝缘靴、戴绝缘手套，将电流互感器的二次侧接线端子短接。若是内部故障，应停电处理。

c. 二次侧开路电压很高，若限于安全距离人员不能靠近，则必须停电处理。

d. 若是二次侧接线端子螺钉松动造成二次侧开路，在降低负荷和采取必要安全措施的情况下（有人监护、有足够安全距离、使用有绝缘柄的工具），可以不停电拧紧松动螺钉。

e. 若内部冒烟或着火，需用断路器开断该电流互感器。

单元八　变　压　器

一、变压器的结构

变压器是应用电磁感应原理来进行能量转换的，其结构的主要部分是两个（或两个以上）互相绝缘的绕组，套在一个共同的铁芯上，两个绕组之间通过磁场而耦合，但在电的方面没有直接联系，能量的转换以磁场作媒介。在两个绕组中，把接到电源的一个称为一次绕组，简称原方（或原边），而把接到负载的一个称为二次绕组，简称副方（或副边）。当一次侧接到交流电源时，在外施电压作用下，一次绕组中通过交流电流，并在铁芯中产生交变磁通，其频率和外施电压的频率一致，这个交变磁通同时交链着一次、二次绕组，根据电磁感应定律，交变磁通在一次、二次绕组中感应出相同频率的电势，二次侧有了电势便向负载输出电能，实现了能量转换。利用一次、二次绕组匝数的不同及不同的绕组连接法，可使一次侧、二次侧有不同的电压、电流和相数。

1. 变压器分类

变压器的种类很多，除按用途分类外，还可按其结构、相数和冷却方式等进行分类。

按结构分为：双绕组变压器、三绕组变压器、自耦变压器。

按相数可分为：单相变压器、三相变压器。

按冷却方式分为：油浸变压器（包括油浸自冷、油浸风冷、油浸水冷、强迫油循环风冷或水冷等形式）、干式变压器（空气冷却式）以及水冷式变压器。电力变压器大多采用油浸式变压器。

按调压方式可分为：无励磁（无载）调压变压器、有载调压变压器。

2. 变压器的结构

大型变压器结构如图 8-1 所示。油浸变压器的结构主要由以下几部分组成：

器身——包括铁芯、绕组、绝缘、引线装置。

油箱——包括油箱本体、循环油泵、放油阀等。

冷却装置——包括散热器、风扇等。

保护装置——包括储油柜、吸湿器、净油器、测温元件、气体继电器、油表等。

出线装置——包括高、低压套管。

(1) 铁芯。铁芯是用以构成耦合磁通的磁路，通常用 0.35mm 或 0.5mm 厚的硅钢片叠成，缠绕绕组的部分叫铁芯，连接铁芯的部分称为铁轭。

铁芯采用硅钢片能够提高磁路的导磁性能和减少涡流、磁滞损耗。硅钢片有冷轧和热轧两种，冷轧硅钢片比热轧硅钢片导磁高，损耗小，冷轧硅钢片还具有方向性。芯柱的截面一般为阶梯形，这可以充分利用圆形线圈的空间，另外较大直径的铁芯，叠片间留有油道，以利于散热。

铁芯及构件应接地，这是为了防止变压器在运行或试验时，由于静电感应在铁芯或其他金属构件上产生悬浮电位而造成对地放电。铁芯叠片只允许一点接地，如两点接地，则接地点之间可能形成闭合回路，当主磁通穿过此闭合回路时就会产生循环电流，造成局部过热。

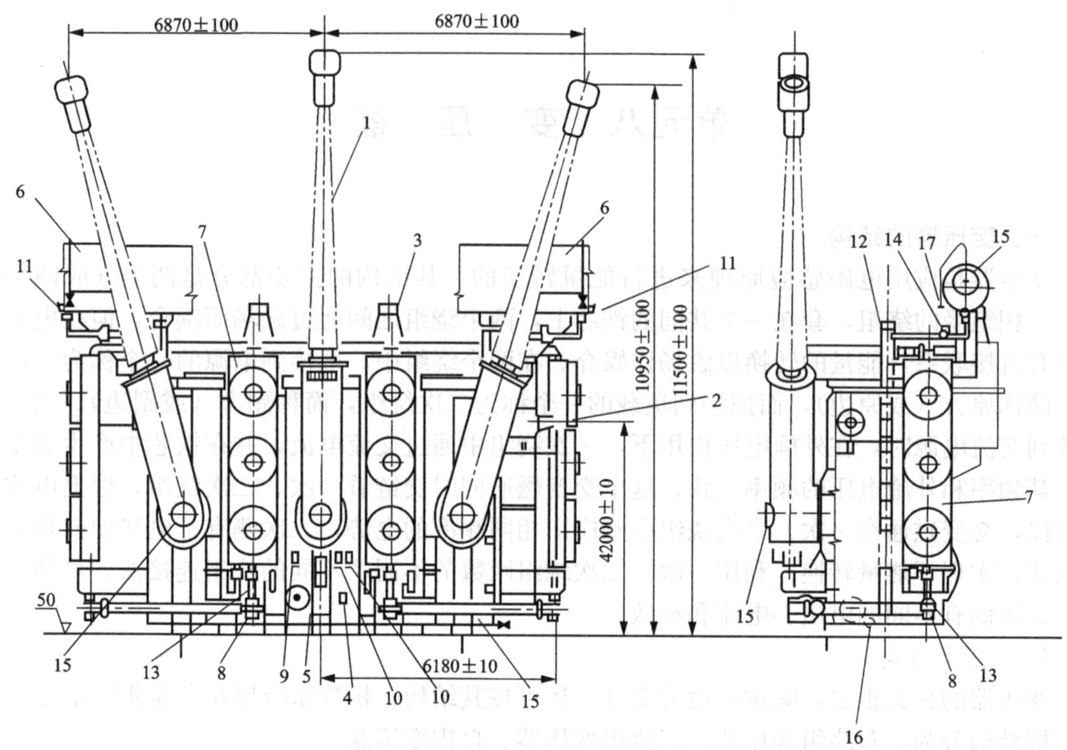

图 8-1 大型变压器结构示意图

1—高压套管；2—高压中性套管；3—低压套管；4—分接头切换操作器；5—铭牌；6—储油柜；7—冷却器风扇；8—油泵；9—油温指示器；10—绕组温度指示器；11—油位计；12—压力释放装置；13—油流指示器；14—气体继电器；15—人孔；16—干燥和过滤阀；17—真空阀

（2）绕组。绕组是变压器的电路部分，它一般用电缆纸绝缘的铜线或者铝线绕制而成，为了使绕组便于制造和在电磁力的作用下受力均匀及良好的机械性能，将绕组绕成圆筒形，然后把圆筒形的高、低压绕组同心地套在芯柱上。绕组有一次绕组和二次绕组之分，一次绕组电源输入，二次绕组电能输出。低压绕组在内，靠近铁芯，高压绕组在外，这样放置有利于绕组对铁芯的绝缘。容量较大的变压器绕组通常是由几根导线并列起来绕制的，在绕制时要换位，即让各导线在绕制时互换内外导线的位置，目的是为了使各股导线最终阻抗相等，运行时电流分布均匀，从而减少导线的附加损耗。

（3）变压器的绝缘。变压器的导电部分之间及对地都要加绝缘，油浸式变压器的绝缘笼统地讲可分内绝缘（油箱中各部分的绝缘）和外绝缘（空气绝缘，即套管上部对地和彼此之间的绝缘以及保护间隙）两类，内绝缘又分为主绝缘和从绝缘。主绝缘是绕组与地以及绕组与绕组之间的绝缘，从绝缘是指绕组的层间、匝间、分接开关部分之间的绝缘。

不同的绝缘材料，其耐热能力是不同的。根据其耐热能力，绝缘材料可分为七个等级：分别为 Y、A、E、B、F、H、C 级，它们的最高允许温度分别为 90℃、105℃、120℃、130℃、155℃、180℃、180℃以上。这些绝缘材料的耐热能力也不是绝对的，只是说如果在高于此温度下运行时，绝缘材料易老化。另外，变压器油也是起绝缘和冷却作用的。

（4）分接开关。分接开关是用来连接和切断变压器绕组分接头，实现调压的装置。它分无载分接开关及有载分接开关两大类，每一大类又有若干结构型式，两种开关结构及特点如下。

1）无载分接开关。无载分接开关有星形联结中性点调压开关及夹片式两类。其原理如图 8-2所示，变压器的一相绕组（U 相）在中间分成两段，各抽出三个抽头接到分接开关上，接触环处于图 8-2 所示位置时，接线柱 U4 和 U5 被接通，接线柱 U2 和 U4 之间的绕组及接线柱 U3 和 U5 之间的绕组被切除；接触环与 U3、U4 两接线柱接触时，只有接线柱 U2 和 U4 之间的绕组被切除；接触环与 U2、U3 两接线柱接触时，全部线匝都投入运行。这样，接触环每改变一次位置，投入的绕组匝数就改变一次，变压器的变比也改变一次。

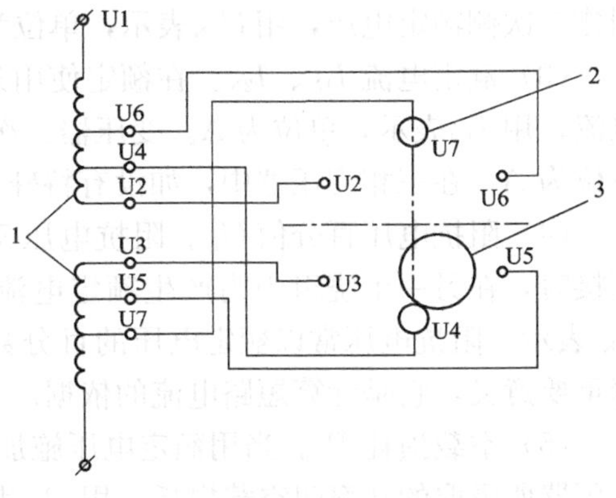

图 8-2　无载分接开关的工作原理
1—绕组；2—接线柱；3—接触环

无载分接开关从某一位置切换到另一位置，电路都有一个被断开过程，因此必须将变压器从电网上断开后才能进行切换。无载分接开关的共同点是都有静触点和动触点，而且都依靠动触点的压力来获得良好的接触。

2）有载分接开关。有载分接开关是在不切断电源，变压器带负载运行下调压的开关。有载分接开关的结构，一般由切换开关、快速机构、分接选择器、转换选择器及电压调整器几部分组成，而每一部分又有若干个机械、电气元件构成。有载分接开关是保证在不切断负荷电流的条件下，切换变压器的分接头进行调压的装置。其原理是采用过渡电阻限制跨接两个分接头时产生的环流，达到切换分接头而不切断负载电流的目的。

（5）绝缘套管和引线。套管和引线是变压器一、二次绕组与外部线路的连接部件。引线通过套管引到油箱外顶部，套管既可固定引线，又起引线对地的绝缘作用。用在变压器上的套管要有足够的电气绝缘强度和机械强度，并具有良好的热稳定性。

变压器绝缘套管由两部分（中心导电杆与瓷套）所组成。导电杆穿过变压器油箱，在油箱内的一端与线圈的端点连接。在外面的一端与外线路连接。40kV 及以下电压等级变压器上瓷质套管承担绝缘。充油套管是在瓷套和导电杆间留有一道充油层，用于 60kV 及以上电压等级变压器，它以绝缘筒和绝缘油作为套管主绝缘。当电压等级更高时采用电容式充油套管，它是在瓷套内腔中充油的基础上，环绕着导电杆包上几层绝缘纸筒，在每个绝缘纸筒上贴附有一层铝箔，沿着套管的径向距离，绝缘层和铝箔层构成串联电容器，使瓷套与导电杆间的电场分布均匀，能承受较高的电压。

二、变压器的额定数据

为了保证变压器运行安全、经济、合理，制造厂规定了额定数据。额定数据大都标注在铭牌上。

1. 变压器的主要额定数据

（1）额定容量 S_N。在额定使用条件下，变压器施加的是额定电压、额定频率，输出的是额定电流，温升也不超过极限值时变压器的容量叫额定容量。对三相变压器而言，额定容量为三相额定容量之和。额定容量的单位为 kVA。

（2）额定电压 U_{1N}、U_{2N}。在三相变压器中，如没有特殊说明，额定电压都是指线电压。根据变压器绝缘强度、铁芯饱和的限制和允许温升所规定的一次侧电压值叫作一次侧额定电压，用 U_{1N}表示，单位为 kV。变压器在空载（调压开关接在额定分接头上）时的二次侧电压叫作二次侧额定电压，用U_{2N}表示，单位为kV。

(3) 额定电流I_{1N}、I_{2N}。在额定使用条件下，变压器一次侧输入的电流叫作一次侧额定电流，用I_{1N}表示，单位为A。变压器二次侧输出的电流叫作二次侧额定电流，用U_{2N}表示，单位为A。在三相变压器中，如没有特殊说明，都是指线电流。

(4) 阻抗电压百分值U_K。阻抗电压又称短路电压。对双绕组变压器来说，当一个绕组短接时，在另一个绕组中为产生额定电流所需要施加的电压称为阻抗电压或短路电压，用U_K表示。阻抗电压常以额定电压的百分数来表示。阻抗电压值的大小，在变压器运行中有着重要意义，它是计算短路电流的依据。

(5) 空载损耗P_0。当用额定电压施加于变压器的一个绕组上，而其余绕组均为开路时，变压器所吸取的功率叫空载损耗，用P_0表示，单位为kW。

(6) 短路损耗P_K。对双绕组变压器来说，当以额定电流通过变压器的一个绕组，而另一个绕组短接时变压器所吸取的功率叫短路损耗，用P_K表示，单位为kW。

(7) 空载电流百分值I_0。当用额定电压施加于变压器的一个绕组上，而其余绕组均为开路时变压器所吸取电流的三相算术平均值叫变压器的空载电流百分值。空载电流常用额定电流的百分数表示。

(8) 联结组别。代表变压器各相绕组的联结法和相量关系的符号称变压器的联结组别。如Yyn0、Yd11标号中Y、y表示星形连接，d表示三角形连接，n表示有中性点引线。各符号中由左至右代表高、低压侧绕组连接方式，数字代表低压侧与高压侧电压的相角位移。

2. 变压器的性能参数

(1) 三相双绕组无励磁调压电力变压器。双绕组变压器只有一个额定容量，两个绕组的额定容量相同，见表8-1。

表8-1　31500～420000kVA低压为三相双绕组无励磁调压电力变压器

额定容量（kVA）	电压组合及分接范围		联结组标号	空载损耗（kW）	负载损耗（kW）	空载电流（%）	短路阻抗（%）	
	高压（kV）	低压（kV）						
31500	220±2×2.5% 242±2×2.5%	6.3 6.6 10.5 11	YNd11	31	135	0.70	高—中 22～24 高—低 12～14 中—低 7～9	高—中 12～14 高—低 22～24 中—低 7～9
40000				45	157	0.70		
50000				49	189	0.65		
63000				58	220	0.65		
75000		10.5 11 13.8		67	250	0.60		
90000				77	288	0.55		
120000				94	345	0.55		
150000		11 13.8 15.75 18 20		112	405	0.5		
160000				117	425	0.49		
180000				128	459	0.46		
240000				160	567	0.42		
300000				189	675	0.38		
360000				217	774	0.38		
370000				221	790	0.38		
400000				234	837	0.35		
420000				242	868	0.35		

注　1. 根据要求也可提供额定容量小于31500kVA的变压器及其他电压组合的变压器。
2. 根据要求也可提供低压为35kV或38.5kV的变压器。
3. 优先选用无分接结构。如运行有要求，可设置分接头。

（2）三相三绕组无励磁调压电力变压器。三绕组变压器每相有高、中、低压三个绕组，它们同心地套装在同一铁芯柱上，当其中一个绕组接上电源时另外两个绕组就感应出不同的电压。降压的三绕组变压器，选用高压绕组在外层、中压绕组放在中间、低压绕组放在靠近铁芯内侧的排列布置方式。升压三绕组变压器，功率传递方向是由低压绕组分别向中、高压绕组传递，选用低压绕组放在中间、中压绕组放在内层的排列方式。采用后者排列方式可减少漏磁，从而减小阻抗电压，同时绕组间的耦合较好，从而改善变压器的电压变化率。

三绕组变压器的容量可以相等，也可以不相等。三绕组变压器铭牌上的额定容量，是指容量最大的那个绕组的容量，另外两个绕组的容量可以是额定容量，也可以小于额定容量，见表 8-2。

表 8-2　　31500～300000kVA 三相三绕组无励磁调压电力变压器

<table>
<tr><th rowspan="2">额定容量
（kVA）</th><th colspan="2">电压组合及分接范围</th><th rowspan="2">联结组
标号</th><th rowspan="2">空载损耗
（kW）</th><th rowspan="2">负载损耗
（kW）</th><th rowspan="2">空载电流
（%）</th><th rowspan="2">短路阻抗
（%）</th></tr>
<tr><th>高压（kV）</th><th>低压（kV）</th></tr>
<tr><td>31500</td><td rowspan="10">220±2×2.5%
242±2×2.5%</td><td rowspan="4">6.3
6.6
10.5
11
35
37
38.5</td><td rowspan="10">YNyn0d11</td><td>40</td><td>162</td><td>0.70</td><td rowspan="10">12～14</td></tr>
<tr><td>40000</td><td>48</td><td>189</td><td>0.63</td></tr>
<tr><td>50000</td><td>56</td><td>225</td><td>0.56</td></tr>
<tr><td>63000</td><td>66</td><td>261</td><td>0.56</td></tr>
<tr><td>90000</td><td rowspan="2">10.5
11
13.8
35
37
38.5</td><td>86</td><td>351</td><td>0.49</td></tr>
<tr><td>120000</td><td>106</td><td>432</td><td>0.49</td></tr>
<tr><td>150000</td><td rowspan="4">11
13.8
15.75
35
37
38.5</td><td>125</td><td>513</td><td>0.42</td></tr>
<tr><td>180000</td><td>142</td><td>585</td><td>0.42</td></tr>
<tr><td>240000</td><td>176</td><td>720</td><td>0.35</td></tr>
<tr><td>300000</td><td>208</td><td>850</td><td>0.30</td></tr>
</table>

注　1. 表中负载损耗的容量分配为（100/100/100）%。升压结构的容量分配可为（100/50/100）%，降压结构的容量分配可为（100/100/50）%或（100/50/100）%。
2. 根据要求也可提供额定容量小于 31500kVA 的变压器及其他电压组合的变压器。
3. 优先选用无分接结构。如运行有要求，可设置分接头。

（3）三相三绕组无励磁调压自耦电力变压器。自耦变压器是只有一个绕组的变压器，当它作为降压变压器使用时，从绕组中抽出一部分线匝作为二次绕组；当作为升压变压器使用时，外施电压只加在绕组的一部分线匝上。通常把同时属于一次和二次的那部分绕组称为公共绕组，其余部分称为串联绕组。

自耦变压器绕组由里向外的排列为低压绕组、公共绕组、串联绕组。

自耦变压器额定容量由两部分组成：一是公共绕组和串联绕组（一次、二次绕组）之间通过磁感应关系传递给负载的，即电磁功率；二是二次绕组电流通过传导关系直接传给负载的即传导功率，见表 8-3。

表 8-3　31500～240000 kVA 三相三绕组无励磁调压自耦电力变压器

<table>
<tr><th rowspan="2">额定容量（kVA）</th><th colspan="3">电压组合及分接范围</th><th rowspan="2">联结组标号</th><th colspan="3">升压组合</th><th colspan="3">降压组合</th><th colspan="2">短路阻抗（%）</th></tr>
<tr><th>高压（kV）</th><th>中压（kV）</th><th>低压（kV）</th><th>空载损耗（kW）</th><th>负载损耗（kW）</th><th>空载电流（%）</th><th>空载损耗（kW）</th><th>负载损耗（kW）</th><th>空载电流（%）</th><th>升压</th><th>降压</th></tr>
<tr><td>31500</td><td rowspan="9">220±2×2.5%
242±2×2.5%</td><td rowspan="9">115
121</td><td rowspan="5">6.6
10.5
11
35
37
38.5</td><td rowspan="9">YNa0
d11</td><td>25</td><td>117</td><td>0.57</td><td>22</td><td>99</td><td>0.5</td><td rowspan="9">高—中
22～24
高—低
12～14
中—低
7～9</td><td rowspan="9">高—中
12～14
高—低
22～24
中—低
7～9</td></tr>
<tr><td>40000</td><td>29</td><td>144</td><td>0.57</td><td>26</td><td>121</td><td>0.5</td></tr>
<tr><td>50000</td><td>34</td><td>170</td><td>0.50</td><td>30</td><td>144</td><td>0.43</td></tr>
<tr><td>63000</td><td>40</td><td>201</td><td>0.50</td><td>36</td><td>171</td><td>0.43</td></tr>
<tr><td>90000</td><td>50</td><td>276</td><td>0.43</td><td>46</td><td>234</td><td>0.36</td></tr>
<tr><td>120000</td><td rowspan="4">10.5
11
13.8
15.75
18
35
37
38.5</td><td>62</td><td>340</td><td>0.43</td><td>56</td><td>288</td><td>0.36</td></tr>
<tr><td>150000</td><td>73</td><td>405</td><td>0.36</td><td>66</td><td>342</td><td>0.33</td></tr>
<tr><td>180000</td><td>84</td><td>463</td><td>0.36</td><td>76</td><td>387</td><td>0.33</td></tr>
<tr><td>240000</td><td>99</td><td>595</td><td>0.33</td><td>89</td><td>504</td><td>0.25</td></tr>
</table>

注　1. 升压结构的容量分配为（100/50/100）%，降压结构的容量分配为（100/100/50）%。
　　2. 表中短路阻抗为 100%额定容量时的数值。
　　3. 优先选用无分接结构。如运行有要求，可设置分接头。

三、变压器运行条件

1. 一般运行条件

变压器的运行电压一般不应高于该运行分接电压的 105%，且不得超过系统最高运行电压。对于特殊的使用情况（例如变压器的有功功率可以在任何方向流通），允许在不超过 140%的额定电压下运行，对电流与电压的相互关系如无特殊要求，当负载电流为额定电流的 K（$K \leqslant 1$）倍时，按以下公式对电压 U 加以限制

$$U(\%) = 110 - 5K^2 \tag{8-1}$$

无励磁调压变压器在额定电压±5%范围内改换分接位置运行时，其额定容量不变。如为－7.5%和－10%分接时，其容量按制造厂的规定；如无制造厂规定，则容量应相应降低 2.5%和 5%。

有载调压变压器各分接位置的容量，按制造厂的规定。

油浸式变压器顶层油温一般不应超过表 8-4 的规定（制造厂有规定的按制造厂规定）。当冷却介质温度较低时，顶层油温也相应降低。自然循环冷却变压器的顶层油温一般不宜经常超过 85℃。

表 8-4　油浸式变压器顶层油温在额定电压下的一般限值

冷却方式	冷却介质最高温度（℃）	最高顶层油温（℃）
自然循环自冷、风冷	40	95
强迫油循环风冷	40	85
强迫油循环水冷	30	70

负载状态可分为以下三类：

（1）正常周期性负载：在周期性负载中，某段时间环境温度较高，或超过额定电流，但可以由其他时间内环境温度较低，或低于额定电流所补偿。从热老化的观点出发，它与设计采用的环境温度下施加额定负载是等效的。

变压器在额定使用条件下，全年可按额定电流运行。

变压器允许在平均相对老化率小于或等于 1 的情况下，周期性地超额定电流运行。

当变压器有较严重的缺陷（如冷却系统不正常、严重漏油、有局部过热现象、油中溶解气体分析结果异常等）或绝缘有弱点时，不宜超额定电流运行。

正常周期性负载的运行方式下，超额定电流运行时，允许的负载系数 K_2 和时间，可按 GB/T 1094.7—2008《电力变压器　第 7 部分：油浸式电力变压器负载导则》的计算方法，根据具体变压器的热特性数据和实际负载图计算。

（2）长期急救周期性负载：要求变压器长时间在环境温度较高，或超过额定电流下运行。这种运行方式可能持续几星期或几个月，将导致变压器的老化加速，但不直接危及绝缘的安全。

长期急救周期性负载下运行，将在不同程度上缩短变压器的寿命，应尽量减少出现这种运行方式的机会；必须采用时，应尽量缩短超额定电流运行的时间，降低超额定电流的倍数，有条件时按制造厂规定投入备用冷却器。

当变压器有较严重的缺陷（如冷却系统不正常、严重漏油、有局部过热现象、油中溶解气体分析结果异常等）或绝缘有弱点时，不宜超额定电流运行。

长期急救周期性负载下运行时，平均相对老化率可大于 1 甚至远大于 1。超额定电流负载系数 K_2 和时间，可按 GB/T 1094.7—2008《电力变压器　第 7 部分：油浸式电力变压器负载导则》的计算方法，根据具体变压器的热特性数据和实际负载图计算。

在长期急救周期性负载下运行期间，应有负载电流记录，并计算该运行期间的平均相对老化率。

（3）短期急救负载：要求变压器短时间大幅度超额定电流运行。这种负载可能导致绕组热点温度达到危险的程度，绝缘绝缘强度暂时下降。

短期急救负载下运行，相对老化率远大于 1，绕组热点温度可能达到危险程度。在出现这种情况时，应投入包括备用在内的全部冷却器（制造厂另有规定的除外），并尽量压缩负载、减少时间，一般不超过 0.5h。当变压器有严重缺陷或绝缘有弱点时，不宜超额定电流运行。

0.5h 短期急救负载允许的负载系数 K_2 见表 8-5，大型变压器采用 ONAN/ONAF 或其他冷却方式的变压器短期急救负载允许的负载系数参考制造厂规定。

表 8-5　　0.5h 短期急救负载允许的负载系数 K_2 表

变压器类型	急救负载前的负载系数 K_1	环境温度（℃）							
		40	30	20	10	0	−10	−20	−25
中型变压器（冷却方式 ONAN 或 ONAF）	0.7	1.8	1.80	1.80	1.80	1.80	1.80	1.80	1.80
	0.8	1.76	1.80	1.80	1.80	1.80	1.80	1.80	1.80
	0.9	1.72	1.80	1.80	1.80	1.80	1.80	1.80	1.80
	1.0	1.64	1.75	1.80	1.80	1.80	1.80	1.80	1.80
	1.1	1.54	1.66	1.78	1.80	1.80	1.80	1.80	1.80
	1.2	1.42	1.56	1.70	1.80	1.80	1.80	1.80	1.80

续表

变压器类型	急救负载前的负载系数 K_1	环境温度（℃）							
		40	30	20	10	0	−10	−20	−25
中型变压器（冷却方式 OFAF 或 OFWF）	0.7	1.50	1.62	1.70	1.78	1.80	1.80	1.80	1.80
	0.8	1.50	1.58	1.68	1.72	1.80	1.80	1.80	1.80
	0.9	1.48	1.55	1.62	1.70	1.80	1.80	1.80	1.80
	1.0	1.42	1.50	1.60	1.68	1.78	1.80	1.80	1.80
	1.1	1.38	1.48	1.58	1.66	1.72	1.80	1.80	1.80
	1.2	1.34	1.44	1.50	1.62	1.70	1.76	1.80	1.80
中型变压器（冷却方式 ODAF 或 ODWF）	0.7	1.45	1.50	1.58	1.62	1.68	1.72	1.80	1.80
	0.8	1.42	1.48	1.55	1.60	1.66	1.70	1.78	1.80
	0.9	1.38	1.45	1.50	1.58	1.64	1.68	1.70	1.70
	1.0	1.34	1.42	1.48	1.54	1.60	1.65	1.70	1.70
	1.1	1.30	1.38	1.42	1.50	1.56	1.62	1.65	1.70
	1.2	1.26	1.32	1.38	1.45	1.50	1.58	1.60	1.70
大型变压器（冷却方式 OFAF 或 OFWF）	0.7	1.50	1.50	1.50	1.50	1.50	1.50	1.50	1.50
	0.8	1.50	1.50	1.50	1.50	1.50	1.50	1.50	1.50
	0.9	1.48	1.50	1.50	1.50	1.50	1.50	1.50	1.50
	1.0	1.42	1.50	1.50	1.50	1.50	1.50	1.50	1.50
	1.1	1.38	1.48	1.50	1.50	1.50	1.50	1.50	1.50
	1.2	1.34	1.44	1.50	1.50	1.50	1.50	1.50	1.50
大型变压器（冷却方式 ODAF 或 ODWF）	0.7	1.45	1.50	1.50	1.50	1.50	1.50	1.50	1.50
	0.8	1.42	1.48	1.50	1.50	1.50	1.50	1.50	1.50
	0.9	1.38	1.45	1.50	1.50	1.50	1.50	1.50	1.50
	1.0	1.34	1.42	1.48	1.50	1.50	1.50	1.50	1.50
	1.1	1.30	1.38	1.42	1.50	1.50	1.50	1.50	1.50
	1.2	1.26	1.32	1.38	1.45	1.50	1.50	1.50	1.50

2. 变压器的并列运行

变压器并列运行的基本条件：

（1）联结组标号相同。

（2）电压比应相同，差值不得超过±0.5%。

（3）阻抗电压值偏差小于10%。

阻抗电压不等或电压比不等的变压器，任何一台变压器除满足GB/T 1094.7—2008和制造厂规定外，其每台变压器并列运行绕组的环流应满足制造厂的要求。阻抗电压不同的变压器，可适当提高阻抗电压高的变压器的二次电压，使并列运行变压器的容量均能充分利用。

新装或变动过内外连接线的变压器，并列运行前必须核定相位。

发电厂升压变压器高压侧跳闸时，应防止厂用变压器严重超过额定电流运行。厂用电倒换操作时应防止非同期。

3. 变压器的经济运行

变压器的投运台数应按照负载情况，从安全、经济原则出发，合理安排。可以相互调配负载的变压器，应考虑合理分配负载，使总损耗最小。

四、变压器的运行维护

1. 变压器的日常巡视检查

（1）应根据实际情况确定巡视周期，也可参照下列规定：

1）发电厂和有人值班变电站内的变压器，一般每天一次，每周进行一次夜间巡视。

2）无人值班变电站内一般每10天一次。

（2）在下列情况下应对变压器进行特殊巡视检查，增加巡视检查次数：

1）新设备或经过检修、改造的变压器在投运72h内。

2）有严重缺陷时。

3）气象突变（如大风、大雾、大雪、冰雹、寒潮等）时。

4）雷雨季节特别是雷雨后。

5）高温季节、高峰负载期间。

6）变压器急救负载运行时。

（3）变压器日常巡视检查一般包括以下内容：

1）变压器的油温和温度计应正常，储油柜的油位应与温度相对应，各部位无渗油、漏油。

2）套管油位应正常，套管外部无破损裂纹、无严重油污、无放电痕迹及其他异常现象；套管渗漏油时，应及时处理，防止内部受潮损坏。

3）变压器声响均匀、正常。

4）各冷却器手感温度应相近，风扇、油泵、水泵运转正常，油流继电器工作正常，特别注意变压器冷却器潜油泵负压区出现的渗漏油。

5）水冷却器的油压应大于水压（制造厂另有规定的除外）。

6）吸湿器完好，吸附剂干燥。

7）引线接头、电线、母线应无发热迹象。

8）压力释放器、安全气道及防爆膜应完好无损。

9）有载分接开关的分接位置及电源指示应正常。

10）有载分接开关的在线滤油装置工作位置及电源指示应正常。

11）气体继电器内应无气体（一般情况）。

12）各控制箱和二次端子箱、机构箱应关严，无受潮，温控装置工作正常。

13）干式变压器的外部表面应无积污。

14）变压器室的门、窗、照明应完好，房屋不漏水，温度正常。

15）现场规程中根据变压器的结构特点补充的检查其他项目。

2. 变压器定期检查

变压器定期检查周期由现场规程规定，并增加以下检查内容：

（1）各部位的接地应完好，并定期测量铁芯和夹件的接地电流。

（2）强油循环冷却的变压器应做冷却装置的自动切换实验。

（3）外壳及箱沿应无异常发热。

（4）水冷却器从旋塞放水检查应无油迹。

（5）有载调压装置的动作情况应正常。

（6）各种标志应齐全明显。

（7）各种保护装置应齐全、良好。

(8) 各种温度计应在检定周期内，超温信号应正确可靠。

(9) 消防设施应齐全完好。

(10) 室（洞）内变压器通风设备应完好。

(11) 储油池和排油设施应保持良好状态。

(12) 检查变压器及散热装置无任何渗漏油。

(13) 电容式套管末屏有无异常声响或其他接地不良现象。

(14) 变压器红外测温。

3. 变压器的投运和停运

在投运变压器之前，值班人员应仔细检查，确认变压器及其保护装置在良好状态，具备带电运行条件。并注意外部有无异物，临时接地线是否已拆除，分接开关位置是否正确，各阀门开闭是否正确。变压器在低温投运时，应防止呼吸器因结冰被堵。

运用中的备用变压器应随时可以投入运行。长期停运者应定期充电，同时投入冷却装置。如是强油循环变压器，充电后不带负载或带较轻负载运行时，应轮流投入部分冷却器，其数量不超过制造厂规定空载时的运行台数。

变压器投运和停运的操作程序应在现场规程中规定，并须遵守下列各项规定：

(1) 强油循环变压器投运时应逐台投入冷却器，并按负载情况控制投入冷却器的台数；水冷却器应先启动油泵，再开启水系统；停电操作先停水后停油泵；冬季停运时将冷却器中的水放尽。

(2) 变压器的充电应在有保护装置的电源侧用断路器操作，停运时应先停负载侧，后停电源侧。

(3) 在无断路器时，可用隔离开关投切 110kV 及以下且电流不超过 2A 的空载变压器；用于切断 20kV 及以上变压器的隔离开关，必须三相联动且装有消弧角；装在室内的隔离开关必须在各相之间安装耐弧的绝缘隔板。若不能满足上述规定，又必须用隔离开关操作时，须经本单位总工程师批准。

新装、大修、事故检修或换油后的变压器，在施加电压前静止时间不应少于表 8-6 规定。

表 8-6　　施加电压前的静止时间

电压等级（kV）	静止时间（h）
110	24
220	48
500（330）	72
750	96

在 110kV 及以上中性点有效接地系统中，投运或停运变压器的操作，中性点必须先接地。投入后可按系统需要决定中性点是否断开。110kV 及以上中性点接小电抗的系统，投运时可以带小电抗投入。

五、变压器的不正常运行和处理

1. 运行中的不正常现象和处理

变压器有下列情况之一者应立即停运，若有运用中的备用变压器，应尽可能先将其投入运行：

(1) 变压器声响明显增大，很不正常，内部有爆裂声。

（2）严重漏油或喷油，使油面下降到低于油位计的指示限度。

（3）套管有严重的破损和放电现象。

（4）变压器冒烟着火。

（5）干式变压器温度突升至120℃。

2. 气体继电器动作的处理

（1）气体继电器动作处理步骤。气体保护信号动作时，应立即对变压器进行检查，查明动作原因，是否因为积聚空气、油位降低、二次回路故障或是变压器内部故障造成的。如气体继电器内有气体，则应记录气量，观察气体的颜色及实验是否可燃，并取气样和油样做色谱分析，可根据有关规程和导则判断变压器故障性质。

若气体继电器内的气体为无色、无臭且不可燃，色谱分析判断为空气，则变压器可继续运行，并及时消除进气缺陷。

若气体是可燃的或油中溶解气体分析结果异常，应综合判断确定变压器是否停运。

（2）瓦斯保护动作原因分析。气体保护动作跳闸时，为查明原因应重点考虑以下因素，做出综合判断：

1）是否呼吸不畅或排气未尽。

2）保护及直流等二次回路是否正常。

3）变压器外观有无明显反映故障性质的异常现象。

4）气体继电器中积累气体量，是否可燃。

5）气体继电器中的气体和油中溶解气体的色谱分析结果。

6）必要的电气试验结果。

7）变压器其他继电保护装置动作情况。

六、变压器的不正常运行和处理变压器的安装、检修、试验和验收

（1）变压器的安装项目和要求，应按GBJ 148—1990中第1章和第2章的要求，以及制造厂的特殊要求。

（2）运行中的变压器是否需要检修和检修项目及要求，应在综合分析下列因素的基础上确定：

1）见DL/T 573—2010《电力变压器检修导则》推荐的检修周期和项目。

2）结构特点和制造情况。

3）运行中存在的缺陷及其严重程度。

4）负载状况和绝缘老化情况。

5）历次电气试验和绝缘油分析结果。

6）与变压器有关的故障和事故情况。

7）变压器的重要性。

（3）变压器有载分接开关是否需要检修和检修项目及要求，应在综合分析下列因素的基础上确定：

1）见DL/T 574—2010《变压器分接开关运行维修导则》推荐的检修周期和项目。

2）制造厂有关的规定。

3）动作次数。

4）运行中存在的缺陷及其严重程度。

5）历次电气试验和绝缘油分析结果。

6）变压器的重要性。

（4）变压器的试验周期、项目和要求，按 DL/T 596—1996《电力设备预防性试验规程》和设备运行状态综合确定。

（5）新安装变压器的验收应按 GB 50148—2010《电气装置安装工程 电力变压器，油浸电抗器、互感器施工及验收规范》的规定和制造厂的要求。

（6）变压器检修后的验收按 DL/T 573—2010《电力变压器检修导则》和 DL/T 596—1996《电力设备预防性试验规程》的规定。

单元九　继电保护与自动装置配置

一、线路保护的基本原则配置

(1) 220kV 线路保护应按加强主保护简化后备保护的基本原则配置和整定。

1) 加强主保护是指全线速动保护的双重化配置，同时，要求每一套全线速动保护的功能完整，对全线路内发生的各种类型故障，均能快速动作切除故障。对于要求实现单相重合闸的线路，每套全线速动保护应具有选相功能。当线路在正常运行中发生不大于 100Ω 电阻的单相接地故障时，全线速动保护应有尽可能强的选相能力，并能正确动作跳闸。

2) 简化后备保护是指主保护双重化配置，同时，在每一套全线速动保护的功能完整的条件下，带延时的相间和接地Ⅱ、Ⅲ段保护（包括相间和接地距离保护、零序电流保护），允许与相邻线路和变压器的主保护配合，从而简化动作时间的配合整定。如双重化配置的主保护均有完善的距离后备保护，则可以不使用零序电流Ⅰ、Ⅱ段保护，仅保留用于切除经不大于 100Ω 电阻接地故障的一段定时限和/或反时限零序电流保护。

(2) 线路主保护和后备保护的功能及作用。能够快速有选择性地切除线路故障的全线速动保护以及不带时限的线路Ⅰ段保护都是线路的主保护。每一套全线速动保护对全线路内发生的各种类型故障均有完整的保护功能，两套全线速动保护可以互为近后备保护。线路Ⅱ段保护是全线速动保护的近后备保护。通常情况下，在线路保护Ⅰ段范围外发生故障时，如其中一套全线速动保护拒动，应由另一套全线速动保护切除故障，特殊情况下，当两套全线速动保护均拒动时，如果可能，则由线路Ⅱ段保护切除故障，此时，允许相邻线路保护Ⅱ段失去选择性。线路Ⅲ段保护是本线路的延时近后备保护，同时尽可能作为相邻线路的远后备保护。

(3) 对于 220kV 以上电压等级线路，应按下列原则实现主保护双重化：

1) 两套全线速动保护的交流电流、电压回路和直流电源彼此独立。对双母线接线，两套保护可合用交流电压回路。

2) 每一套全线速动保护对全线路内发生的各种类型故障，均能快速动作切除故障。

3) 对要求实现单相重合闸的线路，两套全线速动保护应具有选相功能。

4) 两套主保护应分别动作于断路器的一组跳闸线圈。

5) 两套全线速动保护分别使用独立的远方信号传输设备。

6) 具有全线速动保护的线路，其主保护的整组动作时间应为：对近端故障：$\leqslant$20ms；对远端故障：$\leqslant$30ms（不包括通道时间）。

按照保护动作原理，国内常使用的纵联保护有闭锁式方向或距离保护、允许式方向或距离保护及分相电流差动保护。

二、输电线路的主保护

主保护为纵联保护，后备保护为Ⅲ段式接地和相间距离保护、Ⅳ段式零序方向保护及零序反时限保护，并具有自动重合闸功能。

输电线路保护的全线速动保护是指利用输电线路两端的电气量信号进行比较，来判断故障点是否在线路内部，以决定是否动作的一种保护。

（一）纵联光纤差动保护（导引线保护）

纵联光纤差动保护是最简单的一种，它是用光纤作为通信信道的纵联差动保护。

纵联光纤差动保护装置根据其差动元件的实现手段可分为模拟式和数字式两种。二者在结构上除光端机和光缆基本相同外其余部分有较大差别，数字式结构较模拟方式简单。

1. 纵联电流差动保护的基本原理

如图 9-1 所示，在线路的 M 和 N 两端装设特性和变比完全相同的电流互感器，两侧电流互感器一次回路的正极性均置于靠近母线的一侧，二次回路的同极性端子相连接（标“*”者为正极性），差动继电器则并联连接在电流互感器的二次端子上。

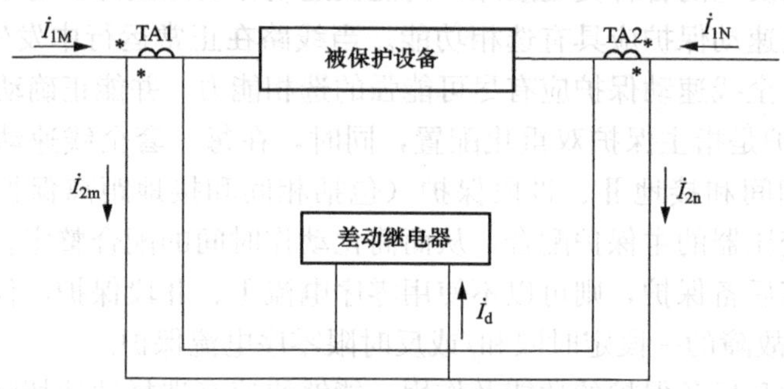

图 9-1 纵联差动保护原理图

在线路两端，规定一次侧电流（$\dot{I}_{1M}$和$\dot{I}_{1N}$）的正方向为从母线流向被保护的线路，那么在电流互感器采用上述连接方式以后，流入继电器的电流即为各互感器二次侧电流的总和，即动作电流（差动电流）

$$\dot{I}_d = \dot{I}_{2m} + \dot{I}_{2n} = \frac{1}{N_{TA}}(\dot{I}_{1M} + \dot{I}_{1N}) \tag{9-1}$$

制动电流

$$\dot{I}_r = \dot{I}_{2m} - \dot{I}_{2n} = \frac{1}{N_{TA}}(\dot{I}_{1M} - \dot{I}_{1N}) \tag{9-2}$$

式中 N_{TA}——电流互感器的变比。

（1）正常运行及外部故障时：

按规定的电流正方向看，如图 9-1 所示，$\dot{I}_{1M} = -\dot{I}_{1N}$。当不计电流互感器励磁电流的影响时，$\dot{I}_{2m} = -\dot{I}_{2n}$。

动作电流（差动电流）

$$\dot{I}_d = \dot{I}_{2m} + \dot{I}_{2n} = \frac{1}{N_{TA}}(\dot{I}_{1M} + \dot{I}_{1N}) = 0$$

制动电流

$$\dot{I}_r = \dot{I}_{2m} - \dot{I}_{2n} = \frac{1}{N_{TA}}(\dot{I}_{1M} - \dot{I}_{1N}) = 2\dot{I}_{2m} = 2\dot{I}_2$$

$\dot{I}_d \leqslant \dot{I}_r$，差动继电器不动。

（2）线路内部发生故障时：

若为双侧电源供电，则两侧均有电流流向短路点，此时短路点的总电流为 $\dot{I}_K = \dot{I}_{1M} +$

$\dot{I}_{1N}$，因此流入继电器回路。

动作电流（差动电流）

$$\dot{I}_d=\dot{I}_{2m}+\dot{I}_{2n}=\frac{1}{N_{TA}}(\dot{I}_{1M}+\dot{I}_{1N})=\frac{1}{N_{TA}}\dot{I}_K$$

制动电流

$$\dot{I}_r=\dot{I}_{2m}-\dot{I}_{2n}=\frac{1}{N_{TA}}(\dot{I}_{1M}-\dot{I}_{1N})$$

$\dot{I}_d\geqslant\dot{I}_r$，差动继电器动作。

2. 模拟式纵联光纤差动保护装置原理

如图 9-2 所示，模拟式光纤差动保护装置由电流/电压（I/U）变换器、差动元件、负序突变量启动元件、电流检测元件、逻辑回路、PCM（pulse code modula-tion）调制及解调电路和光端机等部分组成。

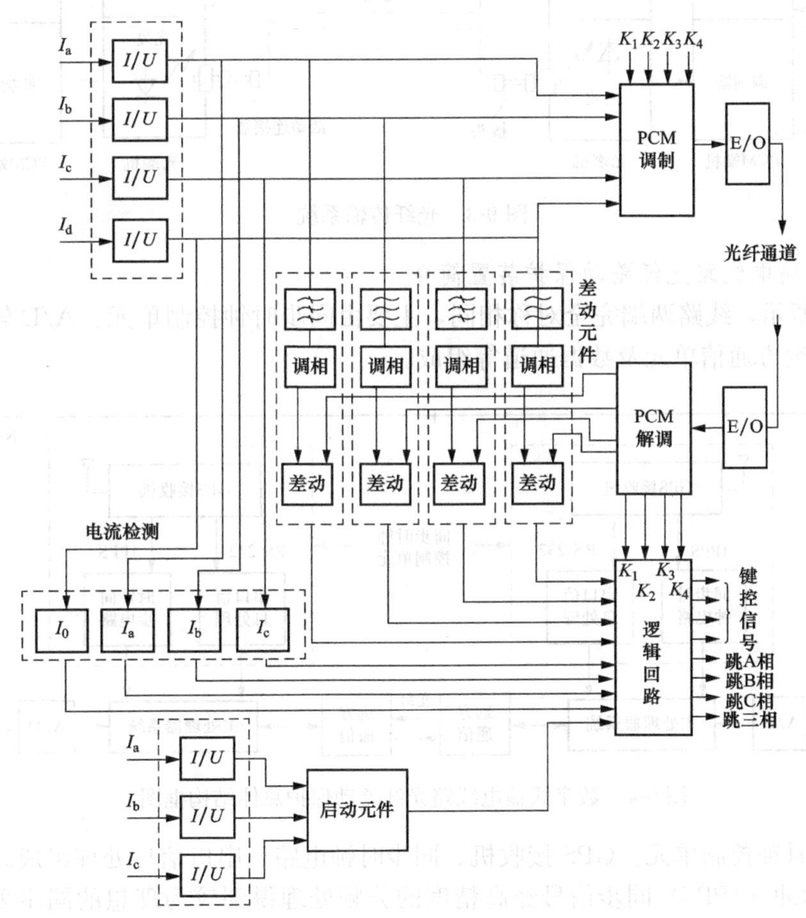

图 9-2　模拟式纵联光纤差动保护装置原理框图

各相电流经变换成电压后分两路，一路送至本侧的差动元件和电流检波元件，另一路送至 PCM 调制器传输至对侧。

传输系统将传送回路电压（即电流）信号和远跳或外部远传的四个键控信号，即开关量

信号 $K_1 \sim K_4$，调制成一路脉冲信号，并由光端机的发送电路（E/O，电/光转换电路）将其转换成光脉冲信号待传输。同时由接收电路（O/E）将接收到对侧的光脉冲信号转换成电脉冲信号，并由 PCM 解调器将它还原成四个模拟量信号和四个键控信号，分送至各相电流差动元件和逻辑电路。在差动元件中，本侧电流信号均通过带通滤波器，滤除直流分量以及高次谐波，而对侧电流在解调电路中被滤波。相位调节电路用以补偿传输过程中带来的相位滞后，电流检测元件为电流互感器回路断线情况下提供闭锁信号和经逻辑回路输出告警信号。

图 9-3 所示光纤传输系统由两侧 PCM 端机及光端机、光缆组成光纤数字传输系统。PCM 端机（调制器）将前述八个信号转换为一路 PCM 串行码，接收电路（解调器）将对侧发送的串行码还原成八个信号输出。光端机完成串行码的光电转换。

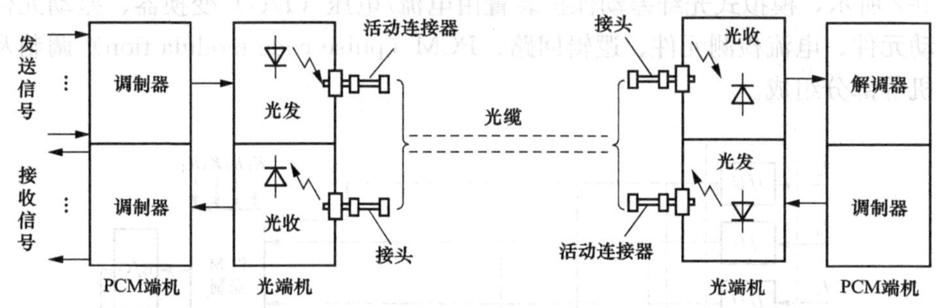

图 9-3 光纤传输系统

3. 数字式输电线路光纤差动保护装置简介

如图 9-4 所示，线路两端完全对称相同，主要由同步时钟控制单元、A/D 转换单元、主处理器系统、远方通信单元及数据通道等组成。

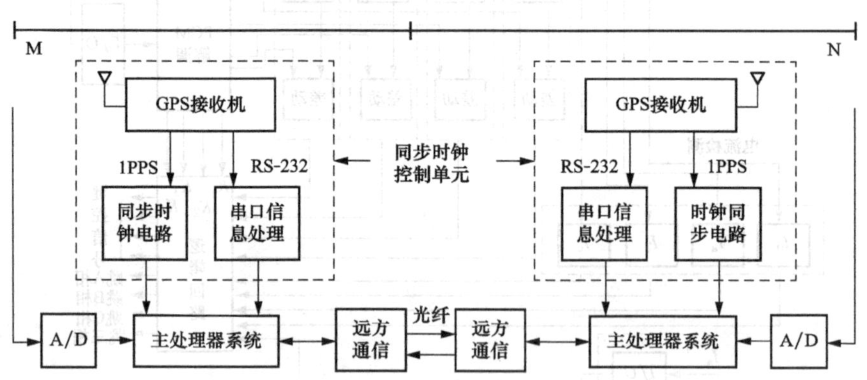

图 9-4 数字式输电线路光纤差动保护总体结构框图

（1）同步时钟控制单元。GPS 接收机、同步时钟电路、串口信息处理组成。主要功能是将 GPS 的秒脉冲（1PPS）同步信号经高精度的分频处理得到较为理想的同步采样时钟，以便使线路两端的数据采集保持同步，以提高电流差动判据的精度。这一环节是数字式线路电流差动保护性能好坏的关键。

（2）A/D 转换单元。其结构和工作原理等均与普通微机继电保护 A/D 转换单元相同，即将隔离变换后的交流信号变换成与其幅值大小成比例的数字信号。

（3）主处理器系统。可选用 16 位单片机，也可选用 DSP 芯片作为主处理器，以完成保护所需的数据采集、数字滤波、计算、与对侧电流的比较判断、发跳闸或报警信号命令等功能。

(4) 远方通信单元。可选用专用通信处理器和辅助外围电路完成满足通信协议要求的双向通信功能，负责与光端接口和与主处理器进行双向数据交换。

（二）高频闭锁方向保护（载波保护）

所谓高频闭锁方向保护是将线路两端的电气量转化为高频电流信号（一般为 50～400kHz），然后利用输电线路构成的高频通道将此信号送至对端进行比较，决定保护是否动作的一种保护。

1. 高频通道的构成

如图 9-5 所示，相—地耦合的高频通道是由阻波器，耦合电容器，连接滤波器，高频电缆，高频收、发信机组成。

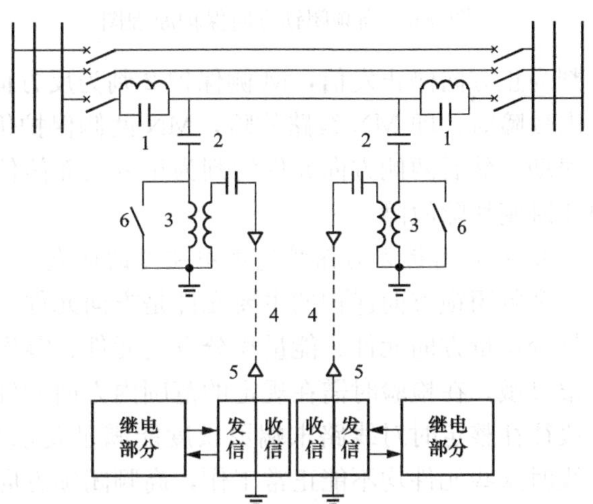

图 9-5　高频通道构成示意图

1—阻波器；2—耦合电容器；3—连接滤波器；4—高频电缆；5—高频收、发信机；6—隔离开关

(1) 阻波器。由电感线圈和可变电容并联组成，并联谐振时，对于载波信号电流呈现为高阻抗（>800Ω），这样，高频信号就被限制在被保护输电线路的范围内，而不能穿越到相邻线路上去，对工频电流为低阻抗（≈0.4Ω），畅通无阻。

(2) 耦合电容器。与阻波器相反，对载波信号为低阻抗，畅通无阻，对工频电流为高阻抗，阻止分流，防止高电压对通信设备的危害。

(3) 连接滤波器。连接滤波器由一个可调节的空芯变压器及连接至高频电缆一侧的电容器组成。耦合电容器与连接滤波器共同组成一个带通滤波器。主要是阻抗匹配作用，由于 220kV 输电线路的波阻抗约为 400Ω 左右，目前系统中广泛采用 75Ω 的高频同轴电缆，需要进行阻抗匹配，防止电磁波在传送过程中产生反射，以减少高频信号的衰耗，提高传输效率。

(4) 高频电缆。用来连接高频收发信机和连接滤波器。高频电缆采用同轴电缆，早期阻抗为 100Ω，近年按通信标准采用 75Ω。一是减少高频信号的衰耗；二是减少外部信号对高频信号的干扰。

(5) 高频收、发信机。高频收、发信机是专门用于发送和接收高频信号的设备。高频发信机将保护信号进行调制后，通过高频通道送到对端的收信机中，也可为自己的收信机所接收，高频收信机收到本端和对端发送的高频信号后进行解调，变为保护所需要的信号，作用于继电保护，使之跳闸或闭锁。

2. 高频闭锁方向保护的基本原理

高频闭锁方向保护是由线路两侧的方向元件分别对故障的方向做出判断，然后通过高频信号做出综合的判断，即对两侧的故障方向进行比较以决定是否跳闸。在继电保护中规定，从母线流向线路的短路功率为正方向，从线路指向母线的短路功率为反方向。闭锁式方向高频保护的工作方式是当任一侧方向元件判断为反方向时，本侧保护不跳闸，同时由发信机发出闭锁高频信号，对侧收信机收到信号后输出脉冲闭锁该侧保护，故称为高频闭锁方向保护。

高频闭锁方向保护由启动元件，方向元件配合收、发信机进行工作。在通道中传送的是闭锁信号，当两侧任一侧收到闭锁信号时，闭锁保护动作于跳闸，因此高频闭锁方向保护要动作出口的必要条件是收不到闭锁信号。传送闭锁信号的通道大多数是专用载波通道，也可用光纤通道来传送。

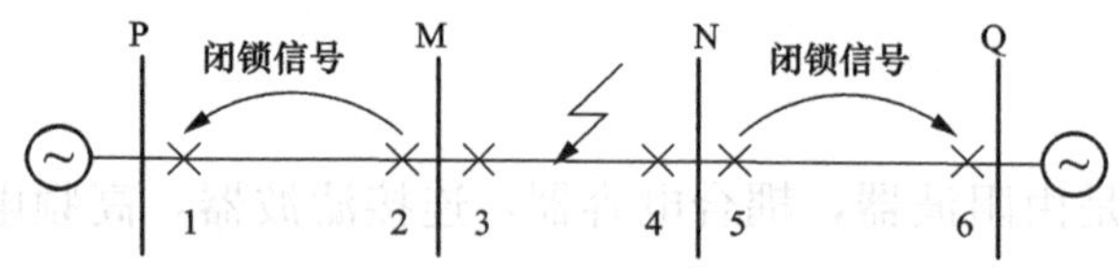

图 9-6 高频闭锁方向保护原理图

高频闭锁方向保护的基本原理如下：正常时保护启动元件不启动，保护不动作F区外故障时，如图 9-6 所示 MN 线路故障，PM 两侧保护首先同时发信（约 8ms）防止误动，然后 P 侧 1 保护方向元件判为正方向停止发信，M 侧保护 2 判为反方向继续发信使 P 侧保护闭锁，从而不会误动；区内故障时，即 MN 线路故障，MN 两侧保护仍然首先同时发信，防止信号未及时送到对侧而误动，然后两侧方向元件均判为正方向而停信，两侧均判为正方向都收不到闭锁信号从而快速跳闸切除故障。

3. 高频闭锁方向保护运用中注意的问题

高频闭锁方向保护的主要元件是方向元件，一般为专用的方向元件，典型方向元件包括工频变化量方向元件、能量积分方向元件、零序方向元件、负序方向元件等。这些方向元件都很灵敏，在检验时需在规定的范围内方向元件能动作，可按照 1.2 倍距离Ⅱ段检验（距离Ⅱ段往往整定时对线路末端灵敏度能满足要求）。另由于均需要电压作参考量，所以在 TV 断线时这些元件均不能正常工作，高频闭锁方向保护将退出，因此需及时处理。

从工作原理可以看出，在区内发生故障时，即便同时发生通道故障导致通道中断也不会引起高频闭锁方向保护拒动，这是它的优点。但同时高频闭锁方向保护需要在区外故障时由反方向一侧发闭锁信号来闭锁正方向一侧的保护，此时若通道由于各种原因未能正确传输信号，将导致高频闭锁方向保护误动，因此高频闭锁方向保护更易误动。如区外故障时，若方向元件未正确判断方向、收发信机故障未正确发信或对侧未收到闭锁信号、高频通道故障使高频信号阻断等，都将造成误动，这是它的缺点，在工作中应尽量避免上述情况出现。调试时，对方向元件应检验其灵敏性和正反方向出口的动作行为。

三、输电线路的后备保护

（一）距离保护

距离保护一般由Ⅲ段式相间距离保护和Ⅲ段式接地距离保护构成。相间距离保护主要反应各类相间故障及三相短路，接地距离保护主要用于反应单相接地故障。一般情况下，无时限的Ⅰ段作为本线路的主保护，保护线路全长的 80%～85%；带时限的Ⅱ段作为本线路后备，保护线路全长并作为相邻线路的 30%左右；定时限Ⅲ段主要作为本线路及相邻线的后备保护。同时，由于相邻线有配置齐全的快速全线主保护，所以往往本线Ⅱ段和相邻线路纵联保护配合。

1. 距离保护的基本原理

距离保护由阻抗继电器完成电压、电流比值测量，根据比值的大小来判断故障的远近，并利用故障的远近确定动作时间。

距离保护的数字式阻抗继电器的特性有方向阻抗继电器、偏移特性阻抗继电器及多边形阻抗继电器等。微机型的距离保护一般由启动元件、阻抗元件、TV断线闭锁元件、振荡闭锁元件构成。其中核心元件是阻抗元件。

阻抗继电器是同时反应电压下降及电流增大即测量阻抗降低而动作的一种继电器。由于测量阻抗在理论上同短路点到安装处的距离成正比，所以它是通过阻抗的测量，间接地测量短路点的距离，故又称为距离保护。但由于存在过渡电阻等原因，会使得测量阻抗不等于短路点到保护安装处的阻抗，使得测量距离（保护范围）发生变化。

三段式距离保护的简单原理说明如图9-7所示。正常运行时，装置所有元件均无信号输出，保护不动作。当Ⅰ段保护范围内发生故障时，门1、2、3动作，由于KT2、KT3时间长，首先由不带时限的Ⅰ段保护通过或门4出口跳闸。当短路发生在Ⅰ段范围外、Ⅱ段范围内时，门2、3动作，2KI、3KI启动，因KT2时限小于KT3，故由Ⅲ段保护出口跳闸。当短路发生在Ⅱ段范围以外Ⅲ段范围以内时，由Ⅲ段保护出口跳闸。

距离保护遇有振荡或TV断线等情况时，应实现闭锁。

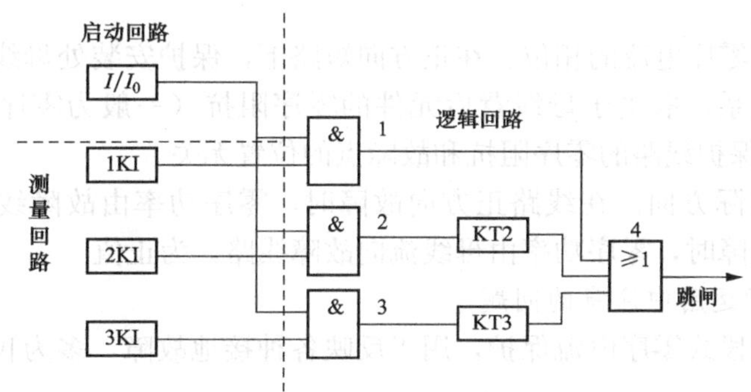

图9-7　三段式距离保护原理图

1KI—Ⅰ段快速阻抗继电器；2KI—Ⅱ段快速阻抗继电器；3KI—Ⅲ段快速阻抗继电器

2. 距离保护运用中注意的问题

（1）出口附近三相短路时，由于电压很小，阻抗继电器无法获得足够灵敏的电压而可能误动，即所谓的电压死区问题。微机保护通过采用记忆电压等进行极化来解决。调试检验距离保护时，应注意检查正反向出口时距离保护的方向性。

（2）过渡电阻对阻抗继电器的影响。由于实际短路故障往往通过过渡电阻短路，又由于保护支路同短路点支路电流相位不同时过渡电阻的性质也会发生变化，会引起阻抗继电器的测量阻抗发生变化，导致阻抗继电器误动或拒动，尤其以单相接地时严重。一般的要求是：对区内故障，阻抗继电器应当能躲较大的过渡电阻而不致拒动；区外故障时，应防止相邻线出口附近短路因测量阻抗由区外转入区内（超越问题）而误动。微机保护通过调整阻抗继电器的动作特性等方法来解决，典型的方法有采用多边形的阻抗继电器、增加电抗继电器等。

（3）电力系统振荡的影响。对超高压线路而言，当电力系统发生振荡时，阻抗继电器可能会误动，因此距离保护设置了振荡闭锁元件，用于闭锁可能造成误动的阻抗继电器。对振荡闭锁元件的基本要求是振荡时可靠闭锁，振荡时发生故障能重新开放保护，区外故障后引发振荡能可靠闭锁。由于阻抗继电器的Ⅲ段动作时间较长，在时间上躲过了振荡，所以可不必经过振荡闭锁。

（4）TV断线的影响。距离保护在TV断线时由于装置感受的电压发生了变化，将可能导致距离保护误动或拒动。微机型距离保护一般采取自动退出距离保护，而TV断线恢复后会自动重新投入。但在出现TV断线后应当及时处理，恢复电压二次回路，使距离保护等其他保护恢复保护功能。

（二）零序电流保护

1. 零序电流保护的基本原理

在大电流接地系统中发生接地故障后，就有零序电流、零序电压和零序功率出现。中性点直接接地电网中发生接地短路时，假定零序电流的参考方向为母线指向线路，零序电压的参考方向母线电压为正，中性点电压为负。

2. 零序分量的特点

（1）零序电压。故障点零序电压最高，离故障点越远，零序电压越低。变压器中性点接地处零序电压等于零。

（2）零序电流。零序电流的数值和分布与变压器中性点接地的多少和位置有关，而与电源的数目和位置无关。

（3）零序电压和零序电流的相位。在正方向短路下，保护安装处母线零序电零序电流压与零序电流的相位关系，取决于母线背后元件的零序阻抗（一般为零序电流超前零序电压90°～110°），而与被保护线路的零序阻抗和故障点的位置无关。

（4）零序功率实际方向。在线路正方向故障时，零序功率由故障线路流向母线，为负值；在线路反方向故障时，零序功率由母线流向故障线路，为正值。

3. 零序电流保护运用中注意的问题

实际往往构成阶段式零序电流保护，用于反映各种接地故障，多为Ⅳ段式，并可根据运行需要而增减段数。

微机型零序电流保护一般由启动元件、零序过电流元件及零序方向元件构成。启动元件往往随外接零序电流增大而启动。零序功率方向元件通过比较零序电流和零序电压的相位关系判断故障方向。微机型线路零序电流保护已普遍采用计算机自产零序电流及零序电压进行方向判断，避免了因为零序回路极性接错造成的不正确动作。对仍采用外接零序电流及电压的保护，应注意极性问题。另外，有些微机型零序电流保护的零序启动元件采用外接零序电流。

纵联零序方向保护不应受零序电压大小的影响，在零序电压较低的情况下应保证方向元件的正确性。

零序电流保护的主要优点有：

（1）零序方向元件没有出口电压死区的问题。

（2）零序保护原理构成简单可靠。

（3）零序保护能承受较大的过渡电阻。

（4）不受系统全相振荡影响。在接地故障时，近故障侧跳开后，远故障侧可利用零序电流的变化加速动作。

零序电流保护的主要缺点有：

（1）多电源系统运行方式变化大时，零序保护受系统影响较大。

（2）复杂电网零序保护整定配合困难，在超高压电网中应用受到限制。

（3）在应用单相重合闸时，非全相运行期间要考虑零序保护可能误动等问题。

超高压电网可采用Ⅱ段式零序电流保护，即零序Ⅱ段和Ⅲ段。零序Ⅱ段作为本线路全长；零序Ⅲ段作为相邻线路后备。一般零序最末Ⅰ段作为高阻接地的后备保护。

四、电力系统自动装置

发电厂和变电站自动装置包括自动重合闸装置、备用电源和备用设备自动投入装置、同步发电机自动并列装置、自动按频率减负荷装置、同步发电机自动调节励磁装置、自动调频装置和故障录波器。以自动重合闸装置和备用电源和备用设备自动投入装置为例介绍电力系统自动装置

（一）自动重合闸装置（ARC）

在电力系统中，输电线路容易发生故障，而装设自动重合闸装置正是提高输电线路供电可靠性的有力措施。

输电线路的故障按其性质可分为瞬时性故障和永久性故障两种。如果线路发生瞬时性故障时，保护动作切除故障后，重合闸动作，能够恢复线路的供电；如果线路发生永久性故障时，重合闸动作后，继电保护再次动作，使断路器跳闸，重合不成功。

1. 自动重合闸装置分类

(1) 根据电压等级的不同，可分为三相重合闸、单相重合闸和综合重合闸。在110kV及以下电压等级一般选用三相重合闸，220kV及以上电压等级选用单相重合闸或综合重合闸。

(2) 根据网络结构的不同可分为单侧电源网络重合闸和双侧电源网络重合闸。

(3) 按重合次数可分为一次重合闸和多次重合闸。

(4) 有单侧电源三相、单相一次重合闸，三相、单相多次重合闸，双侧电源三相、单相一次合闸和三相、单相多次重合闸以及综合重合闸等不同的称呼。

2. 自动重合闸装置的基本要求

(1) 从启动量应具有广泛代表性出发，应优先采用由控制开关的位置与断路器位置不对应的原则来启动重合闸，即当控制开关在合闸位置而断路器实际上在断开位置的情况下，使重合闸启动，因为这样就可以保证在非正常操作情况下，无论是何原因使断路器跳闸以后，都可以进行一次重合。而当人为手动操作控制开关使断路器跳闸以后，控制开关与断路器的位置仍然是对应的，条件不成立，重合闸不会启动。

(2) 当手动操作合闸于永久性故障时重合闸不应启动。这样可以避免断路器不必要的损耗。

(3) 自动重合闸装置的动作次数应符合预先的规定。如一次式重合闸就应该只动作一次，当重合于永久性故障而再次跳闸以后，就不应该再重合。

(4) 自动重合闸装置应有可能在重合以前或重合以后加速继电保护的动作，以便更好地和继电保护相配合，加速故障的切除。

(5) 当采用重合闸后加速保护时，对可能误动的保护应有必要措施防范。例如：如果合闸瞬间所产生的冲击电流或断路器三相触头不同，合闸所产生的零序电流有可能引起继电保护误动作时，则应采取措施予以防止。

(6) 在双侧电源的线路上实现重合闸时，应考虑合闸时两侧电源间的同步问题，并必须满足所提出的要求，如必须保证两侧断路器完全跳开后再重合等。

(7) 为了保证重合成功，当断路器分闸以后，重合闸启动时应有一定的时延。

(8) 自动重合闸在动作以后，一般应能自动复位，准备好下一次再动作。

3. 自动重合闸与继电保护的配合

(1) 重合闸前加速保护。重合闸前加速保护是当线路上发生故障时，靠近电源侧的保护首先无选择性瞬时动作跳闸，而后借助自动重合闸来纠正这种非选择性动作。

前加速的优点是：

1) 能够快速地切除瞬时性故障。

2) 可能使瞬时性故障来不及发展成永久性故障，从而提高重合闸的成功率。

3) 能使发电厂和重要变电站的母线电压保持在 0.6～0.7 倍额定电压范围，从而保证厂用电和重要用户的电能质量。

4) 使用设备少，只需装设一套重合闸装置，简单、经济。

前加速的缺点是：

1) 断路器工作条件恶劣，动作次数较多。

2) 重合于永久性故障上时，故障切除的时间可能较长。

3) 如果重合闸装置或断路器拒绝合闸，则将扩大停电范围。甚至在最末一级线路上发生故障时，都会使连接在这条线路上的所有用户停电。

前加速保护主要用于 35kV 以下由发电厂或重要变电站引出的直配线路上，以便快速切除故障，保护母线电压。在这些线路上一般只装设简单的电流保护。

(2) 重合闸后加速保护。重合闸后加速保护一般简称为"后加速"，所谓后加速就是当线路第一次故障时，保护有选择性地动作，然后进行重合。如果重合于永久性故障上，则在断路器合闸后，再加速保护动作，瞬间切除故障，而且与第一次动作是否带有时限无关。

后加速的配合方式广泛应用于 35kV 以上的网络及对重要负荷供电的送电线路上。因为，在这些线路上一般都装有性能比较完善的保护装置，例如，三段式电流保护、距离保护等。因此，第一次有选择性地切除故障的时间（瞬时动作或具有 0.5s 的延时）均为系统运行所允许，而在重合闸以后加速保护的动作（一般是加速第Ⅱ段的动作，有时也可以加速第Ⅲ段的动作)，就可以更快地切除永久性故障。

后加速的优点是：

1) 第一次是有选择性的切除故障，不会扩大停电范围，特别是在重要的高压电网中，一般不允许保护无选择性的动作而后以重合闸来纠正（即前加速的方式)。

2) 保证了永久性故障能瞬时切除，并仍然是有选择性的。

3) 和前加速保护相比，使用中不受网络结构和负荷条件的限制，一般说来是有利而无害的。

后加速的缺点是：

1) 每个断路器上都需要装设一套重合闸，与前加速相比较为复杂。

2) 第一次切除故障可能带有延时。

(二) 备用电源和备用设备自动投入装置

备用电源自动投入装置是当工作电源或工作设备因故障断开后，能自动将备用电源或备用设备投入工作，使用户不致停电的一种自动装置，也称为 AAT。

(1) 按照 DL/T 400—2010《500kV 交流紧凑型输电线路带电作业技术导则》要求，在下列情况下，应装设 AAT 装置：

1）装有备用电源的厂（站）用电源。

2）由双电源供电，其中一个电源经常断开作为备用的变电站。

3）降压变电站内有备用变压器或互为备用的母线段。

4）有备用机组的某些重要辅机。

（2）对备用电源和备用设备自动投入装置的基本要求：

1）应保证在工作电源或工作设备断开后，AAT 才能动作。防止将备用电源或备用设备投入到故障元件上，造成 AAT 动作失败，甚至扩大事故，加重设备损坏程度。

主要措施是：AAT 的合闸部分应由供电元件受电侧断路器的辅助动断触点启动。

2）无论任何原因工作母线电压消失时，AAT 均应动作。若电力系统内部故障，使工作电源和备用电源同时消失时，AAT 不应动作。避免系统故障消失后恢复供电时，所有工作母线段上的负荷均由备用电源或设备供电，引起备用电源或设备过负荷，降低工作可靠性。

主要措施是：AAT 应设置独立的低电压启动部分，并设置备用电源电压监视继电器。

3）AAT 只能动作一次。

4）AAT 的动作时间应使负荷停电时间尽可能短。

五、继电保护与自动装置运行维护

（一）继电保护运行维护

1. 电力继电保护装置的检验周期和内容

（1）检验周期。为了保证电力系统故障情况下能正确动作，对运行中的继电保护装置及其二次回路应定期进行检验和检查。对一般 10kV 用户的继电保护装置，应每 2 年进行一次检验；对供电可靠性要求较高的用户以及 35kV 及以上的用户，一般每年应进行一次检验（实行状态检修的除外）。此外，在继电保护装置进行设备改造、更换、检修后以及在发生事故后，都应对其进行补充检验。

对于变压器的气体保护，应结合变压器大修同时进行检验。对气体继电器，一般每 3 年进行一次内部检查，每年进行一次充气检试验。

（2）检验项目。对运行中的继电保护装置，应按下列项目进行检验：

1）对继电器进行机械部分检查及电气特性试验。

2）二次回路绝缘电阻测量。

3）二次通电试验。

4）保护装置的整组动作检验。

2. 继电保护装置及二次线巡视检查

对继电保护装置及其二次线进行巡视检查内容如下：

（1）各类继电器外壳有无破损，整定值的位置是否变动。

（2）查看继电器有无触点卡住、变位、倾斜、烧伤、脱釉、脱焊等情况。

（3）感应型继电器的圆盘转动是否正常，经常带电的继电器触点有无大的抖动及磨损，线圈及附加电阻有无过热现象。

（4）连接片及转换开关的位置是否与运行要求一致。

（5）各种信号指示是否正常。

（6）有无异常声响、发热冒烟以及烧焦等异常气味。

3. 继电保护装置的运行维护

(1) 在继电保护装置的运行过程中，发现异常现象时，应加强监视并立即向主管部门报告。

(2) 继电保护动作开关跳闸后，应检查保护动作情况并查明原因。恢复送电前，应将所有的掉牌信号全部复归，并记入值班记录及继电保护动作记录中。

(3) 检修工作中，如涉及供电部门定期检验的进线保护装置时，应与供电部门进行联系。

(4) 值班人员对保护装置的操作，一般只允许接通或断开连接片，切换转换开关及卸装熔断器等工作。

(5) 在二次回路上的一切工作，均应遵守《电力安全工作规程》有关规定，并有与现场设备符合的图纸作依据。

(二) 重合闸自动装置运行维护

1. 重合闸的巡视检查

(1) 正常运行时，同期继电器的下触点应闭合，无压继电器的下触点应断开。

(2) 检查重合闸电容器电源指示灯应点亮。

(3) 应定期（选择天气较好时）检查重合闸，试验时，按下重合闸试验按钮，待其时限达到时，重合闸指示灯应熄灭，而发出重合闸动作信号，重合闸指示灯随即重新点亮。

2. 重合闸的运行规定

(1) 两端均有电源的输电线路，一般规定一侧的重合闸使用方式为检定同期，而另一侧则规定使用检定无压。对规定的重合闸使用方式不得随意改变，需要更改时，由调度部门通知两侧互换重合闸方式，以避免非同期重合或两侧因不能重合而停电。

(2) 对平行的双回线路采用检查相邻线的有电流的重合闸，当相邻线路停用时，运行线路的重合闸应停用。

(3) 重合闸在出现下列情况时应停用：装置所接电流互感器、电压互感器、电压抽取装置停用时，可能造成非同期重合时，断路器遮断容量不够时，对线路充电时，线路上带电作业有要求时，对侧变电站接有调相机且调相机未装失压解列时，空气断路器当其压力降低至不允许重合闸时，液压操动机构当其压力降低至不允许重合闸时，经主管领导批准不宜使用重合闸的线路。

3. 重合闸的异常处理

(1) 运行中发现同期继电器的下触点断开，是同期继电器只加入了一侧电压造成的。这时应检查母线电压互感器和线路侧电压互感器的熔断器是否熔断或接触不良。若熔断器均正常，应检查其回路是否断线，并处理断线故障。若不能处理其故障，应立即向调度汇报，要求停用重合闸装置或与对侧互换重合闸方式（仅限于检定同期出故障），以防止线路故障跳闸时造成重合闸拒动或非同期重合。

(2) 重合闸电源监视灯不亮。运行中重合闸监视灯不亮时，应手动试验一次重合闸的动作情况，若重合闸正确动作，则是重合闸电源监视回路断线或灯丝熔断；若不能正确动作，应汇报调度，申请停用重合闸，并通知继电保护人员处理。

(三) 备用电源自动投入装置运行维护

1. 备用电源自动投入装置的运行及巡视检查

(1) 检查运行回路的低电压继电器应处于动作状态，闭锁中间继电器应励磁，且无其他异常现象。

（2）检查备用电源自投装置的投退开关位置应正确，电压和时间等继电器整定值应正确。

（3）在有 2 台变压器工作的变电站，当工作变压器跳闸、备用变压器投入后，应检查负荷情况，以防止变压器过负荷。

2. 备用电源自投装置的异常处理

（1）若本装置在母线失压后不动作或开关合不上，应汇报调度，安排处理。

（2）若运行中出现“交流电压断线”或“直流电源消失”信号，应停用本装置，并查出原因，予以消除。

3. 备用电源自动投入装置动作后处理

（1）动作成功后的处理程序。

1）恢复音响信号及备用电源自投的动作掉牌信号。

2）当备用电源投入成功时，该路红灯闪光，电流表应有指示，同时原运行断路器绿灯也闪光，这时应将原备用线路的开关由“分后”位置搬至“合后”位置，再将原运行断路器的控制开关由“合后”位置搬至“分后”位置。

3）操作完毕查明母线失压情况，向调度员汇报并做好记录，善后的工作和运行方式按调度命令执行。

（2）动作不成功的处理备用电源自投装置动作，备用设备（线路或变压器）投入后，备用设备又跳闸，不允许再进行试送，因为此种情况可能是一次设备发生了永久性故障。

单元十　电气设备倒闸操作

一、倒闸操作的基本内容

在电力系统运行过程中，由于负荷的变化以及设备检修等原因，经常需要将电气设备从一种状态转换到另一种状态或改变系统运行方式，这就需要进行一系列的操作，将这种操作叫作电气设备的倒闸操作。

防止误操作的有效措施：组织措施和技术措施。

组织措施：操作命令的下达、命令复诵、使用操作票、模拟预演和实施操作监护以及操作票的管理制度等。

技术措施：正确佩带使用的个人保护用品和操作工具，电气设备必须安装强制性的防止误操作的装置（达到五防）。

（一）倒闸操作的基本要求

1. 操作命令的下达

操作命令按运行指挥系统逐级下达。

调度下令：

（1）发电厂中系统管辖设备（网内）操作；

（2）变电站设备操作。

值长下令：厂内自辖（各级厂用电源及负荷）的操作。

调度→值长→专业班长→某值班员。

口头和电话两种方式下令：

（1）下令：必须使用双重名称，讲清目的和操作设备状况。

（2）受令：由有操作监护权人员（值长不在）接收，正确复诵命令，记录在日记中。

电话受令注意：双方互通姓名、职务、核对无误发令、受令；受令同时打开录音装置。

2. 倒闸操作前应考虑问题

（1）在确定运行方式时，应首先考虑改变后的运行方式的正确、合理及可靠性。

（2）倒闸操作是否会影响继电保护及自动装置的运行。

（3）要严格把关，防止误送电，避免发生设备事故及人身触电事故。

（4）严禁约时停送电、约时拆挂地线或约时检查设备。

（5）制订倒闸操作中防止设备异常的各项安全技术措施。

（6）在电网有重大操作前，调度员及操作人员均应做好事故预想。

（二）系统基本操作

1. 断路器操作

（1）断路器带电合闸前，必须有完备的继电保护投入。

（2）断路器合闸后，应检查三相电流是否正常。

（3）断路器分闸操作时，当发现断路器非全相分闸，应立即合上该断路器。断路器合闸操作时，若发现断路器非全相合闸，应立即断开该断路器。

2. 隔离开关操作

严禁带负荷拉、合隔离开关。带电的情况下，允许用隔离开关进行下列操作：

(1) 拉、合无故障的电压互感器和避雷器。

(2) 拉、合 220kV 及以下电压等级的母线充电电流。

(3) 拉、合无接地故障的变压器中性点接地开关。

(4) 拉、合 220kV 及以下等电位的环路电流，必须采取防止环路内断路器分闸的措施。

(5) 拉、合充电电容电流不超过 5A 的空载引线。

(6) 特殊情况下按规定拉、合 500kV 一台半断路器（3/2）接线方式的母线环路电流。

(三) 操作票制度

1. 相关规定

(1) 每份操作票只能填写一个操作任务。

(2) 采用双重名称，即设备的名称和它的编号。

(3) 使用蓝色或黑色的钢笔、圆珠笔，字体采用仿宋体。

(4) 操作票内容不得任意涂改。执行项打“√”，操作票错误加盖[作废]章。

(5) [以下空白]章以示终结，备注栏内不许填写操作项目。

(6) 未填写的操作票预先统一编号，操作票必须按编号顺序使用，已填写但因某种原因未执行的操作票，要盖[未执行]章。所有操作票统一按编号顺序保管。

(7) 操作票不可过早填好，操作前运行方式改变了，可能造成误操作。

2. 操作票填写的内容

(1) 拉、合断路器及隔离开关的名称、编号。

(2) 挂、拆接地线（合拉接地开关），检查接地线（接地开关）是否拆除（拉开）等。

(3) 检查断路器及隔离开关的分、合实际位置。

(4) 投入或退出控制回路、信号回路、电压互感器回路的熔断器。

(5) 检查负荷分配情况。

(6) 断开或投入保护（连接片）或自动装置。

(7) 检验回路是否确无电压。

3. 倒闸操作术语

(1) 操作断路器、隔离开关用“拉开”“合上”，如“拉开××（线路名称）线××××（断路器编号）断路器”。

(2) 检查断路器、隔离开关位置用“检查在开位”“检查在合位”。

(3) 验电用“验电确无电压”。如“在××线××××断路器至甲隔离开关间三相验电确无电压”。

(4) 装、拆接地线用“装设”、“拆除”。如“在××线××××断路器与甲隔离开关之间装设×号接地线”。

(5) 检查接地线拆除用“确已拆除”。例如“检查××号地线确已拆除”。

(6) 检查负荷分配用“指示正确”。例如“检查×号母线××××断路器表计指示正确×××A”。

(7) 取下、装上控制回路和电压互感器的保险器用“拉开”“取下”“合上”“装上”，对转换开关的切换用“切至”。

(8) 启、停某种继电保护跳闸连接片，用“投入”“退出”。

如：1) 投入×××线××断路器的××保护连接片。

2) 退出×××线××断路器的××保护连接片。

4. 可不用操作票的操作

按照GB 26860—2011《电业安全工作规程发电厂和变电站电气部分》的规定，允许下列电气操作不用操作票：

(1) 事故处理。

(2) 拉、合断路器的单一操作。

(3) 拉开接地开关或拆除全厂（站）仅有的一组接地线。但必须严格遵守操作监护制，操作后及时向上级汇报，并做好记录。

(四) 操作监护制

倒闸操作必须由两人进行，实行一人操作、一人监护的制度。通常由技术水平高、经验丰富的值班员担任监护人。

具体要求：

操作人员和监护人员不仅要精通操作知识技能，还要具备严肃认真、一丝不苟的工作作风，严格按以下几项要求进行：

(1) 每进行一项操作，都应遵循“唱票→对号→复诵→核对→操作”5个程序。

1) 唱票。即下操作令。

2) 对号。查对设备名称、编号无误，自己所站的位置正确及使用的操作防护用品齐全。

3) 复诵。复诵将要操作的内容，并用手指明即将操作的对象做假动作进行预演。

4) 核对。监护人再次核对设备名称、编号、表计和信号指示。

5) 操作。监护人确认无误后方可发出“对！可以执行”的操作允许令后，操作人员才能进行实际操作。

(2) 操作票必须按顺序执行，不得跳项和漏项，也不准擅自更改操作票内容及操作顺序。每执行完一项操作，监护人在操作票上做一个记号“√”。

(3) 操作中发生疑问或发现电气闭锁装置运行，应立即停止操作，报告值班负责人，查明原因后，再确定是否继续操作。

(4) 全部操作结束后，派人对操作过的设备进行复查，并向发令人汇报。

(五) 倒闸操作安全用具

倒闸操作中使用的安全用具主要有：绝缘手套、绝缘靴、绝缘拉杆、验电器等。按照《国家电网公司电力安全工作规程》的要求，安全用具必须进行定期耐压试验。

安全用具使用前应进行一般检查，要求如下：

(1) 用充气法对绝缘手套进行检查，应不漏气，外表清洁完好。

(2) 对绝缘靴、绝缘拉杆、验电器等进行外观检查，应清洁无破损。

(3) 禁止使用低压绝缘鞋（电工鞋）代替高压绝缘靴。

(4) 对声光验电器应进行模拟试验，检查声光显示正常，设备电路完好。

(5) 所有安全用具均应在有效试验期之内。

二、倒闸操作程序及原则

（一）倒闸监护操作程序

1. 操作准备

复杂操作前由站长或值长组织全体当值人员做好如下准备：

（1）明确操作任务和停电范围，并做好分工。

（2）拟订任务顺序，确定挂地线部位、组数及应设置的遮栏、标示牌。明确工作现场临近带电部位，并制定相应措施。

（3）考虑保护和自动装置相应变化及应断开的交、直流电源和防止电压互感器、站用变压器二次反高压的措施。

（4）分析操作过程中可能出现的问题和应采取的措施。

（5）根据调度任务写出操作票草稿，由全体人员讨论通过，站长或值长审核批准。

（6）预定的一般操作应按上述要求进行准备。

（7）设备检修后，操作前应认真检查设备状况及一、二次设备的分、合闸位置与工作前是否相符。

2. 接令

接令注意事项如下：

（1）接受调度指令，应由上级批准的人员进行，接令时主动报出变电站站名和姓名，并问清下令人姓名、下令时间。

（2）接令时应随听随记，接令完毕，应将记录的全部内容向下令人复诵一遍，并得到下令人认可。

（3）接受调度指令时，应做好录音。

（4）如果认为指令不正确时，应向调度员报告，由调度员决定原调度指令是否执行。但当执行该指令将威胁人身、设备安全或直接造成停电事故时，应当拒绝执行，并将拒绝执行指令的理由报告调度员和本单位领导。

3. 操作票填写

操作票填写注意事项如下：

（1）操作票由操作人员填写。

（2）“操作任务”栏应根据调度指令内容填写。

（3）操作顺序应根据调度指令参照本站典型操作票和事先准备好的操作票草稿的内容进行填写。

（4）操作票填写后，由操作人和监护人共同审核（必要时经值长审核）无误后，监护人和操作人分别签字，在开始时填入操作开始时间。

4. 模拟操作

模拟操作注意事项如下：

（1）模拟操作前应结合调度指令核对当时的运行方式。

（2）模拟操作由监护人按操作票所列步骤逐项下令，由操作人复诵并模拟操作。

（3）模拟操作后应再次核对新运行方式与调度指令相符。

5. 操作监护

操作监护注意事项如下：

(1) 每进行一步操作，应按下列步骤进行：

1) 操作人和监护人一起到被操作设备处，指明设备名称和编号，监护人下达操作指令。

2) 操作人手指操作部位，复诵指令。

3) 监护人审核复诵内容和手指部位正确后，下达“执行”令。

4) 操作人执行操作。

5) 监护人和操作人共同检查操作质量。

6) 监护人在操作票本步骤后画执行钩“√”，再进行下步操作内容。

(2) 操作中发生疑问时，应立即停止操作并向值班调度员或值班负责人报告，弄清问题后，再进行操作。不准擅自更改操作票，不准随意解除闭锁装置。

(3) 由于设备原因不能操作时，应停止操作，检查原因，不能处理时应报告调度和生产管理部门。禁止使用非正常方法强行操作设备。

6. 质量检查

质量检查注意事项：

(1) 操作完毕全面检查操作质量。

(2) 检查无问题应在操作票上填入终了时间，并在最后一步下边加盖“已执行”章，报告调度员操作执行完毕。

(二) 倒闸操作基本原则

1. 断路器两侧隔离开关的拉、合顺序

送电线路若需停电时，应先拉开断路器，然后拉开负荷侧隔离开关，最后拉开电源侧隔离开关，送电时的操作顺序与此相反。这样规定是减轻发生断路器没有分闸时，误拉负荷侧隔离开关将造成带负荷拉隔离开关，故障点发生在线路上，此时该线路保护装置动作，使断路器跳闸，从而隔离了故障点，不致影响其他电气设备的安全运行。若先拉开电源侧隔离开关时，虽同样造成带负荷拉隔离开关事故，但故障点发生在母线上，这就造成母线短路的严重事故。

2. 变压器各侧断路器拉开的顺序

(1) 双绕组升压变压器停电时，应先拉开高压侧断路器，再拉开低压侧断路器，最后拉开两侧隔离开关。送电操作顺序与此相反。双绕组降压变压器停电时，应先拉开低压侧断路器，再拉开高压侧断路器，最后拉开两侧隔离开关。送电操作顺序与此相反。采用此方法的原则是送电要先从电源侧送起，后送负荷侧，停电与此顺序相反。其道理是因为一般变压器保护都设置在电源侧，先从电源侧送电，一旦有故障，继电保护可立即跳闸，使运行人员容易判断事故的地点和性质。而停电先从负荷侧停起是为了防止电源带有多个分支时，可能造成扩大停电范围事故的发生。

(2) 三绕组升压变压器停电时，应按顺序拉开高、中、低三侧断路器，再拉开三侧隔离开关。送电时的操作顺序与此相反。双绕组变压器停电时，先拉负荷一侧断路器，再拉电源侧断路器，最后拉两侧隔离开关。送电操作顺序与此相反。三绕组升压变压器停电时，应按顺序拉开高、中、低三侧断路器，再拉开三侧隔离开关。送电时的操作顺序与此相反。

3. 倒换母线时的操作原则

在倒换母线前，应保证两组母线电压相等（等电位原则），并取下母联断路器的操作熔断器，然后进行倒换母线操作。

4. 环网的并、解列操作

合环操作时，首先要考虑的问题是相位一致，在初次合环，或进行可能引起相位变化的检修之后的合环操作，均要进行定相，合环之后，各电气设备不应过负荷。

进行解环操作时，首先应满足的条件是，解环后各电气设备不应过负荷。

合环或解环操作一般均应使用断路器进行。

5. 仅有熔断器和隔离开关（或刀开关）电路的操作原则

送电，先投入熔断器（FU），后合隔离开关（QS）。停电操作顺序相反。

6. 允许用隔离开关进行下列操作

（1）接通和断开无故障的电压互感器和避雷器。

（2）接通或断开变压器的中性点接地。

（3）接通或断开励磁电流不超过 2A 的空载变压器及电容电流不超过 5A 的空载线路（10.5kV 以下）。

（4）接通或断开无故障母线和直接连在母线上设备的电容电流。

（5）可以根据等电位原理利用隔离开关进行母线间切换的倒闸操作。

7. 其他原则

（1）必须使用断路器切断或接通回路电流。

（2）拉合隔离开关前检查断路器在开位，防止出现带负荷拉合隔离开关的事故发生。

（3）电气设备不允许无保护运行。

（4）对于自动重合闸、备用电源自动投入装置、强励装置在送电后投入，停电前退出。

（三）操作断路器和隔离开关的基本要求

1. 操作断路器的基本要求

（1）不允许带电手动合闸。

（2）遥控操作断路器时，不得用力过猛，以防损坏控制开关，也不得返回太快，以保证断路器的足够合、断时间。

（3）断路器操作后，应检查有关表计和信号的指示，以判断断路器动作的正确性，同时到现场检查断路器实际开合位置。

2. 操作隔离开关的基本要求

（1）手动合隔离开关时，必须迅速果断，但在合到底时不得用力过猛，以防合过头损坏支持绝缘子。在合闸时，动、静触头刚刚接触时，如发生弧光，则应将隔离开关快速合上。隔离开关一经操作，不得再拉开。因为带负荷拉开隔离开关，会使弧光扩大，造成设备更大的损坏。

（2）在手动拉开隔离开关时，应缓慢。特别是刀片刚离开刀嘴时，如发生电弧，应立即合上，停止操作。

（3）经操作后的隔离开关，必须检查隔离开关的开、合位置。

（四）防止误操作的措施

操作前“三对照”，操作中坚持“三禁止”，操作后坚持复查，整个操作要贯彻“五不干”。

1. “三对照”

（1）对照操作任务，运行方式，由操作人填写操作票。

(2) 对照电气模拟系统图审查操作票并预演。

(3) 对照设备编号无误后再进行操作。

2. “三禁止”

(1) 禁止操作人、监护人一起操作。

(2) 禁止有疑问盲目操作。

(3) 禁止边操作边做与其无关的工作。

3. “五不干”

(1) 操作任务不清不干。

(2) 应用操作票,无操作票不干。

(3) 操作票不合格不干。

(4) 无监护人不干。

(5) 设备编号不清不干。

技能训练篇

单元十一　线路倒闸操作

一、线路停电操作

线路停送电一般应遵守以下操作原则：

（1）停电前，应先将线路的负荷（包括 T 接负荷）倒由备用电源带；对于联络线或双回线，调度要事先调整好潮流再拉断路器，免得过负荷或电压异常波动。

（2）停电、送电操作的规定。

1）单回线停电：先断重合闸，后拉断路器；先拉线路侧隔离开关，后拉母线侧隔离开关。单回线送电操作顺序与停电时相反。

2）双回线停电：断开重合闸，先拉发电厂侧断路器，后拉变电站侧断路器。先拉线路侧隔离开关，后拉母线侧隔离开关；将横联差动保护跳运行线路的跳闸连接片断开。双回线送电操作顺序与停电时相反；送电后，待两条线路电流相等，再将线路重合闸及横联差动保护的跳闸连接片投入。

3）超高压带有并联电抗器的线路停电；先拉线路断路器，后拉电抗器断路器。送电操作顺序与停电时相反。

4）更改消弧线圈分接头，应在线路停电后进行。

（3）只有停电线路两端的断路器、隔离开关均拉开后，并经验电确无电压，方可在线路上挂地线（或合接地开关），做安全措施。送电前，所有单位（发电厂、变电站、线路、用户）均报告完工后，调度方可下令拆地线（或拉接地开关），拆安全措施，准备送电。

二、线路停电拉合线路隔离开关顺序

只要断路器可靠地断开，操作人员保证不走错间隔，无论先操作哪一组隔离开关都是安全的。规定先后操作顺序，主要是考虑万一断路器未断开，发生隔离开关带负荷拉闸后的影响及事故处理问题。同时兼顾操作人员长期在倒闸操作中形成的习惯：停电，先从负荷侧开始操作；送电，先从电源侧开始操作。

1. 停电先拉线路侧隔离开关 QS2

当线路停电时，如断路器 QF1 未拉开，先断开 QS2，等于带负荷拉隔离开关，则故障点 k_1 在线路上（即 QS2 隔离开关处），如图 11-1（a）所示。可以利用本线路的保护跳开 QF1，切除故障点。此时，不影响其他设备运行。

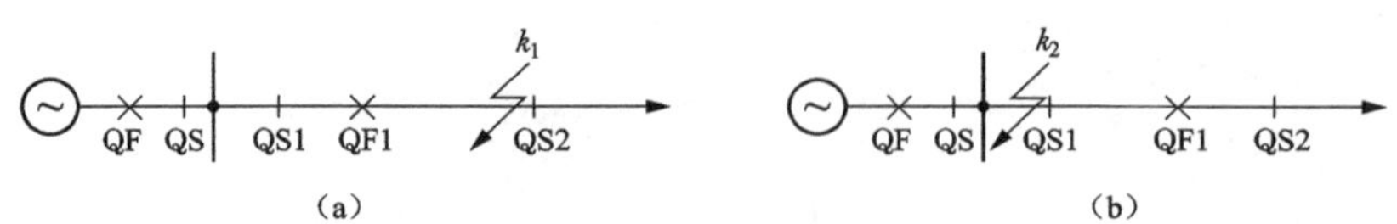

图 11-1　带负荷拉隔离开关故障示意图

（a）先拉线路侧隔离开关；（b）先拉母线侧隔离开关

如果线路保护或 QF1 拒动不能切除故障点，虽引起越级使电源侧断路器 QF 跳闸，造成母线全停（双母线，装有线路断路器失灵保护的，只影响一条母线的运行）。但只要拉开母线隔离关 QS1 即可隔离故障点，恢复送电时不需要倒母线。操作少，恢复送电所需时间短，事故处理快。

2. 停电先拉母线侧隔离开关 QS1

如断路器 QF1 未拉开，则带负荷拉开 QS1，则故障点 k_2 在 QS1 隔离开关处，即在母线上，如图 11-1（b）所示，母线差动保护可以切除故障点。恢复母线送电时，对于单母线只有甩开 QS1 的引线，才能隔离故障恢复送电；对于双母线，倒母线后才能给故障母线上的其他停电设备送电。使操作步骤多，停电时间长，事故处理麻烦。

同理，线路送电如断路器在合位，发生隔离开关带负荷合闸，先合 QS1，后合 QS2，故障点也在线路上，对事故处理及恢复送电也都比较有利。

三、双回线送电的规定

（1）双回线路送电时先由变电站侧向线路充电比先由发电厂侧向线路充电好。

实践证明：万一线路有故障（或接地线未拆送电），当保护或断路器拒动时，事故停电的范围小，同时，因系统阻抗大，短路电流小，母线残压高，对非故障部分影响小。

（2）双回线两端都是电源向线路充电的情况。此时，双回线其中一回线送电究竟先由哪一侧充电好，应综合考虑：

1）选择充电时如线路有故障对运行系统稳定影响小的一侧充电。

2）选择重要性比较低的变电站一侧充电。

3）选择断路器拒动时对系统损失小的一侧充电。

4）选择充电时对系统冲击、影响小的一侧充电。

5）选择需要同期并列时，容易调整，操作简单的一侧充电。

四、旁路断路器带路的操作

1. 操作前应考虑的问题

（1）为了保持双母线的标准运行方式，被带线路原来在哪条母线运行，旁路断路器 QFP 就应放在哪条母线上。同时，使旁路断路器的母线差动保护交直流回路及跳闸连接片与该母线相对应。

（2）母联兼旁路接线方式，应把母线倒成单母线，并正确连接母差电流互感器极性及保护连接片。

（3）不允许用旁路隔离开关首先给旁路母线充电，应使用投入了充电保护的旁路断路器给旁路母线充电，以防止断路器在合闸位置时带旁路母线故障合旁路隔离开关。

（4）充电无故障后，退出旁路充电保护，投入旁路断路器的保护，应按被带线路的保护定值整定好，并切换相关保护的交直流回路及保护连接片。另外，重合闸装置是否投入、采取何种检定方式，这些均由系统调度决定。

（5）对 220kV 及以上断路器或装有高频保护的断路器进行旁带操作必须按单项命令执行，其原因是因为超高压电网均采用高频保护，线路两侧高频保护的停止必须两侧同时进行，在时间差内若相邻线路和设备发生故障，则未退出高频保护的断路器就会误动或误发信号，造成事故范围扩大。

2. 用旁路带线路负荷的切换方法

（1）操作方法：等电位法、转移法。

（2）操作中的注意事项：拉操作直流。

五、线路重合闸的使用及配合

线路同期检定重合闸接线如图 11-2 所示。

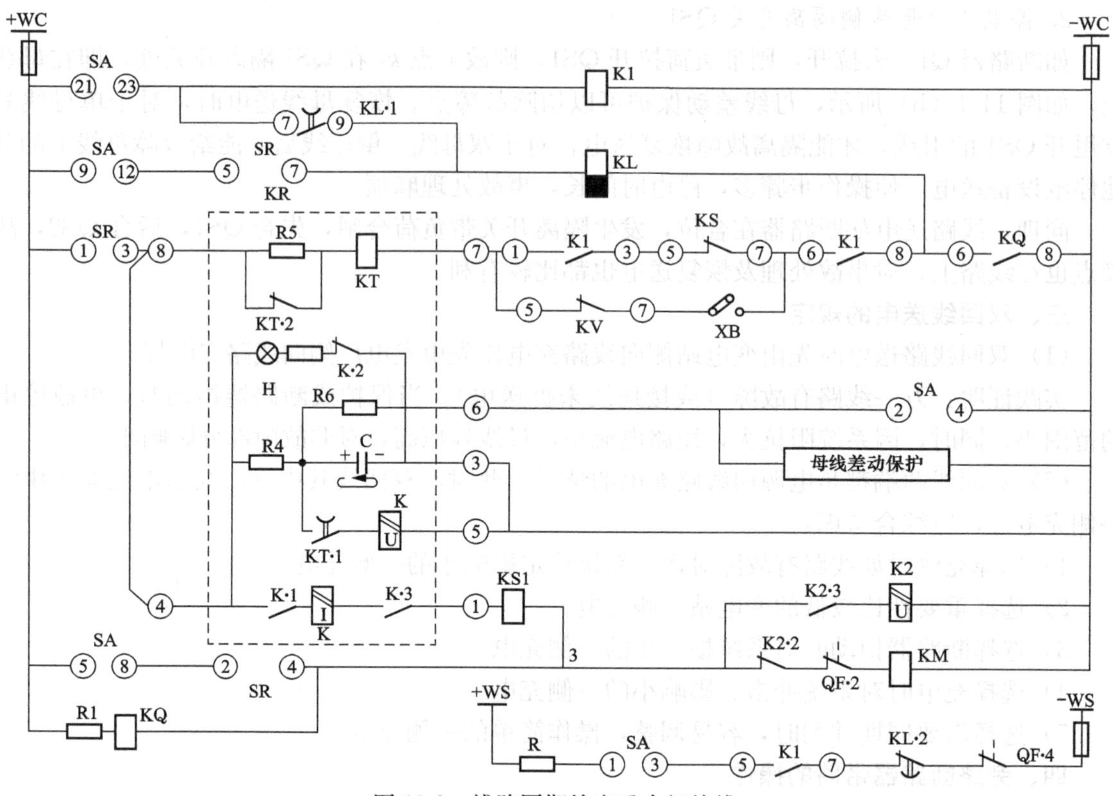

图 11-2 线路同期检定重合闸接线

1. 线路操作时重合闸的使用

线路停电前要断开重合闸断路器 SR，其目的是：

(1) 为线路恢复送电提前进行的准备操作。如果 SR 不断开，对于装有同期检定重合闸的断路器，线路送电时，因 SR 的触点 2-4 未接通，虽 SA 的触点 5-8 接通，却不能合闸。

(2) 如果重合闸的放电回路有故障（R6 断线，或 SA 的触点 2-4 接触不良），停电时拉 SA，重合闸电容器 C 将不能放电，线路带重合闸送电，如断路器跳闸（多为接地线未拆除的人为故障），将造成不必要的重合。

2. 重合闸投入的配合

(1) 断路器遮断容量（电流）必须配合。在电网实际的运行方式下，断路器的遮断容量（电流）必须满足切断故障后再进行一次重合的要求。

(2) 线路重合闸之间检定方式必须配合。对于单电源线路或电流检定的双回线，其重合闸无需配合；对于双电源采用无压检定或同期检定的重合闸，其检定方式要正确配合，以免发生拒动或非同期重合。现分以下三种情况加以说明：

1) 错误的配合（非同期重合）。图 11-3 (a) 中，按“无压—同期—同期—无压”配合。k 点故障时 QF3 拒动，QF1、QF4 跳闸，因线路上无电压，造成 QF1、QF4 的无压检定重合闸装置同时启动，使两系统发生非同期重合闸。

2) 错误的配合（非同期重合）。图 11-3 (b) 中，按“同期—无压—无压—同期”配合。

k 点故障时 QF3 拒动，QF1、QF4 将跳闸，因线路上无电压，QF1、QF4 的同期检定重合闸不能启动，产生拒动。

3）正确的配合。图 11-3（c）中，按“无压—同期—无压—同期”或“同期—无压—同期—无压”配合。不管在什么情况下都不会发生错误动作，且总是投无压检定的断路器先重合，投同期检定的断路器后重合。

（3）重合闸装置的动作与继电保护装置的后加速必须配合。一般情况，线路的重合闸装置投入的同时，其继电保护装置的后加速连接片均应投入，一旦重合于永久性故障上，后备保护可加速动作，跳开断路器，以减少事故的影响。

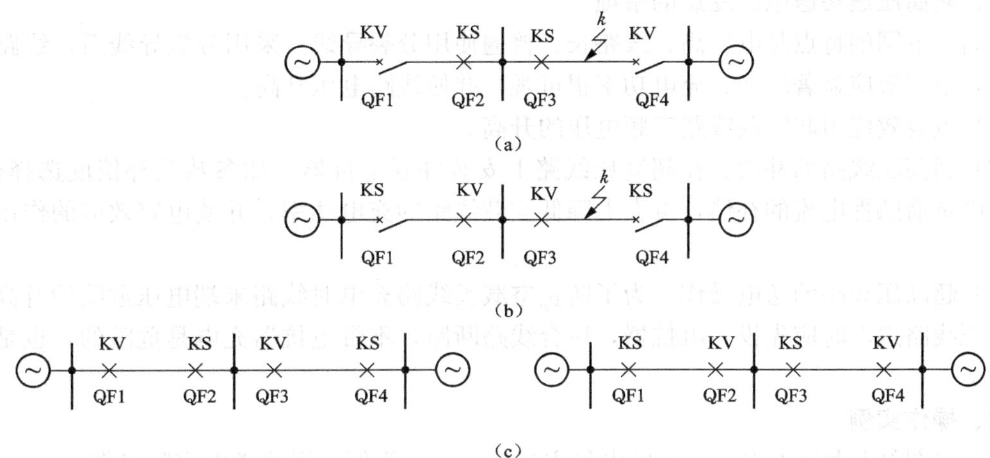

图 11-3　重合闸检定方式的配合

（KV 为无压，KS 为同期）

（a）错误配合（非同期重合）；（b）错误配合（非同期重合）；（c）正确配合

（4）重合闸的重合方式必须配合。联络线两侧的重合闸装置必须具备相同的重合方式。例如，都投单相重合或都投三相重合。

（5）与主设备的运行要求相配合。三相快速重合闸装置对大机组轴系寿命的潜在威胁很大。因此，与发电厂相连的线路，禁止使用三相快速重合闸装置。单相快速重合闸装置对机组寿命影响较小，允许投入使用。

3. 线路重合闸装置的停用

运行中，如果重合闸装置继续投入，可能危及设备安全或产生错误重合时，则必须将其停用。一般包括以下几种情况：

（1）断路器的开断能力不足时。

1）系统短路容量（电流）增加，断路器的开断能力满足不了一次重合的要求时。

2）气体断路器或少油断路器的气压或油压降低到不允许重合的数值时（设计上应考虑自动闭锁重合闸）。

（2）断路器事故跳闸次数已接近厂家规定的允许值，继续投入重合闸装置，重合失败将超过规定值时。

（3）设备异常或检修影响重合闸装置正确动作时：

1）重合闸装置检定回路断线时。无压检定或同期检定的电压抽取装置（电压互感器）

二次电压不正常，为防止误重合，应停用重合闸装置。

2）断路器的合闸动力电源系统或空气断路器的供气系统进行检修时。

3）断路器发生异常、禁止跳闸，机构卡死时。

(4) 运行方式发生变化重合闸装置不能正常工作时。例如，双母线母联断路器断开分母线运行，双回线各占一条母线，此时线路跳闸后电流检定已不能证明两线路同期，故重合闸装置应停用。

(5) 断路器进行合闸或试验时，不断开重合闸装置，对于装有同期检定重合闸的线路，断路器将不能合闸，因 SR 的触点 2-4 断开了合闸回路。

六、超高压线路送电应注意的事项

超高压电网的特点是电压高、线路长、普遍使用分裂导线。采用分裂导线后，线路空载充电时，电容效应显著增加、充电功率很可观，并使线路电压升高。

(1) 电容效应引起空载线路工频电压的升高。

(2) 超高压线路的补偿。在超高压线路上安装并联电抗器，如参数及补偿度选择得当，则通过电抗器感性电流的补偿，可大大降低空载线路的充电功率，并使电容效应的作用得到控制。

(3) 超高压线路的送电操作。为了防止空载长线路充电时线路末端电压危险的升高，要求超高压线路送电时应先投入电抗器，后合线路断路，不带电抗器充电是危险的，也是不允许的。

七、操作实例

(1) 以图 2-1 大型火力发电厂的电气主接线（一）为例，甲线送电实际操作。

<table>
<tr><td colspan="4" rowspan="2">××发电公司电气操作票</td><td colspan="2">版次：01</td><td colspan="2">页数：</td></tr>
<tr><td colspan="4">编号：DQ-201401-1001</td></tr>
<tr><td colspan="3" rowspan="2">操作时间</td><td>开始</td><td colspan="2">____年___月___日___时___分</td><td colspan="2" rowspan="2">已执行</td></tr>
<tr><td>结束</td><td colspan="2">____年___月___日___时___分</td></tr>
<tr><td colspan="3">操作任务</td><td colspan="5">甲线送电</td></tr>
<tr><td>模拟</td><td>执行</td><td>序号</td><td colspan="3">操作项目</td><td>时</td><td>分</td></tr>
<tr><td></td><td></td><td>1</td><td colspan="3">得值长令，甲线送电</td><td></td><td></td></tr>
<tr><td></td><td></td><td>2</td><td colspan="3">拉开甲线出口 22516 隔离开关侧 225167 接地隔离开关</td><td></td><td></td></tr>
<tr><td></td><td></td><td>3</td><td colspan="3">检查甲线出口 22516 隔离开关侧 225167 接地隔离开关分位良好</td><td></td><td></td></tr>
<tr><td></td><td></td><td>4</td><td colspan="3">拉开甲线Ⅰ母线 22511 隔离开关侧 225117 接地隔离开关</td><td></td><td></td></tr>
<tr><td></td><td></td><td>5</td><td colspan="3">检查甲线Ⅰ母线 22511 隔离开关侧 225117 接地隔离开关分位良好</td><td></td><td></td></tr>
<tr><td></td><td></td><td>6</td><td colspan="3">按调度令拉开甲线出口 22516 隔离开关线路侧 2251617 接地隔离开关</td><td></td><td></td></tr>
<tr><td></td><td></td><td>7</td><td colspan="3">检查甲线出口 22516 隔离开关线路侧 2251617 接地隔离开关分位良好</td><td></td><td></td></tr>
<tr><td></td><td></td><td>8</td><td colspan="3">检查 220kV Ⅱ母线共三组接地开关确已拉开，所有措施确已拆除，全回路良好，符合送电条件</td><td></td><td></td></tr>
<tr><td></td><td></td><td>9</td><td colspan="3">检查甲线测控装置电源投入，面板显示正常</td><td></td><td></td></tr>
<tr><td></td><td></td><td>10</td><td colspan="3">检查甲线测控装置合 2251 断路器连接片在投入</td><td></td><td></td></tr>
<tr><td></td><td></td><td>11</td><td colspan="3">检查甲线测控装置分 2251 断路器连接片在投入</td><td></td><td></td></tr>
<tr><td></td><td></td><td>12</td><td colspan="3">检查甲线测控装置 22511 隔离开关控制连接片在投入</td><td></td><td></td></tr>
<tr><td></td><td></td><td>13</td><td colspan="3">检查甲线测控装置 22512 隔离开关控制连接片在投入</td><td></td><td></td></tr>
</table>

续表

模拟	执行	序号	操作项目	时	分
		14	检查甲线测控装置 22516 隔离开关控制连接片在投入		
		15	检查甲线测控装置 2251 断路器同期/非同期切换连接片在“同期”位置		
		16	检查甲线测控装置 2251 断路器远方/就地切换开关在“远方”位置		
		17	检查甲线第Ⅰ套微机保护检修工作结束，交代可以检查运行		
		18	检查甲线第Ⅰ套微机保护直流电源断路器在投入		
		19	打印甲线第Ⅰ套保护定值，与调度校验无误		
		20	检查甲线Ⅰ套微机保护差动保护 1LP21 连接片在投入		
		21	检查甲线Ⅰ套微机保护距离Ⅰ段 1LP22 连接片在投入		
		22	检查甲线Ⅰ套微机保护距离Ⅱ段、Ⅲ段 1LP23 连接片在投入		
		23	检查甲线Ⅰ套微机保护零序Ⅰ段 1LP24 连接片在投入		
		24	检查甲线Ⅰ套微机保护零序其他段 1LP25 连接片在投入		
		25	检查甲线Ⅰ套微机保护零序反时限 1LP26 连接片在退出		
		26	检查甲线Ⅰ套微机保护重合闸长延时 1LP27 连接片在退出		
		27	检查甲线Ⅰ套微机保护闭锁远方操作 1LP28 连接片在退出		
		28	检查甲线Ⅰ套微机保护检修状态投入 1LP29 连接片在退出		
		29	检查甲线Ⅰ套微机保护一组远传命令 1 1LP17 连接片在退出		
		30	检查甲线Ⅰ套微机保护一组远传命令 2 1LP18 连接片在退出		
		31	检查甲线Ⅰ套微机保护二组远传命令 1 1LP19 连接片在退出		
		32	检查甲线Ⅰ套微机保护二组远传命令 2 1LP20 连接片在退出		
		33	检查甲线Ⅰ套微机保护远方跳闸 LP1 连接片在投入		
		34	检查甲线Ⅰ套微机保护跳 A 相跳闸出口Ⅰ 1LP1 连接片在投入		
		35	检查甲线Ⅰ套微机保护跳 B 相跳闸出口ⅠⅠ 1LP2 连接片在投入		
		36	检查甲线Ⅰ套微机保护跳 C 相跳闸出口Ⅰ 1LP3 连接片在投入		
		37	检查甲线Ⅰ套微机保护三相跳闸出口Ⅰ 1LP4 连接片在投入		
		38	检查甲线Ⅰ套微机保护永跳出口Ⅰ 1LP5 连接片在投入		
		39	检查甲线Ⅰ套微机保护重合闸出口 1LP14 连接片在投入		
		40	检查甲线Ⅰ套微机保护重合闸方式切换把手在“单重”位置		
		41	检查所有甲线Ⅰ套微机保护连接片使用正确，保护面板显示正常		
		42	检查甲线第Ⅱ套微机保护检修工作结束，交代可以检查运行		
		43	检查甲线第Ⅱ套微机保护直流电源断路器在投入		
		44	打印甲线第Ⅱ套保护定值，与调度校验无误		
		45	检查甲线Ⅱ套微机保护差动保护 1LP21 连接片在投入		
		46	检查甲线Ⅱ套微机保护距离Ⅰ段 1LP22 连接片在投入		
		47	检查甲线Ⅱ套微机保护距离Ⅱ段、Ⅲ段 1LP23 连接片在投入		
		48	检查甲线Ⅱ套微机保护零序Ⅰ段 1LP24 连接片在投入		
		49	检查甲线Ⅱ套微机保护零序其他段 1LP25 连接片在投入		
		50	检查甲线Ⅱ套微机保护零序反时限 1LP26 连接片在退出		
		51	检查甲线Ⅱ套微机保护重合闸长延时 1LP27 连接片在退出		
		52	检查甲线Ⅱ套微机保护闭锁远方操作 1LP28 连接片在退出		
		53	检查甲线Ⅱ套微机保护检修状态投入 1LP29 连接片在退出		
		54	检查甲线Ⅱ套微机保护一组远传命令 1 1LP17 连接片在退出		
		55	检查甲线Ⅱ套微机保护一组远传命令 2 1LP18 连接片在退出		

续表

模拟	执行	序号	操作项目	时	分
		56	检查甲线Ⅱ套微机保护二组远传命令 1 1LP19 连接片在退出		
		57	检查甲线Ⅱ套微机保护二组远传命令 2 1LP20 连接片在退出		
		58	检查甲线Ⅱ套微机保护远方跳闸 LP1 连接片在投入		
		59	检查甲线Ⅱ套微机保护跳 A 相跳闸出口Ⅱ1LP1 连接片在投入		
		60	检查甲线Ⅱ套微机保护跳 B 相跳闸出口Ⅱ1LP2 连接片在投入		
		61	检查甲线Ⅱ套微机保护跳 C 相跳闸出口Ⅱ1LP3 连接片在投入		
		62	检查甲线Ⅱ套微机保护三相跳闸出口Ⅱ1LP4 连接片在投入		
		63	检查甲线Ⅱ套微机保护永跳出口Ⅱ1LP5 连接片在投入		
		64	检查甲线Ⅱ套微机保护重合闸出口 1LP14 连接片在退出		
		65	检查甲线Ⅱ套微机保护重合闸方式切换把手在"单重"位置		
		66	检查所有甲线Ⅱ套微机保护连接片使用正确，保护面板显示正常		
		67	检查甲线 2251 断路器操作屏电源Ⅰ断路器在投入		
		68	检查甲线 2251 断路器操作屏电源Ⅱ断路器在投入		
		69	检查甲线操作屏电源投入良好，面板显示正常		
		70	投入甲线Ⅰ套微机保护启动失灵出口 1LP11 连接片		
		71	投入甲线Ⅱ套微机保护启动失灵出口 1LP11 连接片		
		72	投入甲线操作屏启动失灵 8LP 连接片		
		73	投入甲线操作屏三跳启动失灵 4LP1 连接片		
		74	投入 220kV 母差保护跳甲线 2251 断路器第一组线圈 6LP 连接片		
		75	投入 220kV 母差保护跳甲线 2251 断路器第二组线圈 24LP 连接片		
		76	投入 220kV 失灵保护跳甲线 2251 断路器第一组线圈 1LP16 连接片		
		77	投入 220kV 失灵保护跳甲线 2251 断路器第二组线圈 1LP36 连接片		
		78	投入 220kV 失灵保护甲线启动失灵 1LP56 连接片		
		79	检查甲线 2251 隔离开关组操作电源在投入，选择开关"远方"位置		
		80	合上甲线 2251 断路器 A 相柜内储能电机电源断路器		
		81	检查甲线 2251 断路器 A 相柜温湿度断路器在合位		
		82	合上甲线 2251 断路器 B 相柜内储能电机电源断路器		
		83	检查甲线 2251 断路器 B 相柜内温湿度断路器在合位		
		84	检查甲线 2251 断路器 B 相柜内控制 SB1、SB2、SB3 断路器在"0"位置		
		85	检查甲线 2251 断路器 B 相柜内选择开关 ST4 在"主分"位置		
		86	检查甲线 2251 断路器 B 相柜内选择开关 STP 在"远控"位置		
		87	合上甲线 2251 断路器 C 相柜内储能电机电源断路器		
		88	检查甲线 2251 断路器 C 相柜内温湿度断路器在合位		
		89	检查甲线 2251 断路器油压正常（A：MPa；B：MPa；C：MPa）		
		90	检查甲线 2251 断路器气压正常（A：MPa；B：MPa；C：MPa）		
		91	检查甲线 2251 断路器三相在开位		
		92	检查甲线 22511 隔离开关分位良好		
		93	合上甲线 22512 隔离开关		
		94	检查甲线 22512 隔离开关合位良好		
		95	按调度令合上甲线线路出口 22516 隔离开关		
		96	检查甲线出口 22516 隔离开关合位良好		
		97	合上甲线线路 TV 二次断路器		

续表

模拟	执行	序号	操作项目	时	分
		98	打印甲线Ⅰ套微机保护采样定值，核对相序正确		
		99	打印甲线Ⅱ套微机保护采样定值，核对相序正确		
		100	检查甲线 NCS 系统电压切换正常，信号指示正确		
		101	按调度令，以检同期方式合上甲线 2251 断路器		
		102	检查甲线送电良好，电流（A 相　A；B 相　A；C 相　A）正常		
		103	复归 220kV 母差保护屏“开入变位”等信号，检查保护运行正常		
		104	合上甲线振荡解列装置Ⅰ 12LP 连接片		
		105	合上甲线振荡解列装置Ⅱ 32LP 连接片		
		106	检查 NCS 系统显示与设备实际位置一致		
		107	汇报值长，甲线送电结束		

操作人：＿＿＿＿＿　监护人：＿＿＿＿＿　值班负责人：＿＿＿＿＿　值长：＿＿＿＿＿

（2）以图 2-1 大型火力发电厂的电气主接线（一）为例，甲线停电实际操作。

××发电公司电气操作票			版次：01	页数：	
			编号：DQ-201401-1001		
操作时间	开始	＿＿＿＿年＿＿月＿＿日＿＿时＿＿分		已执行	
	结束	＿＿＿＿年＿＿月＿＿日＿＿时＿＿分			
操作任务	甲线停电				

模拟	执行	序号	操作项目	时	分
		1	得值长令，甲线停电		
		2	检查甲线负荷电流指示为零		
		3	按调度令拉开甲线 2251 断路器		
		4	检查甲线 2251 断路器三相均在开位		
		5	拉开甲线 2251 断路器 A 相柜内储能电机电源断路器		
		6	拉开甲线 2251 断路器 B 相柜内储能电机电源断路器		
		7	拉开甲线 2251 断路器 C 相柜内储能电机电源断路器		
		8	按调度令拉开甲线出口 22516 隔离开关		
		9	检查甲线出口 22516 隔离开关分位良好		
		10	检查甲线 22511 隔离开关分位良好		
		11	拉开甲线 22512 隔离开关		
		12	检查甲线 22512 隔离开关分位良好		
		13	拉开甲线线路 TV 二次断路器		
		14	拉开甲线隔离开关组操作电源断路器		
		15	退出甲线第Ⅰ套微机保护启动失灵出口 1LP11 连接片		
		16	退出甲线第Ⅱ套微机保护启动失灵出口 1LP11 连接片		
		17	退出甲线操作屏启动失灵 8LP 连接片		
		18	退出甲线操作屏三跳启动失灵 4LP1 连接片		
		19	退出 220kV 母差保护跳甲线 2251 断路器第一组线圈 6LP 连接片		

续表

模拟	执行	序号	操作项目	时	分
		20	退出 220kV 母差保护跳甲线 2251 断路器第二组线圈 24LP 连接片		
		21	退出 220kV 失灵保护跳甲线 2251 断路器第一组线圈 1LP16 连接片		
		22	退出 220kV 失灵保护跳甲线 2251 断路器第二组线圈 1LP36 连接片		
		23	退出 220kV 失灵保护甲线启动失灵 1LP56 连接片		
		24	拉开甲线第Ⅰ套微机保护直流电源断路器		
		25	拉开甲线第Ⅱ套微机保护直流电源断路器		
		26	拉开甲线 2251 断路器操作屏电源Ⅰ断路器		
		27	拉开甲线 2251 断路器操作屏电源Ⅱ断路器		
		28	退出甲线振荡解列装置Ⅰ 12LP 连接片		
		29	退出甲线振荡解列装置Ⅱ 32LP 连接片		
		30	在甲线 22511 隔离开关侧三相验电确无电压		
		31	合上甲线 22511 隔离开关侧 225117 接地隔离开关		
		32	检查甲线 22511 隔离开关侧 225117 接地隔离开关合位良好		
		33	在甲线出口 22516 隔离开关侧三相验电确无电压		
		34	合上甲线出口 22516 隔离开关侧 225167 接地隔离开关		
		35	检查甲线出口 22516 隔离开关侧 225167 接地隔离开关合位良好		
		36	在甲线出口 22516 隔离开关线路侧三相验电确无电压		
		37	按调度令合上甲线出口 22516 隔离开关线路侧 2251617 接地隔离开关		
		38	检查白通甲线出口 22516 隔离开关线路侧 2251617 接地隔离开关合位良好		
		39	检查 NCS 系统显示与设备实际位置一致		
		40	汇报值长，甲线停电操作结束		

操作人：________ 监护人：________ 值班负责人：________ 值长：________

单元十二　母线倒闸操作

一、母线倒闸操作的一般原则

（1）倒母线必须先合入母联断路器，切断其控制回路电源，以保证母线隔离开关在并、解列时满足等电位操作的要求。

（2）在母线隔离开关的合、拉过程中，如可能发生较大火花时，应依次先合靠母联断路器最近的母线隔离开关；拉闸的顺序则与其相反。尽量减小操作母线隔离开关时的电位差。

（3）拉母联断路器前，母联断路器的电流表应指示为零；同时，母线隔离开关辅助触点、位置指示器应切换正常。以防"漏"倒设备，或从母线电压互感器二次侧反充电，引起事故。

（4）倒母线的过程中，母线差动保护的工作原理如不遭到破坏，一般均应投入运行。同时，应考虑母线差动保护非选择性断路器的拉、合及低电压闭锁母线差动保护连接片的切换。

（5）母联断路器因故不能使用，必须用母线隔离开关拉、合空载母线时，应先将该母线电压互感器二次侧断开（取下熔断器或断开低压断路器），防止运行母线的电压互感器熔断器熔断或低压断路器跳闸。

（6）其他注意事项：

1）禁止将检修中的设备或未正式投运设备的母线隔离开关合入。

2）禁止用分段断路器（串有电抗器）代替母联断路器进行充电或倒母线。

3）当拉开工作母线隔离开关后，若发现合入的备用母线隔离开关接触不好、放弧，应立即将拉开的隔离开关再合入，并查明原因。

4）停电母线的电压互感器所带的保护（如低电压、低频、阻抗保护等），如不能提前切换到运行母线的电压互感器上供电，则事先应将这些保护停用，并断开跳闸连接片。

二、倒母线操作时对母联断路器的要求

倒母线操作时除检查母联断路器在合位外，还应将母联断路器的直流控制回路电源断开，其目的主要为了防止母联断路器在倒母线过程中误跳开。如果不将母联断路器直流控制回路电源断开，由于某种原因（误操作、保护动作或直流两点接地），使母联断路器断开，两条母线的电压$U_{W1} \neq U_{W2}$。此时合第一组母线隔离开关或拉最后一组母线隔离开关，实质上就是用母线隔离开关，对两母线系统环路的并列或解列。

倒母线实现等电位操作必备的重要安全技术措施有：

（1）合母联断路器。

（2）断开母联断路器直流控制回路电源。

（3）检查母联断路器是否合好。

三、倒母线操作时母线隔离开关的合拉顺序

倒母线要考虑母线隔离开关的合拉顺序，在母线的电源容量相同的情况下，额定电压低的工作电流大，故母线压降也大。现场中母联断路器安装在母线全长约$\frac{1}{2}$处。离母联断路器

越近，电压差越小，反之亦然。

为了减小倒母线时的电压差，设计母线时已采取多种均压措施：将母联断路器布置在母线的中间位置或大电源的旁边；将母线封闭成环状；室内备用母线增加均压带等。

四、倒母线时隔离开关操作方法

（1）合上一组备用的母线隔离开关之后，就立刻拉开相应一组工作的母线隔离开关。

（2）把全部备用的母线隔离开关合好后，再拉开全部工作的母线隔离开关。

原则上说，这两种方法都可以采用。但绝大多数发电厂、变电站都采用第二种操作方法。

五、母线停电拉母联断路器的注意事项

（1）对要停电的母线再检查一次，确认设备已全部倒至运行母线上，防止因“漏”倒引起停电事故。

（2）拉母联断路器前，检查母联断路器电流表应指示为零；拉母联断路器后，检查停电母线的电压表应指示零。

六、向空母线送电应注意的问题

（1）母线为大电流接地系统，电源中性点必须接地。

（2）如有可能，尽量采用对空母线由零起升压。

七、操作实例

（1）以图 2-1 大型火力发电厂的电气主接线（一）为例，220kV Ⅰ母线送电实际操作。

××发电公司电气操作票					版次：01　　页数： 编号：DQ-201401-1001	
操作时间			开始	____年___月___日___时___分	已执行	
			结束	____年___月___日___时___分		
操作任务			220kV Ⅰ母线送电			
模拟	执行	序号	操作项目		时	分
		1	得值长令，220kV Ⅰ母线送电			
		2	拉开 220kV Ⅰ母线 2127 接地隔离开关			
		3	检查 220kV Ⅰ母线 2127 接地隔离开关分位良好			
		4	拉开 220kV Ⅰ母线 2117 接地隔离开关			
		5	检查 220kV Ⅰ母线 2117 接地隔离开关分位良好			
		6	拉开 220kV 母联 22122 隔离开关侧 221227 接地隔离开关			
		7	检查 220kV 母联 22122 隔离开关侧 221227 接地隔离开关分位良好			
		8	拉开 220kV 母联 22121 隔离开关侧 221217 接地隔离开关			
		9	检查 220kV 母联 22121 隔离开关侧 221217 接地隔离开关分位良好			
		10	拉开 220kV Ⅰ母线 PT219 隔离开关 TV 侧 2197 接地隔离开关			
		11	检查 220kV Ⅰ母线 PT219 隔离开关 TV 侧 2197 接地隔离开关分位良好			
		12	检查 220kV Ⅰ母线共五组接地开关确已拉开，全回路良好，所有措施确已拆除，符合送电条件			
		13	检查 220kV 母联测控装置电源投入，面板显示正常			
		14	检查 220kV 母联测控装置合 2212 断路器连接片在投入			
		15	检查 220kV 母联测控装置分 2212 断路器第一组线圈连接片在投入			

续表

模拟	执行	序号	操作项目	时	分
		16	检查 220kV 母联测控装置分 2212 断路器第二组线圈连接片在投入		
		17	检查 220kV 母联测控装置 22121 隔离开关控制连接片在投入		
		18	检查 220kV 母联测控装置 22122 隔离开关控制连接片在投入		
		19	检查 220kV 母联测控装置 2212 断路器同期/非同期切换连接片在"同期"位置		
		20	检查 220kV 母联测控装置 2212 断路器远方/就地切换开关在"远方"位置		
		21	检查 220kV 母线测控装置Ⅰ线母 TV 隔离开关 1G 控制连接片在投入		
		22	检查 220kV 母线测控装置Ⅱ线母 TV 隔离开关 1G 控制连接片在投入		
		23	检查 220kV 母联断路器辅助保护装置所有连接片已拆除		
		24	投入 220kV 母差保护Ⅰ屏跳母联第一组线圈 1LP 连接片		
		25	投入 220kV 母差保护Ⅱ屏跳母联第二组线圈 19LP 连接片		
		26	投入 220kV 失灵保护屏跳母联第一组线圈 1LP11 连接片		
		27	投入 220kV 失灵保护屏跳母联第二组线圈 1LP31 连接片		
		28	投入 220kV 失灵保护屏母联启动失灵 1LP51 连接片		
		29	投入 1 号发电机—变压器组 A 柜跳母联 2212 断路器第一组线圈 13XB 连接片		
		30	投入 1 号发电机—变压器组 A 柜跳母联 2212 断路器第二组线圈 14XB 连接片		
		31	投入 1 号发电机—变压器组 B 柜跳母联 2212 断路器第一组线圈 13XB 连接片		
		32	投入 1 号发电机—变压器组 B 柜跳母联 2212 断路器第二组线圈 14XB 连接片		
		33	投入 2 号发电机—变压器组 A 柜跳母联 2212 断路器第一组线圈 13XB 连接片		
		34	投入 2 号发电机—变压器组 A 柜跳母联 2212 断路器第二组线圈 14XB 连接片		
		35	投入 2 号发电机—变压器组 B 柜跳母联 2212 断路器第一组线圈 13XB 连接片		
		36	投入 2 号发电机—变压器组 B 柜跳母联 2212 断路器第二组线圈 14XB 连接片		
		37	投入高压备用变压器 A 柜跳母联 2212 断路器第一组线圈 09XB 连接片		
		38	投入高压备用变压器 A 柜跳母联 2212 断路器第二组线圈 10XB 连接片		
		39	投入高压备用变压器 B 柜跳母联 2212 断路器第一组线圈 09XB 连接片		
		40	投入高压备用变压器 B 柜跳母联 2212 断路器第二组线圈 10XB 连接片		
		41	检查 220kV Ⅰ母线所有保护投入正确		
		42	检查 2 号主变压器 22021 隔离开关操作电源断路器在合位		
		43	检查 2 号主变压器 22021 隔离开关选择开关在"远方"位置		
		44	检查甲线 22511 隔离开关操作电源开关在合位		
		45	检查甲线 22511 隔离开关选择开关在"远方"位置		
		46	检查高压备用变压器 22001 隔离开关操作电源断路器在合位		
		47	检查高压备用变压器 22001 隔离开关选择开关在"远方"位置		
		48	检查乙线 22521 隔离开关操作电源断路器在合位		
		49	检查乙线 22521 隔离开关选择开关在"远方"位置		
		50	检查 1 号主变压器 22011 隔离开关操作电源断路器在合位		
		51	检查 1 号主变压器 22011 隔离开关选择开关在"远方"位置		
		52	检查 220kV 母联 2212 断路器三相均在开位		
		53	检查 220kV 母联间隔隔离开关组操作电源断路器在合位		
		54	检查 220kV 母联 22122 隔离开关操作电源断路器在合位		
		55	检查 220kV 母联 22122 隔离开关选择开关在"远方"位置		
		56	检查 220kV 母联 22121 隔离开关操作电源断路器在合位		
		57	检查 220kV 母联 22121 隔离开关选择开关在"远方"位置		

续表

模拟	执行	序号	操作项目	时	分
		58	检查 220kV 母联 2212 断路器 A 相柜内温湿度断路器在合位		
		59	合上 220kV 母联 2212 断路器 A 相柜内储能电机电源断路器		
		60	检查 220kV 母联 2212 断路器 B 相柜内照明、温湿度断路器在合位		
		61	合上 220kV 母联 2212 断路器 B 相柜内储能电机电源断路器		
		62	检查 220kV 母联 2212 断路器 B 相柜内选择开关 STP 在“远控”位置		
		63	检查 220kV 母联 2212 断路器 C 相柜内温湿度断路器在合位		
		64	合上 220kV 母联 2212 断路器 C 相柜内储能电机电源断路器		
		65	检查 220kV 母联 2212 断路器油压正常（A： MPa；B： MPa；C： MPa）		
		66	检查 220kV 母联 2212 断路器气压正常（A： MPa；B： MPa；C： MPa）		
		67	合上 220kV 母联 2212 断路器操作屏直流电源Ⅰ断路器		
		68	合上 220kV 母联 2212 断路器操作屏直流电源Ⅱ断路器		
		69	合上 220kV 母联 22122 隔离开关		
		70	检查 220kV 母联 22122 隔离开关合位良好		
		71	合上 220kV 母联 22121 隔离开关		
		72	检查 220kV 母联 22121 隔离开关合位良好		
		73	检查 220kV Ⅰ母线 TV 219 一次隔离开关操作电源断路器在合位		
		74	检查 220kV Ⅰ母线 TV 219 一次隔离开关选择开关在“远方”位置		
		75	合上 220kV Ⅰ母线 TV 219 一次隔离开关		
		76	检查 220kV Ⅰ母线 TV 219 一次隔离开关合位良好		
		77	合上 220kV Ⅰ母线 TV 二次隔离开关		
		78	检查 220kV Ⅰ母线除母联 22121 隔离开关、Ⅰ母线 TV 219 隔离开关在合位，其他隔离开关均在开位		
		79	投入 220kV 母差保护Ⅰ屏母联“充电保护投入”62LP 连接片		
		80	投入 220kV 母差保护Ⅱ屏母联“充电保护投入”62LP 连接片		
		81	联系调度以“检无压”方式合上 220kV 母联 2212 断路器，向Ⅰ母线充电		
		82	检查 220kV Ⅰ母线充电良好，表计指示正常		
		83	退出 220kV 母差保护Ⅰ屏母联“充电保护投入”62LP 连接片		
		84	退出 220kV 母差保护Ⅱ屏母联“充电保护投入”62LP 连接片		
		85	拉开 220kV 母联 2212 断路器操作屏直流电源Ⅰ断路器		
		86	拉开 220kV 母联 2212 断路器操作屏直流电源Ⅱ断路器		
		87	禁止触动 220kV 母联 2212 断路器		
		88	合上乙线 22521 隔离开关		
		89	检查乙线 22521 隔离开关合位良好		
		90	拉开乙线 22522 隔离开关		
		91	检查乙线 22522 隔离开关分位良好		
		92	合上高压备用变压器 22001 隔离开关		
		93	检查高压备用变压器 22001 隔离开关合位良好		
		94	拉开高压备用变压器 22002 隔离开关		
		95	检查高压备用变压器 22002 隔离开关分位良好		
		96	合上 2 号主变压器 22021 隔离开关		
		97	检查 2 号主变压器 22021 隔离开关合位良好		
		98	拉开 2 号主变压器 22022 隔离开关		

续表

模拟	执行	序号	操作项目	时	分
		99	检查 2 号主变压器 22022 隔离开关分位良好		
		100	检查 NCS 系统电压切换正常，信号指示正确		
		101	合上 220kV 母联 2212 断路器操作屏直流电源Ⅰ断路器		
		102	合上 220kV 母联 2212 断路器操作屏直流电源Ⅱ断路器		
		103	复位 220kV 母差保护屏“开入变位”等信号，检查保护运行正常		
		104	检查 220kV 微机线路故障录波器运行正常		
		105	汇报值长，220kV Ⅰ母线送电结束，母线恢复正常方式		

操作人：__________ 监护人：__________ 值班负责人：__________ 值长：__________

（2）以图 2-1 大型火力发电厂的电气主接线（一）为例，220kV Ⅰ母线停电实际操作。

<table>
<tr><td colspan="4" rowspan="2">××发电公司电气操作票</td><td colspan="2">版次：01</td><td>页数：</td></tr>
<tr><td colspan="3">编号：DQ-201401-1001</td></tr>
<tr><td colspan="3" rowspan="2">操作时间</td><td>开始</td><td>____年____月____日____时____分</td><td colspan="2" rowspan="2">已执行</td></tr>
<tr><td>结束</td><td>____年____月____日____时____分</td></tr>
<tr><td colspan="3">操作任务</td><td colspan="4">220kV Ⅰ母线停电</td></tr>
<tr><td>模拟</td><td>执行</td><td>序号</td><td colspan="2">操作项目</td><td>时</td><td>分</td></tr>
<tr><td></td><td></td><td>1</td><td colspan="2">得值长令，220kV Ⅰ母线停电</td><td></td><td></td></tr>
<tr><td></td><td></td><td>2</td><td colspan="2">拉开 220kV 母联 2212 断路器操作屏直流电源Ⅰ断路器</td><td></td><td></td></tr>
<tr><td></td><td></td><td>3</td><td colspan="2">拉开 220kV 母联 2212 断路器操作屏直流电源Ⅱ断路器</td><td></td><td></td></tr>
<tr><td></td><td></td><td>4</td><td colspan="2">禁止触动 220kV 母联 2212 断路器</td><td></td><td></td></tr>
<tr><td></td><td></td><td>5</td><td colspan="2">合上 2 号主变压器 22022 隔离开关</td><td></td><td></td></tr>
<tr><td></td><td></td><td>6</td><td colspan="2">检查 2 号主变压器 22022 隔离开关合位良好</td><td></td><td></td></tr>
<tr><td></td><td></td><td>7</td><td colspan="2">拉开 2 号主变压器 22021 隔离开关</td><td></td><td></td></tr>
<tr><td></td><td></td><td>8</td><td colspan="2">检查 2 号主变压器 22021 隔离开关分位良好</td><td></td><td></td></tr>
<tr><td></td><td></td><td>9</td><td colspan="2">合上高压备用变压器 22002 隔离开关</td><td></td><td></td></tr>
<tr><td></td><td></td><td>10</td><td colspan="2">检查高压备用变压器 22002 隔离开关合位良好</td><td></td><td></td></tr>
<tr><td></td><td></td><td>11</td><td colspan="2">拉开高压备用变压器 22001 隔离开关</td><td></td><td></td></tr>
<tr><td></td><td></td><td>12</td><td colspan="2">检查高压备用变压器 22001 隔离开关分位良好</td><td></td><td></td></tr>
<tr><td></td><td></td><td>13</td><td colspan="2">合上乙线 22522 隔离开关</td><td></td><td></td></tr>
<tr><td></td><td></td><td>14</td><td colspan="2">检查乙线 22522 隔离开关合位良好</td><td></td><td></td></tr>
<tr><td></td><td></td><td>15</td><td colspan="2">拉开乙线 22521 隔离开关</td><td></td><td></td></tr>
<tr><td></td><td></td><td>16</td><td colspan="2">检查乙线 22521 隔离开关分位良好</td><td></td><td></td></tr>
<tr><td></td><td></td><td>17</td><td colspan="2">检查 220kV Ⅰ母线除母联 22121 隔离开关、Ⅰ母线 TV 219 隔离开关在合位，其他隔离开关均在开位</td><td></td><td></td></tr>
<tr><td></td><td></td><td>18</td><td colspan="2">合上 220kV 母联 2212 断路器操作屏直流电源Ⅰ断路器</td><td></td><td></td></tr>
<tr><td></td><td></td><td>19</td><td colspan="2">合上 220kV 母联 2212 断路器操作屏直流电源Ⅱ断路器</td><td></td><td></td></tr>
<tr><td></td><td></td><td>20</td><td colspan="2">联系调度拉开 220kV 母联 2212 断路器，Ⅰ母线停电</td><td></td><td></td></tr>
</table>

续表

模拟	执行	序号	操作项目	时	分
		21	检查 220kV Ⅱ母线电压切换正常，信号指示正确		
		22	检查 220kV 微机线路故障录波器运行正常		
		23	检查 220kV 母联 2212 断路器三相均在开位		
		24	拉开 220kV 母联 2212 断路器 A 相柜内储能电机电源断路器		
		25	拉开 220kV 母联 2212 断路器 B 相柜内储能电机电源断路器		
		26	拉开 220kV 母联 2212 断路器 C 相柜内储能电机电源断路器		
		27	拉开 220kV 母联 22121 隔离开关		
		28	检查 220kV 母联 22121 隔离开关分位良好		
		29	拉开 220kV 母联 22122 隔离开关		
		30	检查 220kV 母联 22122 隔离开关分位良好		
		31	拉开 220kV Ⅰ母线 TV 二次断路器		
		32	拉开 220kV Ⅰ母线 TV 219 隔离开关		
		33	检查 220kV Ⅰ母线 TV 219 隔离开关分位良好		
		34	拉开 220kV 母联 2212 断路器操作屏直流电源Ⅰ断路器		
		35	拉开 220kV 母联 2212 断路器操作屏直流电源Ⅱ断路器		
		36	退出 220kV 母差保护跳母联第一组线圈出口 1LP 连接片		
		37	退出 220kV 母差保护跳母联第二组线圈出口 19LP 连接片		
		38	退出 220kV 失灵保护跳母联第一组线圈出口 1LP11 连接片		
		39	退出 220kV 失灵保护跳母联第二组线圈出口 131 连接片		
		40	退出 220kV 失灵保护盘母联启动失灵 1LP51 连接片		
		41	退出 1 号发电机—变压器组 A 柜微机保护跳 220kV 母联第一组线圈 13XP 连接片		
		42	退出 1 号发电机—变压器组 A 柜微机保护跳 220kV 母联第二组线圈 14XP 连接片		
		43	退出 1 号发电机—变压器组 B 柜微机保护跳 220kV 母联第一组线圈 13XP 连接片		
		44	退出 1 号发电机—变压器组 B 柜微机保护跳 220kV 母联第二组线圈 14XP 连接片		
		45	退出 2 号发电机—变压器组 A 柜微机保护跳 220kV 母联第一组线圈 13XP 连接片		
		46	退出 2 号发电机—变压器组 A 柜微机保护跳 220kV 母联第一组线圈 14XP 连接片		
		47	退出 2 号发电机—变压器组 B 柜微机保护跳 220kV 母联第一组线圈 13XP 连接片		
		48	退出 2 号发电机—变压器组 B 柜微机保护跳 220kV 母联第二组线圈 14XP 连接片		
		49	退出高压备用变压器 A 柜微机保护跳 220kV 母联第一组线圈 9XP 连接片		
		50	退出高压备用变压器 A 柜微机保护跳 220kV 母联第二组线圈 10XP 连接片		
		51	退出高压备用变压器 B 柜微机保护跳 220kV 母联第一组线圈 9XP 连接片		
		52	退出高压备用变压器 B 柜微机保护跳 220kV 母联第二组线圈 10XP 连接片		
		53	拉开 1 号主变压器 22011 隔离开关操作电源		
		54	拉开乙线 22521 隔离开关操作电源		
		55	拉开高压备用变压器 22001 隔离开关操作电源		
		56	拉开 220kV Ⅰ母线 TV 219 隔离开关操作电源		
		57	拉开甲线 22511 隔离开关操作电源		
		58	拉开 2 号主变压器 22021 隔离开关操作电源		
		59	拉开 220kV 母联 22122 隔离开关操作电源		
		60	拉开 220kV 母联 22121 隔离开关操作电源		
		61	在 220kV 母联 22121 隔离开关侧三相验电确无电压		
		62	合上 220kV 母联 22121 隔离开关侧 221217 接地隔离开关		

续表

模拟	执行	序号	操作项目	时	分
		63	检查 220kV 母联 22121 隔离开关侧 221217 接地隔离开关合位良好		
		64	在 220kV 母联 22122 隔离开关侧三相验电确无电压		
		65	合上 220kV 母联 22122 隔离开关侧 221227 接地隔离开关		
		66	检查 220kV 母联 22122 隔离开关侧 221227 接地隔离开关合位良好		
		67	在 220kV Ⅰ母线 PT 219 隔离开关 TV 侧三相验电确无电压		
		68	合上 220kV Ⅰ母线 PT 219 隔离开关 TV 侧 2197 接地隔离开关		
		69	检查 220kV Ⅰ母线 PT 219 隔离开关 TV 侧 2197 接地隔离开关合位良好		
		70	在 220kV Ⅰ母线三相验电确无电压		
		71	合上 220kV Ⅰ母线 220kV 2117 接地隔离开关		
		72	检查 220kV Ⅰ母线 220kV 2117 接地隔离开关合位良好		
		73	合上 220kV Ⅰ母线 220kV 2127 接地隔离开关		
		74	检查 220kV Ⅰ母线 220kV 2127 接地隔离开关合位良好		
		75	汇报值长，220kV Ⅰ母线停电操作结束		

操作人：＿＿＿＿　监护人：＿＿＿＿　值班负责人：＿＿＿＿　值长：＿＿＿＿

单元十三　厂用电倒闸操作

一、厂用母线送电操作的原则

(1) 检查厂用母线上所有检修工作全部终结，各部及所属设备均完好，符合运行条件。

(2) 将母线电压互感器投入运行。即投入电压互感器高、低压侧熔丝，合上电压互感器一次侧隔离开关。

(3) 检查母线工作电源断路器和备用电源、断路器均断开，并将其置于热备用状态。

(4) 合上母线工作电源断路器（或合上母线备用电源断路器），检查母线电压正常。

(5) 投入相应母线备用电源自投装置（由备用电源供电时，此项不执行）。

二、厂用母线的停电操作原则（厂用母线由工作电源供电）

(1) 检查厂用母线所属负荷均已断开。

(2) 断开厂用母线备用电源自动投入装置。

(3) 拉开厂用母线工作电源断路器（操作此项时，应考虑有关保护投、断问题）。

(4) 将厂用母线工作电源和备用电源断路器置于检修状态。

(5) 拉开厂用母线电压互感器隔离开关，并取下其高、低压熔丝。

三、正常运行方式下，厂用母线由工作电源倒换至备用电源供电的操作原则

(1) 检查工作厂用变压器与备用厂用变压器高压侧属同一电源（满足同期），变压器调压分接头基本一致。

(2) 检查备用厂用变压器处于热备状态。

(3) 合上备用厂用变压器断路器，其充电正常。

(4) 调节厂用工作母线电压与厂用备用母线电压基本一致。

(5) 合上厂用母线备用电源断路器，检查确已合上。

(6) 断开厂用母线备用电源自动投入装置。

(7) 拉开厂用母线工作电源断路器，检查确已断开。

四、厂用母线由备用电源倒换至工作电源供电的操作原则

(1) 检查厂用母线工作电源断路器一切正常，并将其置于热备用状态。

(2) 检查工作电源与备用电源为同一电源。

(3) 检查工作厂用变压器运行正常。

(4) 合上厂用母线工作电源断路器，检查确已合上（此时应检查相应表计指示正确，方可继续操作，以防用电中断）。

(5) 投入厂用母线备用电源自动投入装置。

(6) 拉开厂用母线备用电源断路器，检查确已断开。

(7) 拉开备用厂用变压器断路器，检查确已断开。

五、操作实例

(1) 以图 2-2 大型火力发电厂的电气主接线（二）为例，正常运行方式下，厂用电由工作电源倒换至备用电源供电的实际操作。

<table>
<tr><td colspan="3" rowspan="2">××发电公司电气操作票</td><td colspan="2">版次：01</td><td>页数</td></tr>
<tr><td colspan="3">编号：DQ-00-1-0001-2013</td></tr>
<tr><td rowspan="2">操作时间</td><td>开始</td><td>____年___月___日___时___分</td><td colspan="3" rowspan="2">已执行</td></tr>
<tr><td>结束</td><td>____年___月___日___时___分</td></tr>
<tr><td>操作任务</td><td colspan="5">1号机厂用电由工作电源切换至备用电源</td></tr>
<tr><td>执行</td><td>序号</td><td colspan="2">操作项目</td><td>时</td><td>分</td></tr>
<tr><td></td><td>1</td><td colspan="2">得值长令：1号机厂用电由工作电源切换至备用电源</td><td></td><td></td></tr>
<tr><td></td><td>2</td><td colspan="2">检查1号高压备用变压器运行正常</td><td></td><td></td></tr>
<tr><td></td><td>3</td><td colspan="2">检查1号机6kV厂用工作1A段备用电源进线6101断路器热备用良好</td><td></td><td></td></tr>
<tr><td></td><td>4</td><td colspan="2">检查1号机6kV厂用工作1B段备用电源进线6102断路器热备用良好</td><td></td><td></td></tr>
<tr><td></td><td>5</td><td colspan="2">检查1号机6kV厂用工作1A段备用电源进线TV电压指示正常</td><td></td><td></td></tr>
<tr><td></td><td>6</td><td colspan="2">检查1号机6kV厂用工作1B段备用电源进线TV电压指示正常</td><td></td><td></td></tr>
<tr><td></td><td>7</td><td colspan="2">检查1号机6kV厂用工作1A段快切控制方式在“远方”、“自动”</td><td></td><td></td></tr>
<tr><td></td><td>8</td><td colspan="2">检查1号机6kV厂用工作1B段快切控制方式在“远方”、“自动”</td><td></td><td></td></tr>
<tr><td></td><td>9</td><td colspan="2">检查1号机6kV厂用工作1A段快切装置无报警</td><td></td><td></td></tr>
<tr><td></td><td>10</td><td colspan="2">点击“复位指令”按钮，将1号机6kV厂用工作1A段快切装置复归</td><td></td><td></td></tr>
<tr><td></td><td>11</td><td colspan="2">检查1号机6kV厂用工作1A段快切无闭锁信号</td><td></td><td></td></tr>
<tr><td></td><td>12</td><td colspan="2">将1号机6kV厂用工作1A段快切方式选为“并联”</td><td></td><td></td></tr>
<tr><td></td><td>13</td><td colspan="2">点击“切换”按钮，并“确认”</td><td></td><td></td></tr>
<tr><td></td><td>14</td><td colspan="2">检查1号机6kV厂用工作1A段备用电源进线6101断路器确已合好</td><td></td><td></td></tr>
<tr><td></td><td>15</td><td colspan="2">检查1号机6kV厂用工作1A段工作电源进线6111断路器确已断开</td><td></td><td></td></tr>
<tr><td></td><td>16</td><td colspan="2">检查1号机6kV厂用工作1A段备用电源进线电流指示正常</td><td></td><td></td></tr>
<tr><td></td><td>17</td><td colspan="2">点击“取消”按钮</td><td></td><td></td></tr>
<tr><td></td><td>18</td><td colspan="2">点击“复位指令”按钮，将1号机6kV厂用工作1A段快切装置复归</td><td></td><td></td></tr>
<tr><td></td><td>19</td><td colspan="2">检查1号机6kV厂用工作1B段快切装置无报警</td><td></td><td></td></tr>
<tr><td></td><td>20</td><td colspan="2">点击“复位指令”按钮，将1号机6kV厂用工作1B段快切装置复归</td><td></td><td></td></tr>
<tr><td></td><td>21</td><td colspan="2">检查1号机6kV厂用工作1B段快切无闭锁信号</td><td></td><td></td></tr>
<tr><td></td><td>22</td><td colspan="2">将1号机6kV厂用工作1B段快切方式选为“并联”</td><td></td><td></td></tr>
<tr><td></td><td>23</td><td colspan="2">点击“切换”按钮，并“确认”</td><td></td><td></td></tr>
<tr><td></td><td>24</td><td colspan="2">检查1号机6kV厂用工作1B段备用电源进线6102断路器确已合好</td><td></td><td></td></tr>
<tr><td></td><td>25</td><td colspan="2">检查1号机6kV厂用工作1B段工作电源进线6112断路器确已断开</td><td></td><td></td></tr>
<tr><td></td><td>26</td><td colspan="2">检查1号机6kV厂用工作1B段备用电源进线电流指示正常</td><td></td><td></td></tr>
<tr><td></td><td>27</td><td colspan="2">点击“取消”按钮</td><td></td><td></td></tr>
<tr><td></td><td>28</td><td colspan="2">点击“复位指令”按钮，将1号机6kV厂用工作1B段快切装置复归</td><td></td><td></td></tr>
<tr><td></td><td>29</td><td colspan="2">检查以上操作无误</td><td></td><td></td></tr>
<tr><td></td><td>30</td><td colspan="2">汇报值长：1号机厂用电由工作电源切换至备用电源</td><td></td><td></td></tr>
</table>

操作人：__________　监护人：__________　值班负责人：__________　值长：__________

(2) 以图2-2大型火力发电厂的电气主接线（二）为例，正常运行方式下，厂用电由备用电源切换至工作电源的实际操作。

<table>
<tr><td colspan="3">××发电公司电气操作票</td><td colspan="2">版次：01
编号：DQ-00-1-0001-2013</td><td>页数：</td></tr>
<tr><td rowspan="2" colspan="2">操作时间</td><td>开始</td><td colspan="2">____年___月___日___时___分</td><td rowspan="2">已执行</td></tr>
<tr><td>结束</td><td colspan="2">____年___月___日___时___分</td></tr>
<tr><td colspan="2">操作任务</td><td colspan="4">1号机厂用电由备用电源切换至工作电源</td></tr>
<tr><td>执行</td><td>序号</td><td colspan="2">操作项目</td><td>时</td><td>分</td></tr>
<tr><td></td><td>1</td><td colspan="2">得值长令：1号机厂用电由备用电源切换至工作电源</td><td></td><td></td></tr>
<tr><td></td><td>2</td><td colspan="2">检查1号发电机在并网状态且稳定运行</td><td></td><td></td></tr>
<tr><td></td><td>3</td><td colspan="2">检查1号机高压工作变压器运行正常</td><td></td><td></td></tr>
<tr><td></td><td>4</td><td colspan="2">检查1号机6kV厂用工作1A段工作电源进线6111断路器热备用良好</td><td></td><td></td></tr>
<tr><td></td><td>5</td><td colspan="2">检查1号机6kV厂用工作1B段工作电源进线6112断路器热备用良好</td><td></td><td></td></tr>
<tr><td></td><td>6</td><td colspan="2">检查1号机6kV厂用工作1A段工作电源进线TV电压指示正常</td><td></td><td></td></tr>
<tr><td></td><td>7</td><td colspan="2">检查1号机6kV厂用工作1B段工作电源进线TV电压指示正常</td><td></td><td></td></tr>
<tr><td></td><td>8</td><td colspan="2">检查1号机6kV厂用工作1A段快切控制方式在“远方”、“自动”</td><td></td><td></td></tr>
<tr><td></td><td>9</td><td colspan="2">检查1号机6kV厂用工作1B段快切控制方式在“远方”、“自动”</td><td></td><td></td></tr>
<tr><td></td><td>10</td><td colspan="2">检查1号机6kV厂用工作1A段快切装置无报警</td><td></td><td></td></tr>
<tr><td></td><td>11</td><td colspan="2">点击“复位指令”按钮，将1号机6kV厂用工作1A段快切装置复归</td><td></td><td></td></tr>
<tr><td></td><td>12</td><td colspan="2">检查1号机6kV厂用工作1A段快切无闭锁信号</td><td></td><td></td></tr>
<tr><td></td><td>13</td><td colspan="2">将1号机6kV厂用工作1A段快切方式选为“并联”</td><td></td><td></td></tr>
<tr><td></td><td>14</td><td colspan="2">点击“切换”按钮，并“确认”</td><td></td><td></td></tr>
<tr><td></td><td>15</td><td colspan="2">检查1号机6kV厂用工作1A段工作电源进线6111断路器确已合好</td><td></td><td></td></tr>
<tr><td></td><td>16</td><td colspan="2">检查1号机6kV厂用工作1A段备用电源进线6101断路器确已断开</td><td></td><td></td></tr>
<tr><td></td><td>17</td><td colspan="2">检查1号机6kV厂用工作1A段工作电源进线电流指示正常</td><td></td><td></td></tr>
<tr><td></td><td>18</td><td colspan="2">点击“取消”按钮</td><td></td><td></td></tr>
<tr><td></td><td>19</td><td colspan="2">点击“复位指令”按钮，将1号机6kV厂用工作1A段快切装置复归</td><td></td><td></td></tr>
<tr><td></td><td>20</td><td colspan="2">检查1号机6kV厂用工作1B段快切装置无报警</td><td></td><td></td></tr>
<tr><td></td><td>21</td><td colspan="2">点击“复位指令”按钮，将1号机6kV厂用工作1B段快切装置复归</td><td></td><td></td></tr>
<tr><td></td><td>22</td><td colspan="2">检查1号机6kV厂用工作1B段快切无闭锁信号</td><td></td><td></td></tr>
<tr><td></td><td>23</td><td colspan="2">将1号机6kV厂用工作1B段快切方式选为“并联”</td><td></td><td></td></tr>
<tr><td></td><td>24</td><td colspan="2">点击“切换”按钮，并“确认”</td><td></td><td></td></tr>
<tr><td></td><td>25</td><td colspan="2">检查1号机6kV厂用工作1B段工作电源进线6112断路器确已合好</td><td></td><td></td></tr>
<tr><td></td><td>26</td><td colspan="2">检查1号机6kV厂用工作1B段备用电源进线6102断路器确已断开</td><td></td><td></td></tr>
<tr><td></td><td>27</td><td colspan="2">检查1号机6kV厂用工作1B段工作电源进线电流指示正常</td><td></td><td></td></tr>
<tr><td></td><td>28</td><td colspan="2">点击“取消”按钮</td><td></td><td></td></tr>
<tr><td></td><td>29</td><td colspan="2">点击“复位指令”按钮，将1号机6kV厂用工作1B段快切装置复归</td><td></td><td></td></tr>
<tr><td></td><td>30</td><td colspan="2">检查以上操作无误</td><td></td><td></td></tr>
<tr><td></td><td>31</td><td colspan="2">汇报值长：1号机厂用电由备用电源切换至工作电源</td><td></td><td></td></tr>
</table>

操作人：__________ 监护人：__________ 值班负责人：__________ 值长：__________

单元十四　变压器倒闸操作

一、变压器停、送电操作的要求

1. 变压器送电时的要求

(1) 送电前应将变压器中性点接地。

(2) 由电源侧充电，负荷侧并列；并尽可能用断路器接通电路。

(3) 工作厂用变压器投入运行后，备用厂用变压器即应解列。不允许两台厂用变压器长期并列运行，确保厂用系统短路电流在断路器允许开断范围之内。

(4) 尽量避免使用隔离开关拉、合并列变压器高压系统的环路，以免拉不开，发生短路。但允许用带灭弧罩的刀隔离开关拉、合并列变压器低压系统（380/220V）的环路。

(5) 工作厂用变压器及备用厂用变压器的电源，不属于一个同期系统时，严禁直接并列。

(6) 强油循环冷却的变压器，不开潜油泵不准投入运行。变压器送电后，即使处在空载也应按厂家规定启动一定数量潜油泵，保持油路循环，使变压器得到冷却。

(7) 变压器送电时相关保护应投入（通常为停役时的连接片）。

(8) 不准用隔离开关对变压器进行冲击。运行中切换变压器中性点接地隔离开关时，应先合后拉。

2. 变压器停电时的要求

(1) 应将变压器的接地点及消弧线圈倒出。必要时，拉空载变压器，中性点应接地。

(2) 停电操作结束后，主变压器冷却装置一般运行 1h 后再停用，使主变压器冷却。对水冷变压器，冬天停运后应将冷却水放尽，防止冻坏设备。

(3) 变压器停电操作前也应先合变压器中性点接地隔离开关。

(4) 投入备用的变压器后，根据表计证实该变压器已带负荷，方可停下运行的变压器。

(5) 虽然变压器停电，但重瓦斯保护装置动作仍能引起其他运行设备跳闸时，应将其连接片由跳闸改为信号。

二、变压器送电时，从电源侧充电负荷侧并列的根据

因为变压器的保护和电流表均装在电源侧，故当变压器送电时，从电源侧充电，负荷侧并列，具有以下优点。

(1) 送电的变压器如有故障，对运行系统影响小。如变压器 T2 投入运行，若从电源侧合 QF3 充电，如图 14-1 所示，此时 T2 有故障可通过自身的保护装置动作跳开 QF3，切除故障，对其他设备的运行无影响。假如从负荷侧合 QF4 充电，如图 14-1 所示，若 T2 有故障将由运行变压器 T1 的保护装置动作跳开 QF1，切除故障，T1 所带的负荷也同时停电，扩大了事故。即使装有差动保护的大容量变压器，无论从哪一侧充电回路故障均在主保护范围之内，但为了取得后备保护，仍然需要按照电源侧充电，负荷侧并列的操作原则执行。

(2) 便于判断事故，处理事故。例如，事故后恢复送电时，合变压器电源侧断路器，若

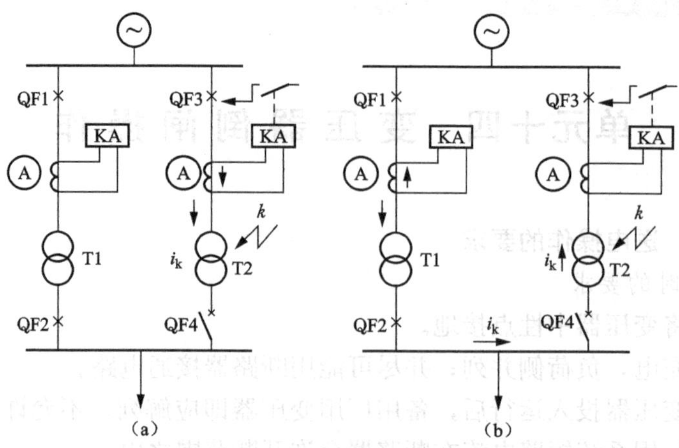

图 14-1 变压器 T2 的充电方式

保护动作跳闸，说明故障在变压器上；合变压器负荷侧断路器，若保护动作跳闸，说明故障在母线上；合出线断路器，若保护动作跳闸，说明故障在线路上。虽然都是保护动作跳闸，但故障范围的层次清楚，判断、处理事故比较方便。

(3) 可以避免运行变压器过负荷。变压器从电源侧充电，空载电流及所需无功功率由上一级电源供给；从负荷侧充电，空载电流及无功功率将由运行变压器 T1 供给。如运行变压器已满负荷，从 T2 负荷侧充电将使 T1 过负荷。

(4) 利于监视。电流表都是装在电源侧的，先合电源侧充电，如有问题可从表计上得到反映。

三、倒闸操作时对变压器中性点的要求

为了防止操作过电压，对于运行中中性点经常断开的变压器，在倒闸操作中中性点接地问题可参照以下要求执行。

(1) 变压器送电。送电前，先将 110kV 或 220kV 侧中性点接地；送电后，再将中性点接地开关拉开。

(2) 变压器停电。

1) 低压侧（110、35、10kV）没有电源的，先将高压侧中性点接地后，再拉开高压侧断路器，切变压器空载。

2) 低压侧有电源的（指高压侧拉开后，仍是同一电网电源），先拉开高压侧断路器，再拉开低压侧断路器，切变压器空载，其高压侧中性点可不临时接地。

3) 低压侧仅 110kV 有电源的 220kV 变压器，先拉开 220kV 侧断路器，将 110kV 侧中性点临时接地，再拉开 110kV 断路器，切变压器空载。

(3) 对于发电机—变压器组，以及拉开断路器后即为两个不同期系统（$f_1 \neq f_2$）的 110kV 及以上联络变压器，解列前，本侧变压器中性点必须先接地。

(4) 装有联锁自投的备用变压器，备用期间中性点接地开关应合上。当装置动作，备用变压器自动投入后，再将中性点接地开关拉开（允许继续接地运行的除外）。

四、操作实例

(1) 以图 2-1 大型火力发电厂的电气主接线（一）为例，变压器检修后送电实际操作。

<table>
<tr><td colspan="3" rowspan="2">××发电公司电气操作票</td><td colspan="2">版次：01</td><td colspan="2">页数：</td></tr>
<tr><td colspan="4">编号：DQ-201401-1001</td></tr>
<tr><td colspan="3" rowspan="2">操作时间</td><td>开始</td><td>____年___月___日___时___分</td><td colspan="2" rowspan="2">已执行</td></tr>
<tr><td>结束</td><td>____年___月___日___时___分</td></tr>
<tr><td colspan="3">操作任务</td><td colspan="4">高压备用变压器检修后送电</td></tr>
<tr><td>模拟</td><td>执行</td><td>序号</td><td colspan="2">操作项目</td><td>时</td><td>分</td></tr>
<tr><td></td><td></td><td>1</td><td colspan="2">得值长令，高压备用变压器送电</td><td></td><td></td></tr>
<tr><td></td><td></td><td>2</td><td colspan="2">检查高压备用变压器检修工作结束，工作票全部收回，设备标志清晰并交待可以运行</td><td></td><td></td></tr>
<tr><td></td><td></td><td>3</td><td colspan="2">拆除高压备用变压器高压侧引线上 21 号三相短路接地线一组</td><td></td><td></td></tr>
<tr><td></td><td></td><td>4</td><td colspan="2">拉开高压备用变压器高压侧 22001 侧 220017 接地隔离开关</td><td></td><td></td></tr>
<tr><td></td><td></td><td>5</td><td colspan="2">检查高压备用变压器高压侧 22001 侧 220017 接地隔离开关分位良好</td><td></td><td></td></tr>
<tr><td></td><td></td><td>6</td><td colspan="2">拆除 6kV 厂用 1A 段备用进线 6101 开关间隔 22 号三相短路接地线一组</td><td></td><td></td></tr>
<tr><td></td><td></td><td>7</td><td colspan="2">拆除 6kV 厂用 1A 段备用进线 6102 开关间隔 23 号三相短路接地线一组</td><td></td><td></td></tr>
<tr><td></td><td></td><td>8</td><td colspan="2">检查高压备用变压器安全措施全部拆除，回路良好，符合送电条件</td><td></td><td></td></tr>
<tr><td></td><td></td><td>9</td><td colspan="2">在高压备用变压器变高压引线上测定高压侧绝缘合格</td><td></td><td></td></tr>
<tr><td></td><td></td><td>10</td><td colspan="2">在高压备用变压器低压侧 A 分支电阻柜测定 A 分支绝缘合格</td><td></td><td></td></tr>
<tr><td></td><td></td><td>11</td><td colspan="2">检查高压备用变压器低压侧 A 分支电阻柜引线连接良好</td><td></td><td></td></tr>
<tr><td></td><td></td><td>12</td><td colspan="2">在高压备用变压器低压侧 B 分支电阻柜测定 B 分支绝缘合格</td><td></td><td></td></tr>
<tr><td></td><td></td><td>13</td><td colspan="2">检查高压备用变压器低压侧 B 分支电阻柜引线连接良好</td><td></td><td></td></tr>
<tr><td></td><td></td><td>14</td><td colspan="2">检查高压备用变压器测控装置电源投入，面板显示正常</td><td></td><td></td></tr>
<tr><td></td><td></td><td>15</td><td colspan="2">检查高压备用变压器测控装置 22001 隔离开关控制 4LP 连接片在投入</td><td></td><td></td></tr>
<tr><td></td><td></td><td>16</td><td colspan="2">检查高压备用变压器测控装置 22002 隔离开关控制 5LP 连接片在投入</td><td></td><td></td></tr>
<tr><td></td><td></td><td>17</td><td colspan="2">检查高压备用变压器测控装置 2200 断路器“远方/就地”切换开关在“远方”位置</td><td></td><td></td></tr>
<tr><td></td><td></td><td>18</td><td colspan="2">检查高压备用变压器微机保护 A 柜Ⅰ套电源输入 QF1 断路器在投入</td><td></td><td></td></tr>
<tr><td></td><td></td><td>19</td><td colspan="2">检查高压备用变压器微机保护 A 柜Ⅱ套电源输入 QF2 断路器在投入</td><td></td><td></td></tr>
<tr><td></td><td></td><td>20</td><td colspan="2">检查高压备用变压器微机保护 A 柜打印机电源 QF 断路器在投入</td><td></td><td></td></tr>
<tr><td></td><td></td><td>21</td><td colspan="2">检查高压备用变压器微机保护 A 柜差动保护跳闸 XP01 小连接片在投入</td><td></td><td></td></tr>
<tr><td></td><td></td><td>22</td><td colspan="2">检查高压备用变压器微机保护 A 柜复压过流 t1 跳母联 XP02 小连接片在退出</td><td></td><td></td></tr>
<tr><td></td><td></td><td>23</td><td colspan="2">检查高压备用变压器微机保护 A 柜复压过流 t2 跳闸 XP03 小连接片在投入</td><td></td><td></td></tr>
<tr><td></td><td></td><td>24</td><td colspan="2">检查高压备用变压器微机保护 A 柜零序过流 t1 跳母联 XP04 小连接片在退出</td><td></td><td></td></tr>
<tr><td></td><td></td><td>25</td><td colspan="2">检查高压备用变压器微机保护 A 柜零序过流 t2 跳闸 XP05 小连接片在投入</td><td></td><td></td></tr>
<tr><td></td><td></td><td>26</td><td colspan="2">检查高压备用变压器微机保护 A 柜 A 分支零序过电流 t1 跳 A 分支断路器 XP06 小连接片在投入</td><td></td><td></td></tr>
<tr><td></td><td></td><td>27</td><td colspan="2">检查高压备用变压器微机保护 A 柜 A 分支零序过电流 t2 跳闸 XP07 小连接片在投入</td><td></td><td></td></tr>
<tr><td></td><td></td><td>28</td><td colspan="2">检查高压备用变压器微机保护 A 柜 B 分支零序过电流 t1 跳 B 分支断路器 XP08 小连接片在投入</td><td></td><td></td></tr>
<tr><td></td><td></td><td>29</td><td colspan="2">检查高压备用变压器微机保护 A 柜 B 分支零序过电流 t2 跳闸 XP09 小连接片在投入</td><td></td><td></td></tr>
<tr><td></td><td></td><td>30</td><td colspan="2">检查高压备用变压器微机保护 A 柜ⅠA 分支过电流跳ⅠA 分支断路器 XP10 小连接片在投入</td><td></td><td></td></tr>
<tr><td></td><td></td><td>31</td><td colspan="2">检查高压备用变压器微机保护 A 柜ⅠB 分支过电流跳ⅠB 分支断路器 XP11 小连接片在投入</td><td></td><td></td></tr>
<tr><td></td><td></td><td>32</td><td colspan="2">检查高压备用变压器微机保护 A 柜ⅡA 分支过电流跳ⅡA 分支断路器 XP12 小连接片在投入</td><td></td><td></td></tr>
</table>

续表

模拟	执行	序号	操作项目	时	分
		33	检查高压备用变压器微机保护A柜ⅡB分支过电流跳ⅡB分支断路器XP13小连接片在投入		
		34	检查高压备用变压器微机保护A柜闭锁有载调压XP14小连接片在投入		
		35	检查高压备用变压器微机保护A柜启动变压器风扇XP15小连接片在投入		
		36	检查高压备用变压器微机保护A柜备用XP16-XP22小连接片在退出		
		37	检查高压备用变压器微机保护A柜跳高压侧2200断路器第一组线圈1XB连接片在投入		
		38	检查高压备用变压器微机保护A柜跳高压侧2200断路器第二组线圈1XB连接片在投入		
		39	检查高压备用变压器微机保护A柜闭锁有载调压4XB连接片在投入		
		40	检查高压备用变压器微机保护A柜跳6101分支断路器5XB连接片在投入		
		41	检查高压备用变压器微机保护A柜跳6102分支断路器6XB连接片在投入		
		42	检查高压备用变压器微机保护A柜高压备用变压器通风8XB连接片在投入		
		43	检查高压备用变压器微机保护A柜跳6201分支断路器13XB连接片在投入		
		44	检查高压备用变压器微机保护A柜跳6202分支断路器14XB连接片在投入		
		45	投入高压备用变压器微机保护A柜跳母联2212断路器Ⅰ线圈9XB连接片		
		46	投入高压备用变压器微机保护A柜跳母联2212断路器Ⅱ线圈10XB连接片		
		47	投入高压备用变压器微机保护A柜保护动作启动失灵16XB连接片		
		48	检查高压备用变压器微机保护A柜除上述引出连接片投入外，其他引出连接片均在断开		
		49	检查高压备用变压器微机保护B柜Ⅰ套电源输入QF1断路器在投入		
		50	检查高压备用变压器微机保护B柜Ⅱ套电源输入QF2断路器在投入		
		51	检查高压备用变压器微机保护B柜打印机电源QF断路器在投入		
		52	检查高压备用变压器微机保护B柜差动保护跳闸XP01小连接片在投入		
		53	检查高压备用变压器微机保护B柜复压过电流t1跳母联XP02小连接片在退出		
		54	检查高压备用变压器微机保护B柜复压过电流t2跳闸XP03小连接片在投入		
		55	检查高压备用变压器微机保护B柜零序过电流t1跳母联XP04小连接片在退出		
		56	检查高压备用变压器微机保护B柜零序过电流t2跳闸XP05小连接片在投入		
		57	检查高压备用变压器微机保护B柜A分支零序过电流t1跳A分支断路器XP06小连接片在投入		
		58	检查高压备用变压器微机保护B柜A分支零序过电流t2跳闸XP07小连接片在投入		
		59	检查高压备用变压器微机保护B柜B分支零序过电流t1跳B分支断路器XP08小连接片在投入		
		60	检查高压备用变压器微机保护B柜B分支零序过电流t2跳闸XP09小连接片在投入		
		61	检查高压备用变压器微机保护B柜ⅠA分支过电流跳ⅠA分支断路器XP10小连接片在投入		
		62	检查高压备用变压器微机保护B柜ⅠB分支过电流跳ⅠB分支断路器XP11小连接片在投入		
		63	检查高压备用变压器微机保护B柜ⅡA分支过电流跳ⅡA分支断路器XP12小连接片在投入		
		64	检查高压备用变压器微机保护B柜ⅡB分支过电流跳ⅡB分支断路器XP13小连接片在投入		

续表

模拟	执行	序号	操作项目	时	分
		65	检查高压备用变压器微机保护B柜闭锁有载调压XP14小连接片在投入		
		66	检查高压备用变压器微机保护B柜启动变压器风扇XP15小连接片在投入		
		67	检查高压备用变压器微机保护B柜备用XP16-XP22小连接片在退出		
		68	检查高压备用变压器微机保护B柜跳高压侧2200断路器第一组线圈1XB连接片在投入		
		69	检查高压备用变压器微机保护B柜跳高压侧2200断路器第二组线圈1XB连接片在投入		
		70	检查高压备用变压器微机保护B柜闭锁有载调压4XB连接片在投入		
		71	检查高压备用变压器微机保护B柜跳6101分支断路器5XB连接片在投入		
		72	检查高压备用变压器微机保护B柜跳6102分支断路器6XB连接片在投入		
		73	检查高压备用变压器微机保护B柜高压备用变压器通风8XB连接片在投入		
		74	检查高压备用变压器微机保护B柜跳6201分支断路器13XB连接片在投入		
		75	检查高压备用变压器微机保护B柜跳6202分支断路器14XB连接片在投入		
		76	投入高压备用变压器微机保护B柜跳母联2212断路器Ⅰ线圈9XB连接片		
		77	投入高压备用变压器微机保护B柜跳母联2212断路器Ⅱ线圈10XB连接片		
		78	投入高压备用变压器微机保护B柜保护动作启动失灵16XB连接片		
		79	检查高压备用变压器微机保护B柜除上述引出连接片投入外，其他引出连接片均在断开		
		80	检查高压备用变压器微机保护C柜保护电源输入QF1断路器在投入		
		81	检查高压备用变压器微机保护C柜打印机电源QF断路器在投入		
		82	检查高压备用变压器微机保护C柜重瓦斯跳闸XP01软连接片在投入		
		83	检查高压备用变压器微机保护C柜压力释放跳闸XP02软连接片在退出		
		84	检查高压备用变压器微机保护C柜调压重瓦斯跳闸XP03软连接片在投入		
		85	检查高压备用变压器微机保护C柜高压备用变压器温度高跳闸XP04软连接片在退出		
		86	检查高压备用变压器微机保护C柜绕阻温度高跳闸XP05软连接片在退出		
		87	检查高压备用变压器微机保护C柜启动失灵t1：解除复压闭锁XP10软连接片在投入		
		88	检查高压备用变压器微机保护C柜启动失灵t2：启动母线失灵XP11软连接片在投入		
		89	检查高压备用变压器微机保护C柜除上述引出连接片投入外，其他软连接片均在退出		
		90	检查高压备用变压器微机保护C柜跳高压侧2200断路器第一组线圈1XB连接片在投入		
		91	检查高压备用变压器微机保护C柜跳高压侧2200断路器第二组线圈2XB连接片在投入		
		92	检查高压备用变压器微机保护C柜跳6101分支断路器5XB连接片在投入		
		93	检查高压备用变压器微机保护C柜跳6102分支断路器6XB连接片在投入		
		94	检查高压备用变压器微机保护C柜跳6201分支断路器13XB连接片在投入		
		95	检查高压备用变压器微机保护C柜跳6202分支断路器14XB连接片在投入		
		96	检查高压备用变压器微机保护C柜高压备用变压器重瓦斯Ⅰ引出17XB连接片在投入		

续表

模拟	执行	序号	操作项目	时	分
		97	检查高压备用变压器微机保护C柜高压备用变压器压力释放引出18XB连接片在投入		
		98	检查高压备用变压器微机保护C柜高压备用变压器调压重瓦斯引出19XB连接片在投入		
		99	检查高压备用变压器微机保护C柜高压备用变压器油面温度高引出20XB连接片在投入		
		100	检查高压备用变压器微机保护C柜高压备用变压器重瓦斯Ⅱ引出21XB连接片在投入		
		101	检查高压备用变压器微机保护C柜高压备用变压器绕阻温度高引出22XB连接片在投入		
		102	投入高压备用变压器微机保护C柜解除复压闭锁3XB连接片		
		103	投入高压备用变压器微机保护C柜启动母线失灵4XB连接片		
		104	检查高压备用变压器微机保护C柜除上述引出连接片投入外，其他引出连接片均在断开		
		105	检查高压备用变压器所有保护使用正确，面板各指示灯指示正确，无异常信号表示		
		106	检查高压备用变压器辅助继电器屏跳闸监视电源断路器在投入		
		107	检查高压备用变压器辅助继电器屏时间继电器电源断路器在投入		
		108	检查高压备用变压器辅助继电器屏微机涌流抑制器电源断路器在投入		
		109	检查高压备用变压器辅助继电器屏微机涌流抑制器工作正常		
		110	检查高压备用变压器油载调压监视器指示“09”位置		
		111	检查高压备用变压器油载调压切换断路器在“运行”位置		
		112	检查高压备用变压器微机涌流抑制器合闸2LP1连接片在投入		
		113	检查高压备用变压器微机涌流抑制器分闸2LP2连接片在投入		
		114	检查高压备用变压器微机解除涌流抑制器合闸2LP3连接片在退出		
		115	检查高压备用变压器微机解除涌流抑制器分闸2LP4连接片在退出		
		116	检查高压备用变压器故障录波器直流电源断路器在投入		
		117	检查高压备用变压器故障录波器装置ⅠX直流电源断路器在投入		
		118	检查高压备用变压器故障录波器装置ⅡX直流电源断路器在投入		
		119	检查高压备用变压器故障录波器交流电源断路器在投入		
		120	检查高压备用变压器故障录波器屏照明电源断路器在投入		
		121	检查高压备用变压器故障录波器工作正常，面板显示正确		
		122	投入220kV母差保护跳高压备用变压器断路器第一组线圈4LP连接片		
		123	投入220kV母差保护跳高压备用变压器断路器第二组线圈22LP连接片		
		124	投入220kV失灵保护跳高压备用变压器断路器第一组线圈1LP14连接片		
		125	投入220kV失灵保护跳高压备用变压器断路器第二组线圈1LP34连接片		
		126	投入220kV失灵保护屏高压备用变压器启动失灵1LP54连接片		
		127	检查高压备用变压器高压侧2200断路器三相在开位		
		128	检查高压备用变压器间隔隔离开关组操作电源在合位		
		129	检查高压备用变压器22001隔离开关开位良好		
		130	合上高压备用变压器22001隔离开关操作电源开关		
		131	检查高压备用变压器22001隔离开关选择开关在“远方”位置		
		132	检查高压备用变压器22002隔离开关开位良好		

续表

模拟	执行	序号	操作项目	时	分
		133	合上高压备用变压器 22002 隔离开关操作电源断路器		
		134	检查高压备用变压器 22002 隔离开关选择开关在“远方”位置		
		135	合上高压备用变压器 22001 隔离开关		
		136	检查高压备用变压器 22001 隔离开关合位良好		
		137	检查高压备用变压器 2200 断路器 A 相柜内温湿度断路器在合位		
		138	合上高压备用变压器 2200 断路器 A 相柜内储能电机电源断路器		
		139	检查高压备用变压器 2200 断路器 B 相柜内照明、温湿度断路器在合位		
		140	合上高压备用变压器 2200 断路器 B 相柜内储能电机电源断路器		
		141	检查高压备用变压器 2200 断路器 B 相柜内选择开关 STP 在“远控”位置		
		142	检查高压备用变压器 2200 断路器 C 相柜内温湿度断路器在合位		
		143	合上高压备用变压器 2200 断路器 C 相柜内储能电机电源断路器		
		144	检查高压备用变压器 2200 断路器油压正常（A：　MPa；B：　MPa；C：　MPa）		
		145	检查高压备用变压器 2200 断路器气压正常（A：　MPa；B：　MPa；C：　MPa）		
		146	合上高压备用变压器冷却器控制箱 1 号电源		
		147	合上高压备用变压器冷却器控制箱 2 号电源		
		148	检查高压备用变压器冷却器控制方式按规程规定投入		
		149	检查高压备用变压器有载调压装置回路良好		
		150	合上高压备用变压器有载调压装置电源		
		151	检查 6kV 厂用 1A 段备用进线 6101 断路器在开位		
		152	检查 6kV 厂用 1A 段备用进线 6101 断路器操作面板“远方/就地”把手在“就地”位置		
		153	检查 6kV 厂用 1A 段备用进线 6101 断路器操作面板储能电机切换把手在“关”位置		
		154	合上 6kV 厂用 1A 段备用进线 6101 断路器控制直流断路器		
		155	合上 6kV 厂用 1A 段备用进线 6101 断路器储能电机断路器		
		156	合上 6kV 厂用 1A 段备用进线 6101 断路器电压回路断路器		
		157	合上 6kV 厂用 1A 段备用进线 6101 断路器加热器照明断路器		
		158	检查 6kV 厂用 1A 段备用进线 6101 断路器“保护跳闸出口”连接片在投入		
		159	检查 6kV 厂用 1A 段备用进线 6101 断路器“快切投退后加速”连接片在投入		
		160	将 6kV 厂用 1A 段备用进线 6101 断路器摇至“试验”位置		
		161	合上 6kV 厂用 1A 段备用进线 6101 断路器二次插件		
		162	将 6kV 厂用 1A 段备用进线 6101 断路器摇至“工作”位置		
		163	将 6kV 厂用 1A 段备用进线 6101 断路器操作面板“远方/就地”把手切至“远方”位置		
		164	将 6kV 厂用 1A 段备用进线 6101 断路器操作面板储能电机切换把手切至“开”位置		
		165	检查 6kV 厂用 1A 段备用进线 6101 断路器保护及各面板各指示正确		
		166	检查 6kV 厂用 1A 段备用进线 61019TV 一次保险在投入		
		167	将 6kV 厂用 1A 段备用进线 61019TV 车摇至“试验”位置		
		168	合上 6kV 厂用 1A 段备用进线 61019TV 车二次插件		
		169	将 6kV 厂用 1A 段备用进线 61019TV 车摇至“工作”位置		
		170	合上 6kV 厂用 1A 段备用进线 61019TV 柜 A、B、C 相电压断路器		
		171	合上 6kV 厂用 1A 段备用进线 61019TV 柜电压表、变送器专用断路器		
		172	合上 6kV 厂用 1A 段备用进线 61019TV 柜热器照明断路器		

续表

模拟	执行	序号	操作项目	时	分
		173	合上6kV厂用1A段备用进线61019TV柜控制直流断路器		
		174	检查6kV厂用1B段备用进线6102断路器在开位		
		175	检查6kV厂用1B段备用进线6102断路器操作面板“远方/就地”把手在“就地”位置		
		176	检查6kV厂用1B段备用进线6102断路器操作面板储能电机切换把手在“关”位置		
		177	合上6kV厂用1B段备用进线6102断路器控制直流断路器		
		178	合上6kV厂用1B段备用进线6102断路器储能电机断路器		
		179	合上6kV厂用1B段备用进线6102断路器电压回路断路器		
		180	合上6kV厂用1B段备用进线6102断路器加热器照明断路器		
		181	检查6kV厂用1B段备用进线6102断路器“保护跳闸出口”连接片在投入		
		182	检查6kV厂用1B段备用进线6102断路器“快切投退后加速”连接片在投入		
		183	将6kV厂用1B段备用进线6102断路器摇至“试验”位置		
		184	合上6kV厂用1B段备用进线6102断路器二次插件		
		185	将6kV厂用1B段备用进线6102断路器摇至“工作”位置		
		186	将6kV厂用1B段备用进线6102断路器操作面板“远方/就地”把手切至“远方”位置		
		187	将6kV厂用1B段备用进线6102断路器操作面板储能电机切换把手切至“开”位置		
		188	检查6kV厂用1B段备用进线6102断路器保护及各面板各指示正确		
		189	检查6kV厂用1B段备用进线61029TV一次保险在投入		
		190	将6kV厂用1B段备用进线61029TV车摇至“试验”位置		
		191	合上6kV厂用1B段备用进线61029TV车二次插件		
		192	将6kV厂用1B段备用进线61029TV车摇至“工作”位置		
		193	合上6kV厂用1B段备用进线61029TV柜A、B、C相电压断路器		
		194	合上6kV厂用1B段备用进线61029TV柜电压表、变送器专用断路器		
		195	合上6kV厂用1B段备用进线61029TV柜热器照明断路器		
		196	合上6kV厂用1B段备用进线61029TV柜控制直流断路器		
		197	检查6kV厂用2A段备用进线6201断路器在开位		
		198	检查6kV厂用2A段备用进线6201断路器操作面板“远方/就地”把手在“就地”位置		
		199	检查6kV厂用2A段备用进线6201断路器操作面板储能电机切换把手在“关”位置		
		200	合上6kV厂用2A段备用进线6201断路器控制直流断路器		
		201	合上6kV厂用2A段备用进线6201断路器储能电机断路器		
		202	合上6kV厂用2A段备用进线6201断路器电压回路断路器		
		203	合上6kV厂用2A段备用进线6201断路器加热器照明断路器		
		204	检查6kV厂用2A段备用进线6201断路器“保护跳闸出口”连接片在投入		
		205	检查6kV厂用2A段备用进线6201断路器“快切投退后加速”连接片在投入		
		206	将6kV厂用2A段备用进线6201断路器摇至“试验”位置		
		207	合上6kV厂用2A段备用进线6201断路器二次插件		
		208	将6kV厂用2A段备用进线6201断路器摇至“工作”位置		
		209	将6kV厂用2A段备用进线6201断路器操作面板“远方/就地”把手切至“远方”位置		
		210	将6kV厂用2A段备用进线6201断路器操作面板储能电机切换把手切至“开”位置		

续表

模拟	执行	序号	操作项目	时	分
		211	检查6kV厂用2A段备用进线6201断路器保护及各面板各指示正确		
		212	检查6kV厂用2A段备用进线62019TV一次保险在投入		
		213	将6kV厂用2A段备用进线62019TV车摇至“试验”位置		
		214	合上6kV厂用2A段备用进线62019TV车二次插件		
		215	将6kV厂用2A段备用进线62019TV车摇至“工作”位置		
		216	合上6kV厂用2A段备用进线62019TV柜A、B、C相电压断路器		
		217	合上6kV厂用2A段备用进线62019TV柜电压表、变送器专用断路器		
		218	合上6kV厂用2A段备用进线62019TV柜热器照明断路器		
		219	合上6kV厂用2A段备用进线62019TV柜控制直流断路器		
		220	检查6kV厂用2B段备用进线6202断路器在开位		
		221	检查6kV厂用2B段备用进线6202断路器操作面板“远方/就地”把手在“就地”位置		
		222	检查6kV厂用2B段备用进线6202断路器操作面板储能电机切换把手在“关”位置		
		223	合上6kV厂用2B段备用进线6202断路器控制直流断路器		
		224	合上6kV厂用2B段备用进线6202断路器储能电机断路器		
		225	合上6kV厂用2B段备用进线6202断路器电压回路断路器		
		226	合上6kV厂用2B段备用进线6202断路器加热器照明断路器		
		227	检查6kV厂用2B段备用进线6202断路器“保护跳闸出口”连接片在投入		
		228	检查6kV厂用2B段备用进线6202断路器“快切投退后加速”连接片在投入		
		229	将6kV厂用2B段备用进线6202断路器摇至“试验”位置		
		230	合上6kV厂用2B段备用进线6202断路器二次插件		
		231	将6kV厂用2B段备用进线6202断路器摇至“工作”位置		
		232	将6kV厂用2B段备用进线6202断路器操作面板“远方/就地”把手切至“远方”位置		
		233	将6kV厂用2B段备用进线6202断路器操作面板储能电机切换把手切至“开”位置		
		234	检查6kV厂用2B段备用进线6202断路器保护及各面板各指示正确		
		235	检查6kV厂用2B段备用进线62029TV一次保险在投入		
		236	将6kV厂用2B段备用进线62029TV车摇至“试验”位置		
		237	合上6kV厂用2B段备用进线62029TV车二次插件		
		238	将6kV厂用2B段备用进线62029TV车摇至“工作”位置		
		239	合上6kV厂用2B段备用进线62029TV柜A、B、C相电压断路器		
		240	合上6kV厂用2B段备用进线62029TV柜电压表、变送器专用断路器		
		241	合上6kV厂用2B段备用进线62029TV柜热器照明断路器		
		242	合上6kV厂用2B段备用进线62029TV柜控制直流断路器		
		243	联系调度，退出1号发电发电机变压器压器组微机保护A柜主变压器中性点直接接地零序过电流保护Ⅱ段1XP33连接片		
		244	联系调度，退出1号发电发电机变压器压器组微机保护B柜主变压器中性点直接接地零序过电流保护Ⅱ段1XP33连接片		
		245	联系调度，合上高压备用变压器高压侧2200断路器		
		246	检查高压备用变压器充电良好，运行正常		
		247	联系调度，投入1号发电机变压器组微机保护A柜主变压器中性点直接接地零序过电流保护Ⅱ段1XP33连接片		

续表

模拟	执行	序号	操作项目	时	分
		248	联系调度，投入1号发电机变压器组微机保护B柜主变压器中性点直接接地零序过电流保护Ⅱ段1XP33连接片		
		249	检查1号机厂用快切装置所有电源断路器在投入		
		250	检查跳6kV厂用1A段工作电源6111断路器1XB连接片在投入		
		251	检查合6kV厂用1A段工作电源6111断路器2XB连接片在投入		
		252	检查跳6kV厂用1A段备用电源6101断路器3XB连接片在投入		
		253	检查合6kV厂用1A段备用电源6101断路器4XB连接片在投入		
		254	检查合高压备用变压器高压侧2200断路器5XB连接片在投入		
		255	检查6kV厂用1A段母线TV检修8XB连接片在投入		
		256	检查跳6kV厂用1B段工作电源6112断路器9XB连接片在投入		
		257	检查合6kV厂用1B段工作电源6112断路器10XB连接片在投入		
		258	检查跳6kV厂用1B段备用电源6102断路器11XB连接片在投入		
		259	检查合6kV厂用1B段备用电源6102断路器12XB连接片在投入		
		260	检查合高压备用变压器高压侧2200断路器13XB连接片在投入		
		261	检查6kV厂用1B段母线TV检修16XB连接片在投入		
		262	检查1号机厂用快切装置运行正常		
		263	检查2号机厂用快切装置所有电源断路器在投入		
		264	检查跳6kV厂用2A段工作电源6211断路器1XB连接片在投入		
		265	检查合6kV厂用2A段工作电源6211断路器2XB连接片在投入		
		266	检查跳6kV厂用2A段备用电源6201断路器3XB连接片在投入		
		267	检查合6kV厂用2A段备用电源6201断路器4XB连接片在投入		
		268	检查合高压备用变压器高压侧2200断路器5XB连接片在投入		
		269	检查6kV厂用2A段母线TV检修8XB连接片在投入		
		270	检查跳6kV厂用2B段工作电源6212断路器9XB连接片在投入		
		271	检查合6kV厂用2B段工作电源6212断路器10XB连接片在投入		
		272	检查跳6kV厂用2B段备用电源6202断路器11XB连接片在投入		
		273	检查合6kV厂用2B段备用电源6202断路器12XB连接片在投入		
		274	检查合高压备用变压器高压侧2200断路器13XB连接片在投入		
		275	检查6kV厂用2B段母线TV检修16XB连接片在投入		
		276	检查2号机厂用快切装置运行正常		
		277	汇报值长，高压备用变压器送电操作结束，厂用系统恢复正常		

操作人：________ 监护人：________ 值班负责人：________ 值长：________

（2）以图2-1大型火力发电厂的电气主接线（一）为例，变压器停电检修实际操作。

<table>
<tr><td colspan="4">××发电公司电气操作票</td><td colspan="2">版次：01</td><td colspan="2">页数：</td></tr>
<tr><td colspan="4"></td><td colspan="4">编号：DQ-201401-1001</td></tr>
<tr><td colspan="3" rowspan="2">操作时间</td><td>开始</td><td colspan="2">____年___月___日___时___分</td><td colspan="2" rowspan="2">已执行</td></tr>
<tr><td>结束</td><td colspan="2">____年___月___日___时___分</td></tr>
<tr><td colspan="3">操作任务</td><td colspan="5">高压备用变压器停电检修</td></tr>
<tr><td>模拟</td><td>执行</td><td>序号</td><td colspan="3">操作项目</td><td>时</td><td>分</td></tr>
<tr><td></td><td></td><td>1</td><td colspan="3">得值长令，高压备用变压器停电</td><td></td><td></td></tr>
<tr><td></td><td></td><td>2</td><td colspan="3">检查高压备用变压器负荷电流为零，负荷侧断路器均在开位</td><td></td><td></td></tr>
<tr><td></td><td></td><td>3</td><td colspan="3">拉开高压备用变压器高压侧 2200 断路器，高压备用变压器停电</td><td></td><td></td></tr>
<tr><td></td><td></td><td>4</td><td colspan="3">检查 6kV 厂用 1A 段备用进线 6101 断路器在开位</td><td></td><td></td></tr>
<tr><td></td><td></td><td>5</td><td colspan="3">将 6kV 厂用 1A 段备用进线 6101 断路器操作面板“远方/就地”把手切至“就地”位置</td><td></td><td></td></tr>
<tr><td></td><td></td><td>6</td><td colspan="3">将 6kV 厂用 1A 段备用进线 6101 断路器操作面板储能电机切至“关”位置</td><td></td><td></td></tr>
<tr><td></td><td></td><td>7</td><td colspan="3">将 6kV 厂用 1A 段备用进线 6101 断路器摇至“试验”位置</td><td></td><td></td></tr>
<tr><td></td><td></td><td>8</td><td colspan="3">拉开 6kV 厂用 1A 段备用进线 6101 断路器二次插件</td><td></td><td></td></tr>
<tr><td></td><td></td><td>9</td><td colspan="3">将 6kV 厂用 1A 段备用进线 6101 断路器摇至“检修”位置</td><td></td><td></td></tr>
<tr><td></td><td></td><td>10</td><td colspan="3">拉开 6kV 厂用 1A 段备用进线 6101 断路器控制直流断路器</td><td></td><td></td></tr>
<tr><td></td><td></td><td>11</td><td colspan="3">拉开 6kV 厂用 1A 段备用进线 6101 断路器储能电机断路器</td><td></td><td></td></tr>
<tr><td></td><td></td><td>12</td><td colspan="3">拉开 6kV 厂用 1A 段备用进线 6101 断路器电压回路断路器</td><td></td><td></td></tr>
<tr><td></td><td></td><td>13</td><td colspan="3">拉开 6kV 厂用 1A 段备用进线 6101 断路器加热器照明断路器</td><td></td><td></td></tr>
<tr><td></td><td></td><td>14</td><td colspan="3">拉开 6kV 厂用 1A 段备用进线 6101 断路器温湿度控制断路器</td><td></td><td></td></tr>
<tr><td></td><td></td><td>15</td><td colspan="3">拉开 6kV 厂用 1A 段备用进线 61019TV 柜 A、B、C 相电压断路器</td><td></td><td></td></tr>
<tr><td></td><td></td><td>16</td><td colspan="3">拉开 6kV 厂用 1A 段备用进线 61019TV 柜电压表、变送器专用断路器</td><td></td><td></td></tr>
<tr><td></td><td></td><td>17</td><td colspan="3">将 6kV 厂用 1A 段备用进线 61019TV 车摇至“试验”位置</td><td></td><td></td></tr>
<tr><td></td><td></td><td>18</td><td colspan="3">拉开 6kV 厂用 1A 段备用进线 61019TV 车二次插件</td><td></td><td></td></tr>
<tr><td></td><td></td><td>19</td><td colspan="3">将 6kV 厂用 1A 段备用进线 61019 车 TV 摇至“检修”位置</td><td></td><td></td></tr>
<tr><td></td><td></td><td>20</td><td colspan="3">拉开 6kV 厂用 1A 段备用进线 61019TV 次保险</td><td></td><td></td></tr>
<tr><td></td><td></td><td>21</td><td colspan="3">拉开 6kV 厂用 1A 段备用进线 61019TV 柜热器照明断路器</td><td></td><td></td></tr>
<tr><td></td><td></td><td>22</td><td colspan="3">拉开 6kV 厂用 1A 段备用进线 61019TV 柜控制直流断路器</td><td></td><td></td></tr>
<tr><td></td><td></td><td>23</td><td colspan="3">检查 6kV 厂用 1B 段备用进线 6102 断路器在开位</td><td></td><td></td></tr>
<tr><td></td><td></td><td>24</td><td colspan="3">将 6kV 厂用 1B 段备用进线 6102 断路器操作面板“远方/就地”把手切至“就地”位置</td><td></td><td></td></tr>
<tr><td></td><td></td><td>25</td><td colspan="3">将 6kV 厂用 1B 段备用进线 6102 断路器操作面板储能电机切至“关”位置</td><td></td><td></td></tr>
<tr><td></td><td></td><td>26</td><td colspan="3">将 6kV 厂用 1B 段备用进线 6102 断路器摇至“试验”位置</td><td></td><td></td></tr>
<tr><td></td><td></td><td>27</td><td colspan="3">拉开 6kV 厂用 1B 段备用进线 6102 断路器二次插件</td><td></td><td></td></tr>
<tr><td></td><td></td><td>28</td><td colspan="3">将 6kV 厂用 1B 段备用进线 6102 断路器摇至“检修”位置</td><td></td><td></td></tr>
<tr><td></td><td></td><td>29</td><td colspan="3">拉开 6kV 厂用 1B 段备用进线 6102 断路器控制直流断路器</td><td></td><td></td></tr>
<tr><td></td><td></td><td>30</td><td colspan="3">拉开 6kV 厂用 1B 段备用进线 6102 断路器储能电机断路器</td><td></td><td></td></tr>
<tr><td></td><td></td><td>31</td><td colspan="3">拉开 6kV 厂用 1B 段备用进线 6102 断路器电压回路断路器</td><td></td><td></td></tr>
<tr><td></td><td></td><td>32</td><td colspan="3">拉开 6kV 厂用 1B 段备用进线 6102 断路器加热器照明断路器</td><td></td><td></td></tr>
<tr><td></td><td></td><td>33</td><td colspan="3">拉开 6kV 厂用 1B 段备用进线 6102 断路器温、湿度控制断路器</td><td></td><td></td></tr>
<tr><td></td><td></td><td>34</td><td colspan="3">拉开 6kV 厂用 1B 段备用进线 61029TV 柜 A、B、C 相电压断路器</td><td></td><td></td></tr>
<tr><td></td><td></td><td>35</td><td colspan="3">拉开 6kV 厂用 1B 段备用进线 61029TV 柜电压表、变送器专用断路器</td><td></td><td></td></tr>
</table>

续表

模拟	执行	序号	操作项目	时	分
		36	将6kV厂用1B段备用进线61029TV车摇至“试验”位置		
		37	拉开6kV厂用1B段备用进线61029TV车二次插件		
		38	将6kV厂用1B段备用进线61029TV车摇至“检修”位置		
		39	拉开6kV厂用1B段备用进线61029TV一次保险		
		40	拉开6kV厂用1B段备用进线61029TV柜热器照明断路器		
		41	拉开6kV厂用1B段备用进线61029TV柜控制直流断路器		
		42	检查6kV厂用2A段备用进线6201断路器在开位		
		43	将6kV厂用2A段备用进线6201断路器操作面板“远方/就地”把手切至“就地”位置		
		44	将6kV厂用2A段备用进线6201断路器操作面板储能电机切至“关”位置		
		45	将6kV厂用2A段备用进线6201断路器摇至“试验”位置		
		46	拉开6kV厂用2A段备用进线6201断路器二次插件		
		47	将6kV厂用2A段备用进线6201断路器摇至“检修”位置		
		48	拉开6kV厂用2A段备用进线6201断路器控制直流断路器		
		49	拉开6kV厂用2A段备用进线6201断路器储能电机断路器		
		50	拉开6kV厂用2A段备用进线6201断路器电压回路断路器		
		51	拉开6kV厂用2A段备用进线6201断路器加热器照明断路器		
		52	拉开6kV厂用2A段备用进线6201断路器温、湿度控制断路器		
		53	拉开6kV厂用2A段备用进线62019TV柜A、B、C相电压断路器		
		54	拉开6kV厂用2A段备用进线62019TV柜电压表、变送器专用断路器		
		55	将6kV厂用2A段备用进线62019TV车摇至“试验”位置		
		56	拉开6kV厂用2A段备用进线62019TV车二次插件		
		57	将6kV厂用2A段备用进线62019TV车摇至“检修”位置		
		58	拉开6kV厂用2A段备用进线62019TV一次保险		
		59	拉开6kV厂用2A段备用进线62019TV柜热器照明断路器		
		60	拉开6kV厂用2A段备用进线62019TV柜控制直流断路器		
		61	检查6kV厂用2B段备用进线6202断路器在开位		
		62	将6kV厂用2B段备用进线6202断路器操作面板“远方/就地”把手切至“就地”位置		
		63	将6kV厂用2B段备用进线6202断路器操作面板储能电机切至“关”位置		
		64	将6kV厂用2B段备用进线6202断路器摇至“试验”位置		
		65	拉开6kV厂用2B段备用进线6202断路器二次插件		
		66	将6kV厂用2B段备用进线6202断路器摇至“检修”位置		
		67	拉开6kV厂用2B段备用进线6202断路器控制直流断路器		
		68	拉开6kV厂用2B段备用进线6202断路器储能电机断路器		
		69	拉开6kV厂用2B段备用进线6202断路器电压回路断路器		
		70	拉开6kV厂用2B段备用进线6202断路器加热器照明断路器		
		71	拉开6kV厂用2B段备用进线6202断路器温、湿度控制断路器		
		72	拉开6kV厂用2B段备用进线62029TV柜A、B、C相电压断路器		
		73	拉开6kV厂用2B段备用进线62029TV柜电压表、变送器专用断路器		
		74	将6kV厂用2B段备用进线62029TV车摇至“试验”位置		
		75	拉开6kV厂用2B段备用进线62029TV车二次插件		

续表

模拟	执行	序号	操作项目	时	分
		76	将 6kV 厂用 2B 段备用进线 62029TV 车摇至“检修”位置		
		77	拉开 6kV 厂用 2B 段备用进线 62029TV 一次保险		
		78	拉开 6kV 厂用 2B 段备用进线 62029TV 柜热器照明断路器		
		79	拉开 6kV 厂用 IB 段备用进线 62029TV 柜控制直流断路器		
		80	检查高压备用变压器高压侧 2200 断路器三相在开位		
		81	检查高压备用变压器高压侧 22002 隔离开关开位良好		
		82	拉开高压备用变压器高压侧 22001 隔离开关		
		83	检查高压备用变压器高压侧 22001 隔离开关开位良好		
		84	拉开高压备用变压器高压侧 2200 断路器 A 相柜内储能电源		
		85	拉开高压备用变压器高压侧 2200 断路器 B 相柜内储能电源		
		86	拉开高压备用变压器高压侧 2200 断路器 C 相柜内储能电源		
		87	将高压备用变压器北母 22002 隔离开关选择开关切至“就地”位置		
		88	拉开高压备用变压器高压侧 22002 隔离开关操作电源		
		89	将高压备用变压器 22001 隔离开关选择开关切至“就地”位置		
		90	检查高压备用变压器风扇在停止状态		
		91	拉开高压备用变压器冷却器控制箱 1 号电源		
		92	拉开高压备用变压器冷却器控制箱 2 号电源		
		93	拉开高压备用变压器有载调压装置电源		
		94	拉开高压备用变压器高压侧 22001 隔离开关操作电源		
		95	退出 220kV 母差保护跳高压备用变压器断路器第一组线圈 4LP 连接片		
		96	退出 220kV 母差保护跳高压备用变压器断路器第二组线圈 22LP 连接片		
		97	退出 220kV 失灵保护跳高压备用变压器断路器第一组线圈 1LP14 连接片		
		98	退出 220kV 失灵保护跳高压备用变压器断路器第二组线圈 1LP34 连接片		
		99	退出 220kV 失灵保护屏高压备用变压器启动失灵 1LP54 连接片		
		100	拉开高压备用变压器辅助继电器屏跳闸监视电源断路器		
		101	拉开高压备用变压器辅助继电器屏时间继电器电源断路器		
		102	拉开高压备用变压器辅助继电器屏微机涌流抑制器电源断路器		
		103	退出高压备用变压器微机保护 A 柜跳母联 2212 断路器第一组线圈 9XB 连接片		
		104	退出高压备用变压器微机保护 A 柜跳母联 2212 断路器第二组线圈 10XB 连接片		
		105	退出高压备用变压器微机保护 A 柜保护动作启动失灵 16XB 连接片		
		106	拉开高压备用变压器微机保护 A 柜 Ⅰ 套电源输入 QF1 断路器		
		107	拉开高压备用变压器微机保护 A 柜 Ⅱ 套电源输入 QF2 断路器		
		108	拉开高压备用变压器微机保护 A 柜打印机电源 QF 断路器		
		109	退出高压备用变压器微机保护 B 柜跳母联 2212 断路器第一组线圈 9XB 连接片		
		110	退出高压备用变压器微机保护 B 柜跳母联 2212 断路器第二组线圈 10XB 连接片		
		111	退出高压备用变压器微机保护 B 柜保护动作启动失灵 16XB 连接片		
		112	拉开高压备用变压器微机保护 B 柜 Ⅰ 套电源输入 QF1 断路器		
		113	拉开高压备用变压器微机保护 B 柜 Ⅱ 套电源输入 QF2 断路器		
		114	拉开高压备用变压器微机保护 B 柜打印机电源 QF 断路器		
		115	退出高压备用变压器微机保护 C 柜解除复压闭锁 3XB 连接片		
		116	退出高压备用变压器微机保护 C 柜启动母线失灵 4XB 连接片		
		117	拉开高压备用变压器微机保护 C 柜保护电源输入 QF1 断路器		

续表

模拟	执行	序号	操作项目	时	分
		118	拉开高压备用变压器微机保护C柜打印机电源QF断路器		
		119	在高压备用变压器高压侧2200隔离开关侧三相验电确无电压		
		120	合上高压备用变压器高压侧2200隔离开关侧220017接地隔离开关		
		121	检查高压备用变压器高压侧2200隔离开关侧220017接地隔离开关合闸良好		
		122	在高压备用变压器高压侧引线上三相验电确无电压		
		123	在高压备用变压器高压侧引线上装设21号三相短路接地线一组		
		124	在6kV厂用1A段备用进线6101开关间隔验明变压器侧三相确无电压		
		125	在6kV厂用1A段备用进线6101开关间隔变压器侧装设1号三相短路接地线一组		
		126	在6kV厂用1B段备用进线6102开关间隔验明变压器侧三相确无电压		
		127	在6kV厂用1B段备用进线6102开关间隔变压器侧装设2号三相短路接地线一组		
		128	汇报值长，高压备用变压器停电操作结束		

操作人：＿＿＿＿＿＿ 监护人：＿＿＿＿＿＿ 值班负责人：＿＿＿＿＿＿ 值长：＿＿＿＿＿＿

单元十五　发电机倒闸操作

一、防止非同期并列的措施

(1) 发电机、变压器、电压互感器、线路新投入（大修后投入），或一次回路有改变、接线有改动，并列前均应定相。

(2) 防止发生人为误操作：

1) 熟知同期回路及同期点；

2) 在同一时间里不允许投入两个同期电源断路器，以免在同期回路发生非同期并列；

3) 严禁将同期闭锁开关“解除”；

4) 厂用变压器、备用厂用变压器，分别接自不同频率的电源系统时，不准直接并列。

(3) 保证同期回路接线正确、同期装置动作良好。

(4) 断路器的同期回路或合闸回路有工作时，对应一次回路的隔离开关应拉开，以防断路器误合入、误并列。

(5) 手动并列发电机，一定要经过同期继电器 KS 的闭锁。

(6) 同期装置投入后．同期表出现以下情况，禁止合闸：

1) 明知接入的是不同期（$f \neq f'$）的电源电压，但同期表不旋转或指向“同期”位置不动；

2) 同期表指针旋转时转速不均匀，表犯卡或指针跳动；

3) 频率差太大，同期表旋转太快。

(7) 掌握好提前合闸角度 δ_C。

(8) 原动机转速不稳定，应将自动准同期装置的自动调速停用改为手动调速，并避免作连续调整（要考虑原动机调速系统动作迟缓率）。以免同期装置在相角急剧变化时合闸。

(9) 检查待并断路器的传动机构、操作控制回路或试拉合待并断路器时，应将发电机的母线隔离开关拉开、定子电压降为零，以防止误合闸并列。

二、禁止同期回路中两个以上同期开关同时投入

系统中凡是可以进行并列的断路器，叫作同期点。每个同期点均装有一个可以抽出操作手柄的同期开关 SS，用以接通待并断路器的同期电压及直流合闸回路。大、中型的发电厂、变电站，同期点多达 10～30 个，但同期装置及同期电压小母线全厂（站）却公用一套。操作中稍不注意，同时投入 2 个或 2 个以上同期开关是可能的。投入 2 个同期开关，将产生以下严重后果：

(1) 使不同电源频率的电压互感器二次通过同期电压小母线发生非同期并列。

(2) 造成彼此有 30°相角差的电压互感器二次电压通过同期小母线合环并列。

(3) 在一定条件下，通过同期小母线向一次系统反送电，将严重危及人身安全。

防止发生事故，做好安全措施：①检修回路要挂地线；②电压互感器及其隔离开关检修要取下高低压侧熔断器；③有关同期开关必须断开。

三、发电机强励投入、断开的规定

发电机并列前投入强行励磁装置（简称强励），如果发生非同期并列，可以迅速加大励

磁电流，有助于发电机尽快拉入同步。

发电机解列前将强励断开，为的是防止误动。解列操作时，如无功调整不当（进相）或无功电力表犯卡，发电机已从电网吸取无功电流，值班人员却看不出来，一旦断路器拉开后，发电机定子电压将大幅度下降，往往引起强励动作，使发电机空载超压。因此，凡是强励与发电机断路器之间未装闭锁的，发电机解列前必须先将强励手动断开，以防误动。

四、关于工作励磁与备励切换的操作

采用三相整流电源（如静止励磁或交流工作励磁机）为工作励磁电源时，以二极管或晶闸管组成的三相整流桥输出直流和备用励磁机并列不会产生反向电流。

倒换备用励磁机操作中的注意事项：

（1）测量备用励磁机及工作励磁机的电压，应用精度稍高的同一电压表测量，盘表仅作参考。

（2）切换操作时，一人操作，一人监护。严禁一人合备用励磁机隔离开关，另一人拉工作励磁机隔离开关。因为这样操作常常配合不好，极易发生问题。有的发电厂就出现过在备用励磁机隔离开关尚未合入，忙乱中就拉开工作励磁机隔离开关，造成隔离开关烧毁，发电机失磁停机。

（3）两励磁机并列时间要尽量短（1～2s），进行快速切换。合上备用励磁机隔离开关，立即迅速拉开工作励磁机隔离开关。禁止用逐步转移负荷的方法解列工作励磁机，以免长时间并列引起运行不稳定。

（4）如果在工作励磁机及备用励磁机回路加装闭锁二极管，备用励磁机的切换操作将既安全又可靠，也不用减发电机有功负荷。条件允许时应尽可能考虑采取这一措施。

五、同期并列操作的注意事项

（1）在进行同期并列操作时，要正确判断表计。一般可让整步表指针旋转几圈，待转速均匀、指针缓慢接近红线正确选择合闸提前角合闸。

（2）整步表指针转速太快不可并列；指针已到红线或超过红线不可并列；指针呆滞不可并列。

（3）在同期并列操作时，不能在合上“同期表开关 1SSA”后发现整步表、电压表、频率差表指针均在中央位置，即误认为两系统同期而合并列按钮。这是因为电压实际并未加到同期表和同期检定继电器的缘故，这将会造成不同期并列。

（4）合并列按钮时，要稳、准、重，使同期并列按钮 SSB 触点确实闭合，不要立即放开。

（5）在并列成功后，复置控制开关时要唱票，防止复错方向而将合上的断路器拉开。

（6）在同期并列时若发现异常情况，应先弄清情况后方可进行并列操作。

六、操作实例

（1）以图 2-1 大型火力发电厂的电气主接线（一）为例，发电机与系统并列实际操作。

<table>
<tr><td colspan="3" rowspan="2">××发电公司电气操作票</td><td>版次：01</td><td>页数：</td></tr>
<tr><td colspan="2">编号：DQ-201401-1001</td></tr>
<tr><td rowspan="2">操作时间</td><td>开始</td><td colspan="2">______年___月___日___时___分</td><td rowspan="2">已执行</td></tr>
<tr><td>结束</td><td colspan="2">______年___月___日___时___分</td></tr>
<tr><td>操作任务</td><td colspan="4">1 号发电机与系统并列</td></tr>
</table>

续表

模拟	执行	序号	操作项目	时	分
		1	得值长令，1号发电机与系统并列		
		2	检查1号发电机变压器组全回路在良好备用状态		
		3	检查1号发电机变压器组保护启用正确		
		4	检查1号发电机变压器组出口2201断路器在开位		
		5	检查1号主变压器高压侧22011隔离开关在开位		
		6	合上1号主变压器高压侧22012隔离开关		
		7	检查1号主变压器高压侧22012隔离开关合位良好		
		8	检查1号发电机变压器组2201断路器油压正常（A：　MPa；B：　MPa；C：　MPa）		
		9	检查1号发电机变压器组2201断路器气压正常（A：　MPa；B：　MPa；C：　MPa）		
		10	检查1号主变压器中性点210隔离开关在合位良好		
		11	合上1号机1号整流柜风机电源，检查风机运行正常		
		12	合上1号机2号整流柜风机电源，检查风机运行正常		
		13	合上1号机3号整流柜风机电源，检查风机运行正常		
		14	检查1号机励磁调节器LCD画面参数、信号指示正确		
		15	检查1号机同期屏手动同期启动开关在“手动退出”位置		
		16	检查1号机同期屏自动/手动转换开关在“自动同期”位置		
		17	检查1号发电机变压器组DCS画面、信号指示正确		
		18	待汽轮机已定速		
		19	投入1号发电机变压器组保护C柜“热工保护”16XB连接片		
		20	投入1号机断水保护21XB连接片		
		21	投入1号发电机变压器组保护C柜“主汽门关闭”3XB连接片		
		22	合上1号机灭磁断路器		
		23	按下1号机励磁系统操作面板上“励磁投入”按钮		
		24	检查1号机励磁系统操作面板上“初励投入”光字牌亮		
		25	检查1号机静子电压自动升至90%额定电压		
		26	检查1号机三相定子电流指示为零		
		27	手动调整1号机自动调节励磁“增磁”按钮，将1号发电机电压升至额定		
		28	检查1号机空载励磁电压100V，空载励磁电流1020A		
		29	按下1号机同期装置面板“电源投入”按钮		
		30	检查1号机同期装置工作正常		
		31	按下1号机同期装置面板“合闸允许”按钮		
		32	当整步表指针在同期点±30°以外时，按下1号机DEH画面转速控制面板上“自动同期”按钮		
		33	检查1号机同期装置面板上“启动同期”按钮红闪一次		
		34	待1号发电机变压器组出口2201断路器同期合闸后，复位开关		
		35	汇报值长，通知机炉，1号发电机已并网		
		36	按下1号机同期装置面板“合闸闭锁”按钮		
		37	按下1号机同期装置面板“电源切除”按钮		
		38	拉开2号主变压器中性点220隔离开关		
		39	投入乙线振荡解列Ⅰ套装置跳1号机7LP连接片		
		40	投入甲线振荡解列Ⅰ套装置跳1号机16LP连接片		
		41	投入乙线振荡解列Ⅱ套装置跳1号机25LP连接片		

续表

模拟	执行	序号	操作项目	时	分
		42	投入甲线振荡解列Ⅱ套装置跳1号机34LP连接片		
		43	投入电网安稳Ⅰ套装置允许切1台机3－LP21连接片		
		44	投入电网安稳Ⅰ套装置切1号机3－LP3连接片		
		45	投入电网安稳Ⅰ套装置切2号机3－LP7连接片		
		46	投入电网安稳Ⅱ套装置允许切1台机3－LP21连接片		
		47	投入电网安稳Ⅱ套装置切1号机3－LP3连接片		
		48	投入电网安稳Ⅱ套装置切2号机3－LP7连接片		
		49	汇报值长，1号机并网操作结束		

操作人：________ 监护人：________ 值班负责人：________ 值长：________

（2）以图2-1大型火力发电厂的电气主接线（一）为例，发电机与系统解列实际操作。

××发电公司电气操作票			版次：01	页数：
			编号：DQ-201401-1001	
操作时间	开始	____年__月__日__时__分		已执行
	结束	____年__月__日__时__分		
操作任务	1号发电机与系统解列			

模拟	执行	序号	操作项目	时	分
		1	得值长令，1号发电机与系统解列		
		2	检查6kV厂用1A、1B段已倒至备用电源运行		
		3	检查1号主变压器中性点210隔离开关在合位		
		4	联系调度，合上2号主变压器中性点220隔离开关		
		5	减少1号机有功、无功负荷		
		6	待1号机三相静子电流指示为零时		
		7	由汽机按“紧急停机”按钮或就地打闸停机		
		8	检查1号机出口2201断路器、灭磁断路器跳闸，发电机解列		
		9	汇报值长，复归跳闸断路器状态		
		10	拉开1号发电机1号整流柜风机电源		
		11	拉开1号发电机2号整流柜风机电源		
		12	拉开1号发电机3号整流柜风机电源		
		13	检查1号发电机变压器组出口2201断路器在开位		
		14	拉开1号主变压器高压侧22012隔离开关		
		15	检查1号主变压器高压侧22012隔离开关开位良好		
		16	退出电网安稳Ⅰ套装置允许切1台机3－LP21连接片		
		17	退出电网安稳Ⅰ套装置切1号机3－LP3连接片		
		18	退出电网安稳Ⅰ套装置切2号机3－LP7连接片		
		19	退出电网安稳Ⅱ套装置允许切1台机3－LP21连接片		
		20	退出电网安稳Ⅱ套装置切1号机3－LP3连接片		
		21	退出电网安稳Ⅱ套装置切2号机3－LP7连接片		
		22	退出乙线振荡解列Ⅰ套装置跳1号机7LP连接片		
		23	退出甲线振荡解列Ⅰ套装置跳1号机16LP连接片		
		24	退出入乙线振荡解列Ⅱ套装置跳1号机25LP连接片		

续表

模拟	执行	序号	操作项目	时	分
		25	退出甲线振荡解列Ⅱ套装置跳 1 号机 34LP 连接片		
		26	拉开 1 号主变压器中性点 210 隔离开关		
		27	检查 1 号主变压器中性点 210 隔离开关开位良好		
		28	检查 1 号主变压器、1 号高压工作变压器冷却器停止运行		
		29	退出 1 号发电机变压器组保护 C 柜“热工保护”16XB 连接片		
		30	退出 1 号机断水保护 21XB 连接片		
		31	退出 1 号发电机变压器组保护 C 柜“主汽门关闭”3XB 连接片		
		32	汇报值长，1 号机与系统解列操作结束		

操作人：＿＿＿＿＿　监护人：＿＿＿＿＿　值班负责人：＿＿＿＿＿　值长：＿＿＿＿＿

技能拓展训练篇

单元十六　输电线路单相瞬时性故障处理

一、线路单相瞬时性故障的处理原则

输电线路断路器跳闸一般有以下几个原因：

(1) 本线路故障。

(2) 相邻线路故障但本线路的保护由于某种原因误动。

(3) 线路无故障，断路器由于某种原因误跳。

线路单相瞬时性故障的过程是：单相故障→断路器单相跳闸→经重合闸整定时间 t→单相重合→系统恢复正常运行。这一过程非常短，因此运行人员往往只能从事故信号、保护及自动装置了解故障情况。

线路单相瞬时性故障的处理原则是：

(1) 线路保护动作跳闸时，运行值班人员应从中央信号、事件打印、保护及自动装置动作情况及时分析故障相别、故障距离、保护的动作情况。

(2) 将以上情况和当时的负荷情况及时向调度汇报，便于调度及时、全面地掌握情况，进行分析判断。

(3) 若查明重合闸重合成功，且本站录波器确已动作，经询问对方断路器和保护动作情况，确认是本线路内瞬时故障，可做好记录，复归信号，向调度汇报。

(4) 到现场检查断路器的实际位置，无论断路器重合与否，都应检查断路器及线路侧所有设备有无短路、接地、闪络、断线、瓷件破损、爆炸、喷油等现象。

(5) 检查站内其他设备有无异常。

(6) 及时记录保护及自动装置屏上的所有信号。

(7) 记录跳闸前后的线路负荷情况。

(8) 检查重合闸充电灯是否点亮（重合闸动作后，断路器重合，重合闸经 15s 充电）。

(9) 打印故障录波报告及微机保护报告。

(10) 事故处理完毕后，变电站值班长要指定有经验的值班员做好详细的事故障碍记录、断路器跳闸记录等，并根据断路器跳闸情况、保护及自动装置的动作情况、事件记录、故障录波、微机保护打印以及处理情况，整理详细的现场跳闸报告。

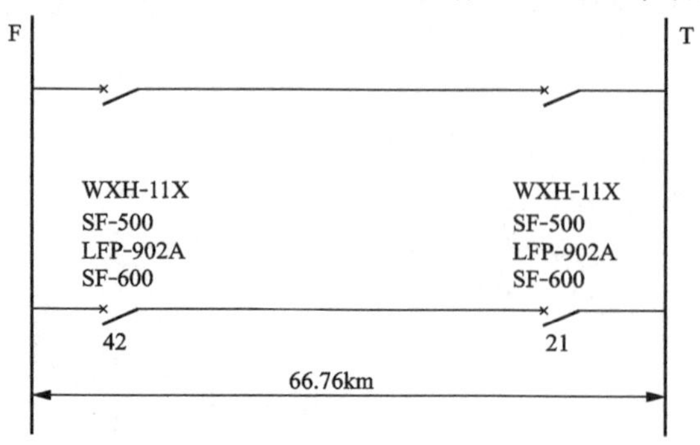

图 16-1　FT 线路及保护配置

(11) 根据调度及上级主管部门的要求，将所整理的跳闸报告及时上报。

二、单相瞬时性故障分析

事故涉及的线路和保护配置如图 16-1 所示，两变电站之间为双回线，线路长度为 66.76km。

(一) 基本情况

2001 年 5 月 24 日 16 时 42 分，FHS 变电站 FT 一回线 C 相瞬时性故障，C 相重合闸重合成功，负荷在正常范围内，系统无其他异常，FT 一回线（FT 为双回线）线路全长 66.76km。

1. 微机监控系统主要信号

FT 一回 SF-500 收发信机动作

FT 一回 SF-600 收发信机动作

FT 一回 WXH-11X 保护动作

FT 一回 LEP-902A 保护动作

FT 一回 C 相断路器跳闸

FT 一回 WXH-11X 重合闸动作

FT 一回 LEP-902A 重合闸动作

FT 一回 WXH-11X 保护呼唤值班员

FT 一回 LEP-902A 保护呼唤值班员

3 号录波器动作

5 号录波器动作

1 号主变压器中性点过电流保护掉牌

2 号主变压器中性点过电流保护掉牌

220kV 母线电压低

本站 220kV 其他相关线路高频收发信机动作

2. 继电保护屏保护信号

WXH-11X 型微机保护：跳 C 相、重合闸、高频收发信、呼唤灯亮

LFP-902A 型微机保护：TC、CH、高频收发信灯亮，液晶屏显示：0^{++}、Z^{++}

3. 微机打印报告信号

（1）WXH-11X 保护：WXH-11X 保护动作 1 次，保护动作报告见表 16-1。

表 16-1　　WXH-11X 保护动作报告

CPU 号	保护元件	时间（ms）	含义
CPU1	GBIOTX	11	高频零序方向停信
	GBIOCK	19	高频零序方向出口
CPU2	1ZKJCK	27	距离Ⅰ段出口
CPU4	T1QDCH	55	单跳启动重合闸
	CHCK	512	重合闸出口
	CJ＝33.5km		测距

（2）LFP-902A 保护：LFP-902A 保护动作 1 次，保护动作报告见表 16-2。

表 16-2　　LFP-902A 保护动作报告

CPU 号	保护元件	时间（ms）	含义
CPU1	Z^{++}	27	高频距离
	0^{++}	27	高频零序方向元件
	C	27	C 相跳闸

续表

CPU号	保护元件	时间（ms）	含义
CPU2	CH	890	重合闸时间
	CJ＝33.6km		测距

（3）最大电流（Z_{max}）：2.63×1200（A）；零序电流（Z_0）：2.28×1200（A）。

（二）两侧保护动作情况分析

1. 两侧保护的配置情况

FT线两侧的保护配置如图16-1所示。

（1）第一套保护。WXH-11X型微机线路保护由4个CPU构成，其中，CPU1为高频保护，包括高频闭锁距离、高频闭锁零序；CPU2为距离保护，包括Ⅲ段式相间距离和Ⅲ段式接地距离；CPU3为零序保护，包括不灵敏的Ⅰ段，灵敏的Ⅰ、Ⅱ、Ⅲ、Ⅳ段及缩短了Δt（动作时间级差）的零序Ⅰ、Ⅱ、Ⅲ、Ⅳ段及不灵敏的Ⅰ段；CPU4为重合闸。

（2）第二套保护。LFP-902A型线路成套快速保护由3个CPU组成，其中CPU1为主保护，由以超范围整定的复合式距离继电器和零序方向元件通过配合构成全线路快速跳闸保护，由Ⅰ段工频变化量距离继电器构成快速独立跳闸段，由两个延时零序方向过电流段构成接地后备段保护；CPU2为Ⅲ段式相间和接地距离保护，以及重合闸逻辑；CPU3为管理CPU，配SF-600集成电路收、发信机，LFP-923C型失灵启动及辅助保护装置，CZX-12A型操作继电器装置。

2. 重合闸投入方式

WXH-11X型微机线路保护重合闸（CPU4）和LFP-902A型线路成套快速保护装置重合闸（CPU2）均为独立启动，独立出口。

WXH-11X型微机线路保护重合闸把手在单重位置，出口连接片在停用位置。

LFP-902A重合闸把手在单重位置，出口连接片在加用位置（双微机保护重合闸一般只投一套）。

3. 单相重合闸的动作时间选择原则

单相重合闸的动作时间按以下原则选择：

（1）要大于故障点灭弧时间及周围去游离的时间。在断路器跳闸后，要使故障点的电弧熄灭并使周围介质恢复绝缘强度，是需要一定时间的，必须在这个时间以后进行合闸才有可能成功。

（2）要大于断路器及其机构复归状态准备好再次动作时间。在断路器跳闸以后，其触头周围绝缘强度以及灭弧室灭弧介质的恢复是需要一定的时间。同时，其操动机构恢复原状准备好再次动作也需要一定的时间。

（3）无论是单侧电源还是双侧电源，均应考虑两侧选相元件与继电保护以不同时限切除故障的可能性。

（4）考虑线路潜供电流所产生的影响。

4. 保护通道

本案例中220kV线路保护采用闭锁式通道，如图16-2所示。闭锁式保护在区内故障时，两侧方向元件判断为正方向，因此保护均收不到对侧的闭锁信号。

5. 对 DZ 的分析

故障点在线路中间，不在 DZ（突变量距离元件）范围内，并且两侧的保护动作相同，故表 16-1、表 16-2 中的保护动作属正确。

6. 主变压器中性点过电流保护掉牌

由于是接地故障，而主变压器中性点直接接地，并配置有中性点过电流保护，因此该保护掉牌属正确。

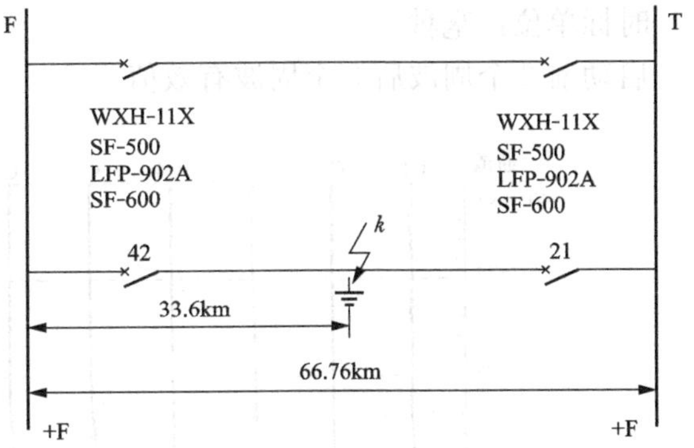

图 16-2　IT 线路故障点位置

（三）事故分析（F 侧）

1. 大电流接地系统单相接地短路特点

（1）单相接地短路故障点故障相电流的正序、负序和零序分量大小相等方向相同，因此故障相电流 $\dot{I}_C$ 与 $3\dot{I}_0$ 大小相等，方向相同。

（2）非故障相短路电流为零。

（3）单相接地短路故障相电压为零。

（4）短路点两非故障相电压幅值相等，相位角为 θ_0，它的大小取决于$\frac{\sum Z_0}{\sum Z_2}$之比。

2. 保护动作情况分析

故障测距反映的故障点位置如图 16-2 所示，在线路中间，距 F 站 33.6km。

第一套保护 WXH-11X 动作逻辑。线路发生故障后，线路两侧保护启动元件动作，启动高频发信机发信，同时两侧高频零序方向元件均判断为正方向（区内）故障而停信，高频零序保护出口保护速动出口跳闸；接地距离保护因故障计算程序较零序慢，在故障发生后 19ms 动作出口。单相故障在保护出口继电器动作出口的同时启动重合闸，在 515ms 时重合闸出口。本套保护在故障时动作时序和动作逻辑正确。

第二套保护 LFP-902A 动作逻辑。线路发生故障后，启动元件动作启动发信和方向元件动作，停信的保护信息在保护信号中无反应属在保护信号设计时没有考虑进去，但可以从该装置的录波图（图 16-3）中看到，CPU1 所属快速跳闸保护几乎在 27ms 同时动作出口，同时给出保护出口“C 相跳闸”信号；890ms 重合闸启动，从图 16-3 的录波图分析还得到 C 相断路器在 85ms 完全跳开，跳闸后，保护再次收、发信，闭锁两侧保护，1010ms 重合成功。

3. 单相瞬时性故障与永久性故障的判别

大电流接地系统发生单相接地故障时，若线路故障为瞬时性故障，在正常情况下保护或位置不对应启动重合闸后，重合闸会合闸成功；若为永久性故障，重合闸重合于故障而发生第二次跳闸，且不会再次重合。

4. 故障录波图分析

故障录波表见表 16-3，故障录波图如图 16-3 所示。

设备名称：AA5

文件名称：B50 G4213.000

故障时间：2001-05-24 16：42：21.410

时标单位：毫秒

启动前 2 个周波后 3 个周波有效值

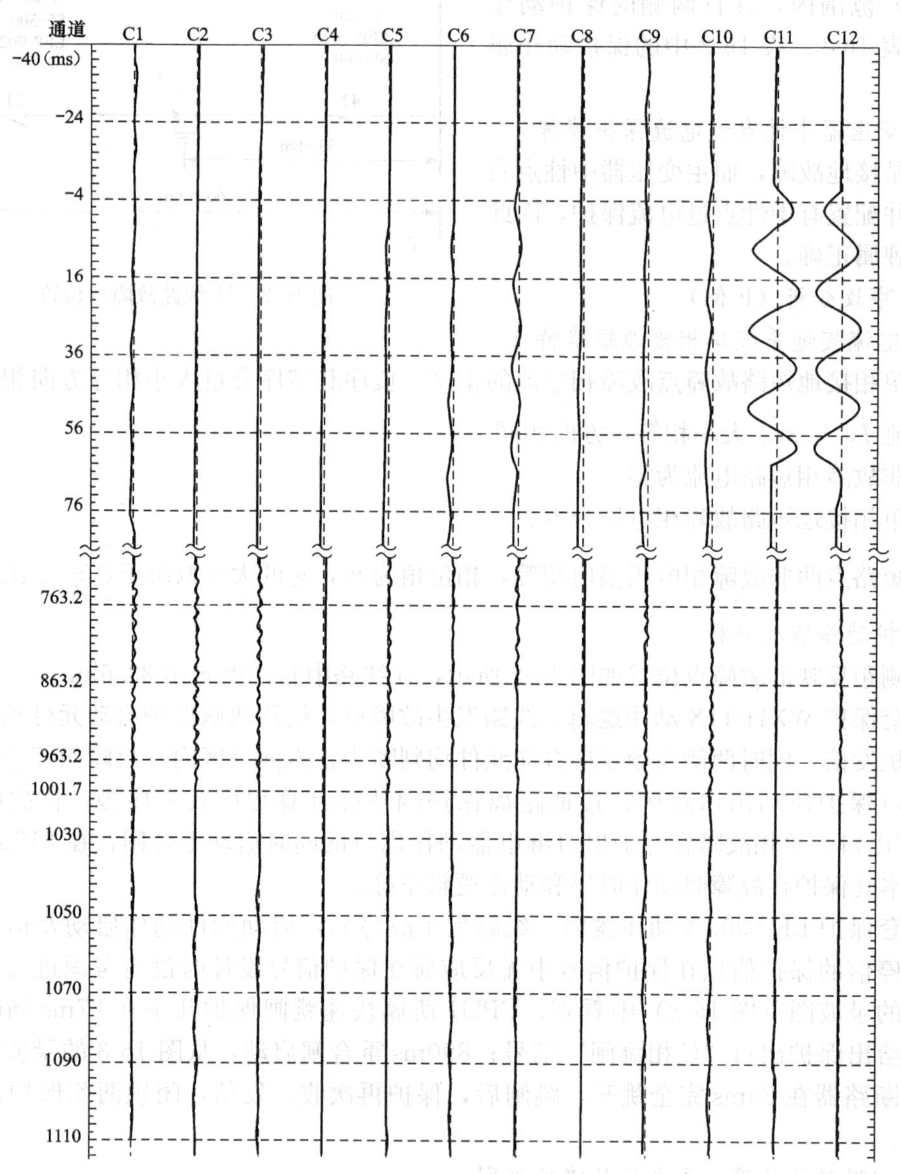

图 16-3 FT 线路 C 相接地故障录波图

表 16-3 故障录波表

通道	类型	通道名称	相别	1	2	3	4	5
C1	电流	FQ 二回	AI	0.1308	0.1298	0.1339	0.1395	0.1425
C2	电流	FQ 二回	BI	0.1339	0.1333	0.1144	0.1101	0.1110
C3	电流	FQ 二回	CI	0.1321	0.1256	0.0482	0.0808	0.0758
C4	电流	FQ 二回	NI	0.0088	0.0109	0.0797	0.1023	0.1021

续表

通道	类型	通道名称	相别	1	2	3	4	5
C5	电流	FH 一回	AI	0.0736	0.0754	0.0859	0.0995	0.0971
C6	电流	FH 一回	BI	0.0738	0.0803	0.1830	0.2145	0.2185
C7	电流	FH 一回	CI	0.0781	0.0987	0.3911	0.4820	0.4808
C8	电流	FH 一回	NI	0.0087	0.0101	0.1273	0.1624	0.1621
C9	电流	FT 一回	AI	0.1598	0.1627	0.1682	0.1734	0.1819
C10	电流	FT 一回	BI	0.1619	0.1633	0.2734	0.3175	0.3267
C11	电流	FT 一回	CI	0.1684	0.3162	2.5205	3.1869	3.171
C12	电流	FT 一回	NI	0.00644	0.1593	2.1797	2.7902	2.7679

（1）从故障电流可看出，故障相为 C 相。

（2）故障时 $\dot{I}_C$ 与 $3\dot{I}_0$ 相位相反（接线所致）。

（3）切除故障时间约为 64ms（保护动作时间＋断路器固有动作时间＋跳闸回路继电器固有动作时间）。

（4）1010ms C 相重合闸重合成功（重合闸整定时间 0.8s）。

（5）电流互感器 TA 变比为 1200/1。

（6）故障电流折算值（有效值）：$\dot{I}_C$＝3.1869×1200（A），$\dot{I}_0$＝2.7902×1200（A）。

5. LFP-902A 微机保护报告信息分析

LFP-902A 微机保护报告如图 16-4 所示。

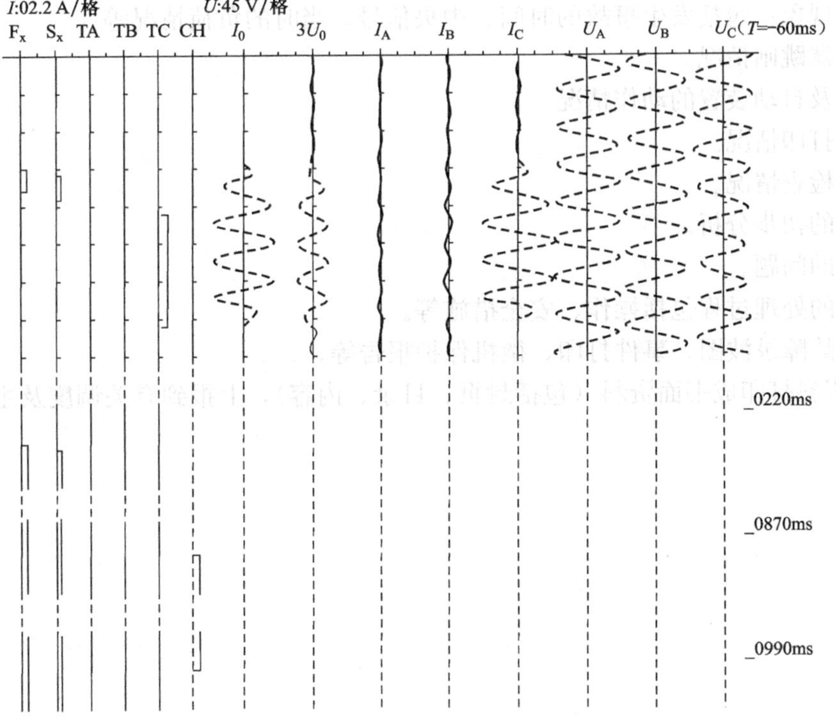

图 16-4　LFP-902A 微机保护报告

(1) 故障初，保护有发信、收信波形并立即停信（小于 17ms）。停信后，25ms C 相接到跳闸命令，85ms C 相完全跳开。C 相断路器跳闸后，保护再次收、发信，闭锁两侧保护，约 890ms 重合闸启动，1010ms 重合成功。

(2) 故障时故障相电流 $\dot{I}_C$ 与 $3\dot{I}_0$ 大小相等，方向相同，故障电流波形持续时间为 85ms。

(3) 在故障时故障相 C 相电压低于非故障相电压。

(4) 由于是非对称故障，报告中有 $3\dot{U}_0$ 与 $3\dot{I}_0$。

(5) 报告记录故障前 60ms 的电流、电压波形。

6. 故障处理

大电流接地系统单相接地故障的处理在事故处理中比较简单，其处理方法如下：

(1) 检查并记录监控系统（综合自动化站）或主控制室（常规站）光字牌信号。

(2) 检查并记录保护屏信号。

(3) 检查并记录本站自动装置的动作情况。

(4) 检查微机监控系统（综合自动化站）或主控制室（常规站）断路器跳闸相别与保护动作相别是否一致。

(5) 打印故障录波器报告并进行初步分析。

(6) 打印微机保护报告并进行初步分析。

(7) 将故障情况及时向调度汇报，汇报内容包括时间，站名，故障基本情况，断路器跳闸情况，重合闸动作情况，保护动作情况，跳闸前、后负荷情况等。

(8) 整理跳闸报告，跳闸报告的主要内容有：

1) 事故现象：包括发生事故的时间、中央信号、当时的负荷情况等。

2) 断路器跳闸情况。

3) 保护及自动装置的动作情况。

4) 事件打印情况。

5) 现场检查情况。

6) 事故的初步分析。

7) 存在的问题。

8) 事故的处理过程包括操作、安全措施等。

9) 打印故障录波图、事件打印、微机保护报告等。

将上述资料打印成书面资料（包括封页、目录、内容），上报到有关调度及主管部门。

单元十七　输电线路单相永久性故障处理

一、单相接地短路的基本特点

(1) 短路点各序电流大小相等，方向相同。

(2) 短路点正序电流大小与短路点原正序网络上增加一个附加阻抗 $Z_{\Delta}^{(1)}=Z_{2\Sigma}+Z_{0\Sigma}$ 而发生三相短路时的电流相等。

(3) 短路点故障相电压等于零。

(4) 若 $Z_{0\Sigma}=Z_{2\Sigma}$ 两非故障相电压的幅值总相等，相位差的大小决定于 $Z_{0\Sigma}/Z_{2\Sigma}$，如果 $0<\dfrac{Z_{0\Sigma}}{Z_{2\Sigma}}<\infty$，有 $60°<\theta_u<180°$

二、线路单相永久性接地故障的处理原则

线路单相永久性故障的过程是单相故障→断路器单相跳闸→经重合闸整定时间 t→单相重合→重合于故障→断路器三相跳闸。

线路单相永久性故障的处理原则是：

(1) 线路保护动作跳闸时，运行值班人员应立即查看中央信号、事件打印、保护及自动装置动作情况、重合闸是否重合成功、断路器跳闸情况。

(2) 将以上情况和当时的负荷情况及时向调度汇报，便于调度及时、全面地掌握情况，进行分析判断。

(3) 到现场检查断路器的实际位置，无论断路器重合与否，都应检查断路器及线路侧所有设备有无短路、接地、闪络、断线、瓷件破损、爆炸、喷油等现象。

(4) 检查跳闸断路器有无异常。

(5) 检查站内其他设备有无异常。

(6) 及时记录保护及自动装置屏上的所有信号。

(7) 记录跳闸前后本站相关设备的负荷情况。

(8) 打印故障录波报告及微机保护报告。

(9) 根据调度的命令进行以下操作：

1) 若调度要求强送，则将所有信号复归，根据调度命令试送。

2) 若调度确认线路有故障，线路必须由热备用转检修，则按照规定将故障线路转检修，并做好现场的安全措施。

(10) 事故处理完毕后，变电站值班长要指定有经验的值班员做好详细的事故障碍记录、断路器跳闸记录等，并根据断路器跳闸情况、保护及自动装置的动作情况、事件记录、故障录波、微机保护打印以及处理情况整理详细的现场跳闸报告。

(11) 根据调度及上级主管部门的要求，将所整理的跳闸报告及时上报。

三、单相永久性故障分析

(一) 事故经过

××年×月×日 9 时 48 分 48 秒，某 220kV 路线 C 相发生永久性接地故障重合不成功，

RCS-931 C相10ms电流差动保护、12ms工频变化量阻抗动作，29ms距离Ⅰ段动作，863ms重合闸动作，939ms电流差动保护，943ms远方启动跳闸，961ms距离加速，故障测距L_k为5.4km，故障电流I_k为7.52A（电流互感器TA变比为2400/1）；CSC-103 3ms保护启动，12ms分相差动出口，44msⅠ段阻抗出口，952ms远方跳闸出口，960ms阻抗Ⅱ段加速出口，故障测距L_k为6.719km，故障电流I_k为3.813A（电流互感器TA变比为2400/1）。

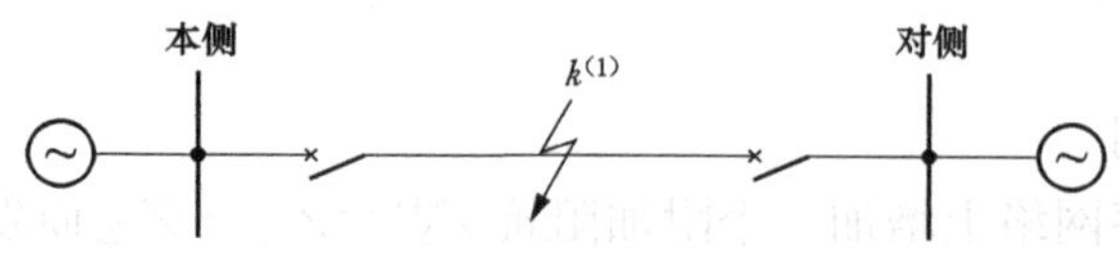

图17-1 电气主接线图

现场检查断路器三相在断开位置，一次设备检查无异常。线路全长L＝17.20km，故障点位置如图17-1所示。

1. 保护动作报告

（1）RCS-931保护动作报告，见表17-1。

表17-1 **RCS-931保护动作报告**

动作相对时间	动作元件	动作相对时间	动作元件
10ms	电流差动保护	939ms	电流差动保护
12ms	工频变化量阻抗	943ms	远方启动跳闸
29ms	距离Ⅰ段动作	961ms	距离加速
863ms	重合闸动作		

（2）CSC-103保护动作报告，见表17-2。

表17-2 **CSC-103保护动作报告**

动作相对时间	动作元件	动作相对时间	动作元件
3ms	保护启动	952ms	远方跳闸出口
10ms	分相跳闸出口	960ms	阻抗Ⅱ段加速出口
44ms	Ⅰ段阻抗出口		

2. 各保护屏（含操作箱）信号

CSC-103重合闸红灯亮。

CSC-122跳A、跳B、跳C红灯亮。

RCS-931跳A、跳B、跳C、重合闸红灯亮。

RCS-923 C相过电流红灯亮。

操作箱一、二组跳A，一、二组跳B，一、二组跳C，一组永跳、一组三跳、重合闸状态不对应红灯亮。

（二）工频变化量距离继电器的概念

电力系统发生短路故障时，其短路电流、电压可分解为故障前负荷状态的电流电压分量和故障分量，反应工频变化量的继电器只考虑故障分量，不受负荷状态的影响。

工频变化量距离继电器反应于工作电压的工频变化量的幅值。

（三）线路差动保护远方启动跳闸的概念

长距离输电线路出口经高过渡电阻接地时，近故障侧保护能立即启动，但由于助增的影响，远故障侧可能故障量不明显而不能启动，差动保护不能快速动作。针对这种情况，线路差动保护设有差动联跳继电器，本侧任何保护动作元件动作（如距离保护、零序保护等）后立即发对应相联跳信号给对侧，对侧收到联跳信号后，启动保护装置，并结合差动允许信号联跳对应相。

（四）故障录波分析

如图 17-2 所示输电线路 C 相永久性接地故障录波图中纵坐标表示时间，横坐标表示模拟量的幅值。通道 1～4 记录了 I_A、I_B、I_C、$3I_0$ 四个电流量，通道 5～8 记录了 220kV 母线的电压量，通道 9、10 为开关量，其中 9 为 RCS-931 保护动作，10 为 CSC-103 保护动作。

1. 电流分析（通道 1～4）

（1）报告记录了故障前 40ms（2 个周波）的负荷电流，故障后短路电流明显增大，故障电流波形持续时间 t 约为 48ms。第二次故障时间 t_2 为 70ms。

（2）I_{ck}与 $3I_0$ 大小相等、方向相同，故障电流持续时间为 48ms。863ms 重合闸动作，932ms 重合于故障，故障时间 t_k 为 70ms。断路器三相跳闸后 I_{ck}为零。

（3）I_A、I_B 在断路器三相跳闸前为负荷电流；断路器三相跳闸后 I_A、I_B 为零。

2. 电压波形分析（通道 5～8）

（1）报告记录了故障前 40ms 的正常电压波形，故障后 U_C 降低，因电压量取自母线电压互感器 TV，所测量的是故障点到母线电压互感器的残压，值为

$$U = I_{ck} \times Z_{ck}$$

式中　U——故障相的残压；

I_{ck}——短路电流；

Z_{ck}——故障点到 TV 安装处的阻抗。

第一次故障波形时间 t_1 为 48ms，第二次故障波形时间 t_2 为 70ms。

（2）断路器跳闸后，48ms 故障切除，U_C 恢复正常。

（3）故障波形中没有显示 $3U_0$。

（4）故障切除后，U_C 恢复正常，三相电压对称。

（5）在故障开始及故障切除后一个周波，U_C 波形出现了畸变现象。

（6）从电压波形中可以看到，波形从 225ms 后开始压缩，一直到 534ms。

3. 开关量分析

（1）12ms RCS-931 保护动作，动作时间约为 48ms。

（2）16ms CSC-103 保护动作。

（五）RCS-931 保护故障波形分析

C 相永久性接地故障 RCS-931 保护动作报告如图 17-3 所示。图中，横坐标表示模拟量和开关量的幅值，纵坐标表示故障时间。“I：1.4A/格”表示电流二次值，每格为 1.4A（瞬时值）；“U：45V/格”表示电压二次值，每格为 45V（瞬时值）；“T：20ms/格”表示电压电流波形的周期为 20ms；“$T=-40$ms”表示报告记录故障前 40ms（即 2 个周波）的电压、电流波形。整个波形有 2 次压缩过程。

1. 电压波形分析

（1）故障相 C 相电压（U_C）波形分析。0ms C 相单相接地故障，U_C 明显降低，故障相的残压为

$$U = I_{ck} \times Z_{ck}$$

式中　U——故障相的残压；

I_{ck}——短路电流；

Z_{ck}——故障点到电压互感器 TV 安装处的阻抗。

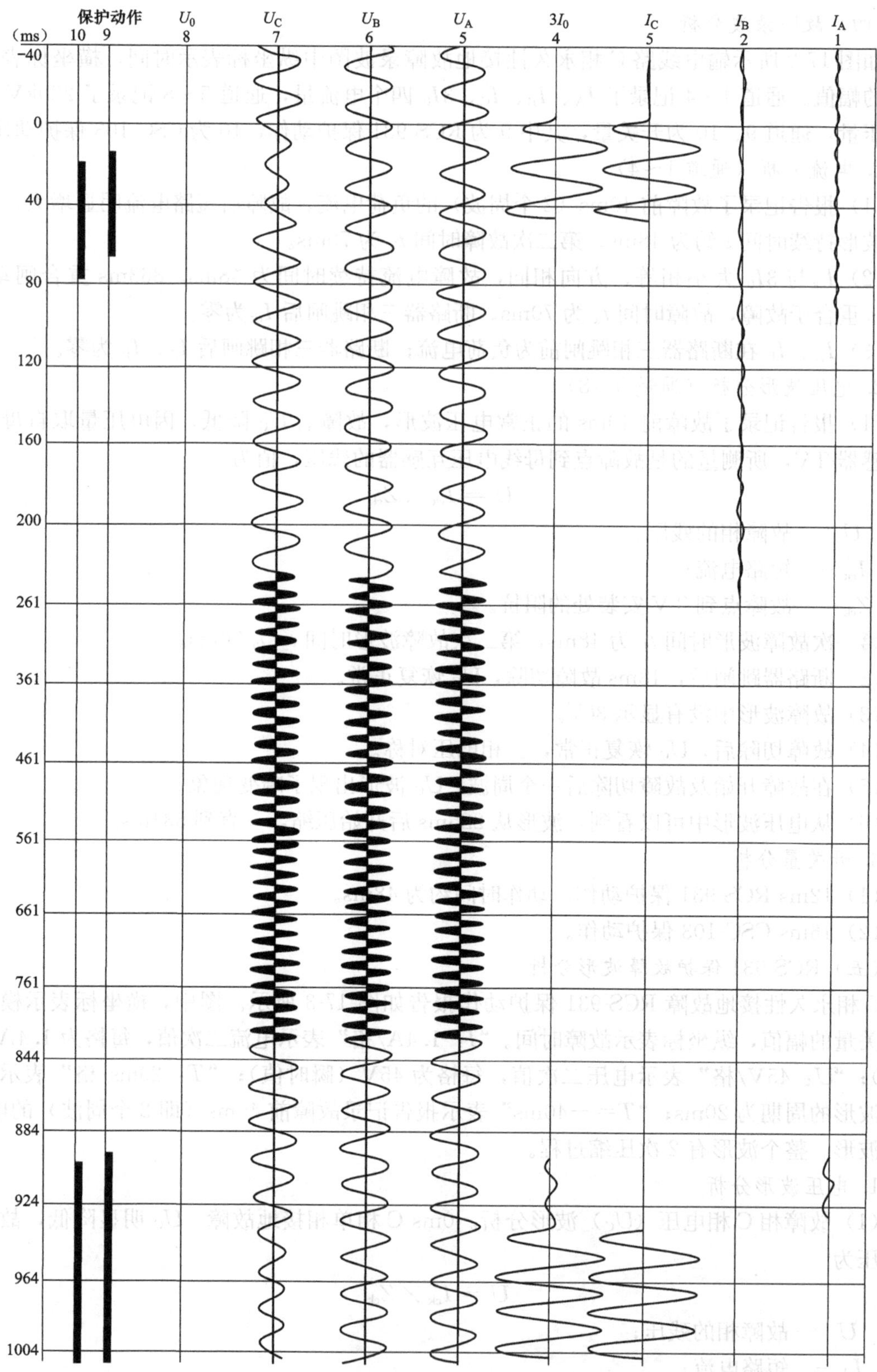

图 17-2 输电线路 C 相永久性接地故障录波图

动作序号	182	启动绝对时间	2013-03-15 09：04：19：242
序号	动作相	动作相对时间	动作元件
01	C	00000ms	电流差动保护
02	C	00000ms	工频变化量阻抗
03	C	00015ms	距离Ⅰ段动作
04		00255ms	重合闸动作
05	ABC	00394ms	电流差动保护
06	ABC	00416ms	远方启动跳闸
07	ABC	00526ms	距离加速
08	ABC	00853ms	距离Ⅰ段动作
09	ABC	00885ms	零序加速
10	ABC	00959ms	C相失灵启动
故障测距结果			0005.4km
故障相别			C
故障相电流值			001.52A
故障相零序电流			001.55A
故障差动电流			010.44A

启动时开入量状态

（a）

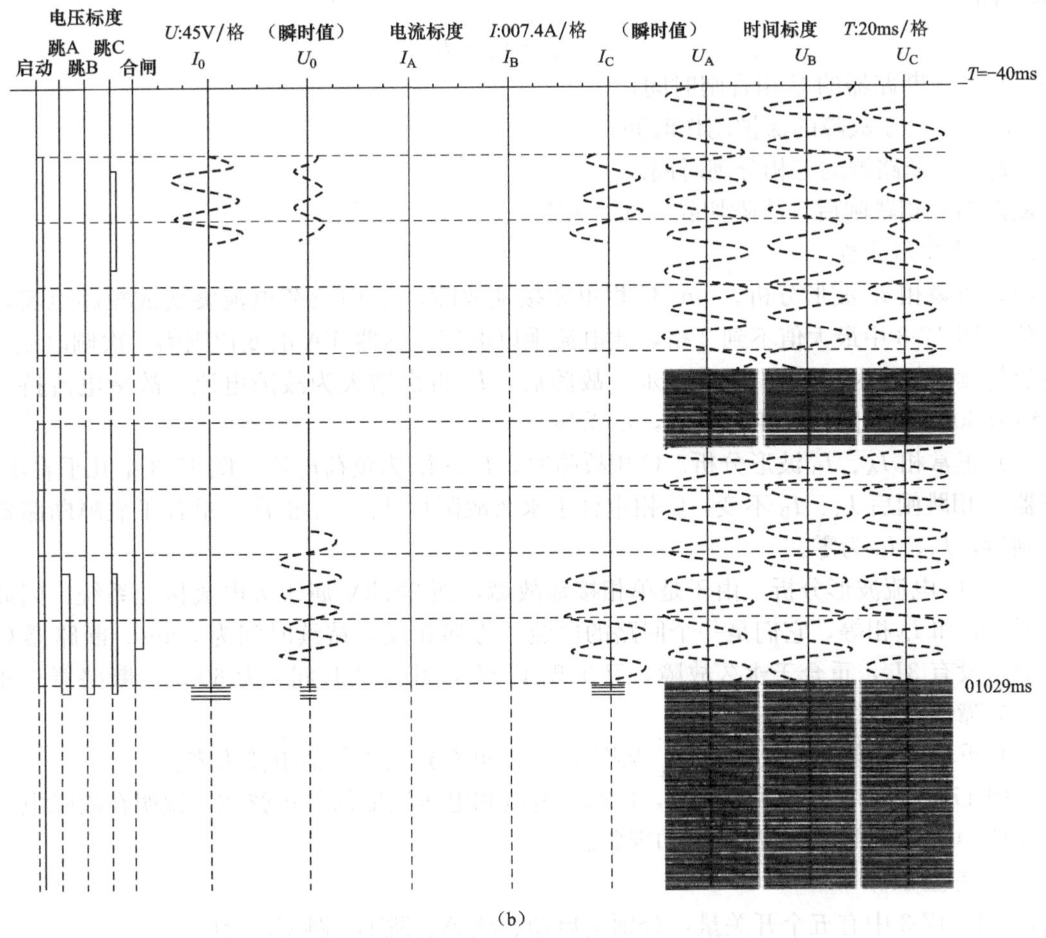

（b）

图 17-3　输电线路 C 相永久性接地故障 RCS-931 动作报告

（a）RCS-931 保护动作报告；（b）输电线路 C 相永久性接地故障录波图

C 相单相接地故障持续时间为 50ms。由于 220kV 线路重合闸多使用单相重合闸，即在单相接地故障时断路器单相跳闸，故障切除。故障切除后 U_C 恢复正常，这是因为线路保护的电压量取自母线电压互感器 TV。863ms 重合闸动作，939ms 重合于永久故障，电流差动保护，943ms 远方启动跳闸，961ms 距离加速动作，故障时间经过约 60ms，60ms 后断路器三相跳闸，故障切除，C 相电压恢复正常。

$$863\text{ms} = t_{zd} + t_{qd} + t_{fz}$$

式中 t_{zd}——重合闸整定时间，值为 0.8ms；

t_{qd}——保护固有启动时间；

t_{fz}——断路器三相分闸时间。

(2) 正常相 A、B 两相电压（U_A、U_B）分析。C 相故障时，U_A、U_B 正常，断路器单相跳闸后和重合于永久故障后，U_A、U_B 均正常。

(3) $3U_0$ 电压波形分析。由于是单相接地故障，而 220kV 属于大电流接地系统，因此在故障时其幅值不到正常电压的一半，第一故障时间 t_1 为 50ms，其方向与 $3U_0$ 基本相反。断路器 C 相跳闸和重合闸后，$3U_0$ 为零，重合于永久故障后，又出现 $3U_0$，其持续时间 t 约为 80ms，即

$$t = t_{hz} + t_{dz} + t_{fz}$$

式中 t_{hz}——断路器的 C 相合闸时间；

t_{dz}——合于故障的保护动作时间；

t_{fz}——断路器的三相分闸时间。

断路器三相跳闸后，故障切除，$3U_0$ 为零。

2. 电流波形分析

(1) 故障相 I_C 波形分析。0ms C 相单相接地故障，I_C 由负荷电流突变成短路电流，其瞬时值在图 17-3 中最大值不到 2 格，此电流乘以电流互感器 TA 的变比则为一次侧电流。短路电流持续时间 t 为 50ms。重合于永久故障后，I_C 再次增大为故障电流，故障电流持续时间 t 约为 60ms。断路器三相跳闸后，I_C 为零。

(2) 正常相 I_A、I_B 波形分析。C 相故障时，I_A、I_B 为负荷电流，图 17-3 中几乎看不见。断路器 C 相跳闸后 I_A、I_B 不变，C 相重合于永久故障后 I_A、I_B 正常。重合于故障断路器三相跳闸后，I_A、I_B 为零。

(3) $3I_0$ 电流波形分析。由于是单相接地故障，而 220kV 属于大电流接地系统，因此在故障时 $3I_0$ 和 I_{ck} 相等，它们是一个回路的电流、方向相反，持续时间为 50ms。断路器 C 相跳闸后，没有 $3I_0$，重合于永久故障，又出现了 $3I_0$，其持续时间 t 为 60ms。断路器三相跳闸后，故障切除，$3I_0$ 为零。

(4) 重合闸重合于永久故障后，从图 17-3 中可看到三相负荷电流为零。

从图 17-3 中可看出，在故障时，C 相的电流和电压波形都是正弦波，说明在故障电压互感器 TV、电流互感器 TA 没有饱和现象。

3. 开关量分析

(1) 图 17-3 中有五个开关量，分别是启动、跳 A、跳 B、跳 C、合闸。

(2) C 相故障发生 15ms 断路器 C 相开始分闸，分闸时间为 50ms。961ms 重合闸于故障，断路器三相跳闸，三相分闸时间为 70ms。

（3）863ms 重合闸动作，961ms 重合于永久故障。

（六）CSC-103 保护故障波形分析

220kV 输电线路 C 相永久性接地故障 CSC-103 保护动作报告如图 17-4 所示。图中，横坐表示模拟量和开关量的幅值，纵坐标表示故障时间；“I：满量程：15.01A”表示电流二次值，每格为 15.01A（瞬时值）；“U：满量程：86.4V”表示电压二次值，每格为 86.4V（瞬时值）；“−50.5ms”表示报告记录故障前 50.5ms 的电压、电流波形；整个波形有 1 次压缩过程约 116～899ms。

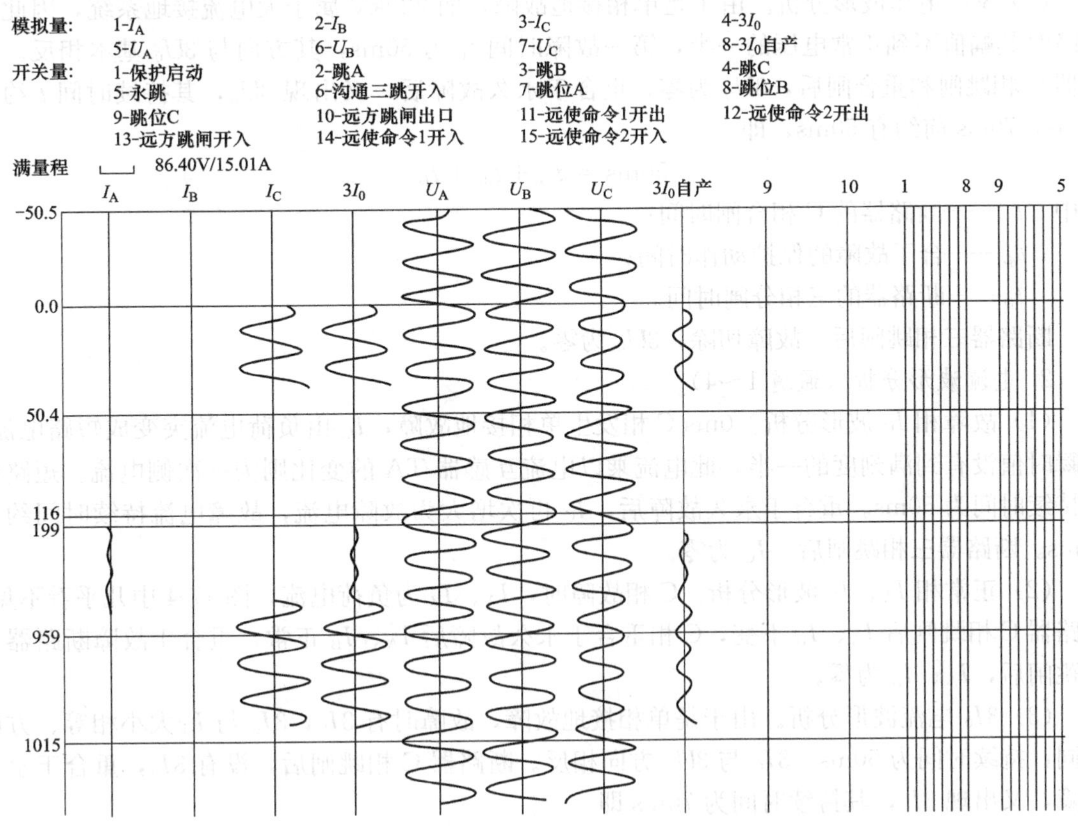

图 17-4　输电线路 C 相永久性接地故障 CSC-103 保护动作报告

1. 电压波形分析（通道 5～8）

（1）故障相 U_C 波形分析。0ms C 相单相接地故障，U_C 明显降低，故障相的残压为

$$U = I_{ck} \times Z_{ck}$$

式中　U——故障相的残压；

I_{ck}——短路电流；

Z_{ck}——故障点到 TV 安装处的阻抗。

C 相单相接地故障持续时间为 50ms。由于 220kV 线路重合闸多使用单相重合闸，即在单相接地故障时断路器单相跳闸，故障切除。故障切除后 U_C 恢复正常，这是因为线路保护的电压量取自母线电压互感器 TV。899ms 重合闸动作

$$899\text{ms} = t_{zd} + t_{qd} + t_{fz}$$

式中 t_{zd}——重合闸整定时间 0.8ms；

t_{qd}——保护固有启动时间；

t_{fz}——断路器三相分闸时间。

939ms 重合于永久故障，分相差动保护，952m 远方跳闸出口，960ms 阻抗Ⅱ段加速出口。故障时间经过约 60ms，60ms 后断路器三相跳闸，故障切除，U_C 恢复正常。

（2）正常相 I_A、I_B 分析。C 相故障时，I_A、I_B 正常，断路器单相跳闸后和重合于永久故障后，I_A、I_B 均正常。

（3）$3U_0$ 电压波形分析。由于是单相接地故障，而 220kV 属于大电流接地系统，因此在故障时其幅值不到正常电压的一半，第一故障时间 t_1 为 50ms，其方向与 $3U_0$ 基本相反。断路器 C 相跳闸和重合闸后，$3U_0$ 为零，重合于永久故障后，又出现 $3U_0$，其持续时间 t 约为 70ms，70ms 前约有 50ms，即

$$50\text{ms} = t_{hz} + t_{dz} + t_{fz}$$

式中 t_{hz}——断路器的 C 相合闸时间；

t_{dz}——合于故障的保护动作时间；

t_{fz}——断路器的三相分闸时间。

断路器三相跳闸后，故障切除，$3U_0$ 为零。

2. 电流波形分析（通道 1～4）

（1）故障相 I_C 波形分析。0ms C 相发生单相接地故障，I_C 由负荷电流突变成短路电流，其瞬时值没有到满刻度的一半，此电流乘以电流互感器 TA 的变比则为一次侧电流。短路电流持续时间为 50ms。重合于永久故障后，I_C 再次增大为故障电流，故障电流持续时间约为 70ms。断路器三相跳闸后，I_C 为零。

（2）正常相 I_A、I_B 波形分析。C 相故障时，I_A、I_B 为负荷电流，图 17-4 中几乎看不见，断路器 C 相跳闸后 I_A、I_B 不变，C 相重合于永久故障后 I_A、I_B 正常。重合于故障断路器三相跳闸后，I_A、I_B 为零。

（3）$3I_0$ 电流波形分析。由于是单相接地故障，故障时有 $3I_0$，$3I_0$ 与 I_{ck} 大小相等、方向相同，持续时间为 50ms。$3I_0$ 与 $3U_0$ 方向相反。断路器 C 相跳闸后，没有 $3I_0$，重合于永久故障，又出现 $3I_0$，其持续时间为 70ms 即

$$70\text{ms} = t_{hz} + t_{dz} + t_{fz}$$

式中 t_{hz}——断路器的 C 相合闸相同；

t_{dz}——合于故障的保护动作时间；

t_{fz}——断路器的三相分闸时间。

断路器三相跳闸后，故障切除，$3I_0$ 为零。

（4）重合闸重合于永久故障后，从图 17-4 中可看到三相负荷电流为零。

从图 5-24 中可看出，在故障时，C 相的电流和电压波形都是正弦波，说明在故障时电压互感器 TV、电流互感器 TA 没有饱和现象。

3. 开关量分析

图 17-4 中有 15 个通道，分别是：

（1）通道 1：保护启动，3ms 保护启动。

（2）通道 2、3、4：跳 A、跳 B、跳 C。在故障不到 30ms 有跳 C 脉冲；954ms 重合于久

故障后有跳A、跳B、跳C脉冲。

（3）通道5：永跳。954ms重合于永久故障后有永跳脉冲。

（4）通道6：沟通三跳开入。899ms重合于永久故障后有沟通三跳脉冲。

（5）通道7、8、9：跳位A、跳位B、跳位C。C相跳闸后，有跳位C脉冲；断路器三相跳闸后有跳位A、跳位B、跳位C脉冲。

（6）通道10：远方跳闸出口。952ms有远方跳闸出口脉冲。

（七）220kV线路单相永久性接地故障的动作过程

220kV线路单相永久性接地故障→光纤差动保护动作、接地距离Ⅰ段动作→断路器单相跳闸→经重合闸整定时间（0.8～1s）→断路器单相重合→重合于永久性故障→保护后加速跳闸。

（八）保护动作情况分析

（1）RCS-931保护动作情况分析。线路C相故障，故障距离5.4km，在故障时以下保护动作正确：

1）10ms电流差动保护动作。

2）12ms工频变化量阻抗动作。

3）29ms距离Ⅰ段动作。

4）863ms重合闸动作，该重合整定时间为0.8s。

5）重合于永久故障后：939ms电流差动保护动作、943ms远方启动跳闸、961ms距离加速动作。

（2）CSC-103保护动作情况分析。线路C相故障，故障距离为6.719km，在故障时以下保护动作正确：

1）3ms保护启动。

2）10ms分相差动出口。

3）44ms Ⅰ段阻抗出口。

4）952ms远方跳闸出口。

5）960ms阻抗H段加速出口。

（3）故障测距：RCS-931保护测距4.7km，CSC-103保护测距6.719km，误差较大。

（4）故障相别：C相，结果正确。

（5）故障相电流值：3.813A，结果正确。

单元十八 输电线路单相断线故障处理

一、单相断线的基本特点

（1）单相断线时，非故障相电流在一般情况下较断相前的负荷电流有所增加。

（2）单相断线后，系统出现负序和零序电流，正序电流较断线前要小一些。因此，单相断线后，系统输送功率要降低。

（3）两相断线后，必须立即断开两侧断路器。

二、单相断线故障分析

（一）事故经过

如图18-1所示，110kV输电线路MN，线路上T接电铁牵引变电站。M站为主供电源侧，M侧到T接点为LGJ-185架空导线，长度：Ⅰ回线路全长23.717km，Ⅱ回线路全长23.631km。T接点到牵引变电站为LGJ-95架空导线，长度：Ⅰ回线路全长1.1231km，Ⅱ回线路全长1.060km。

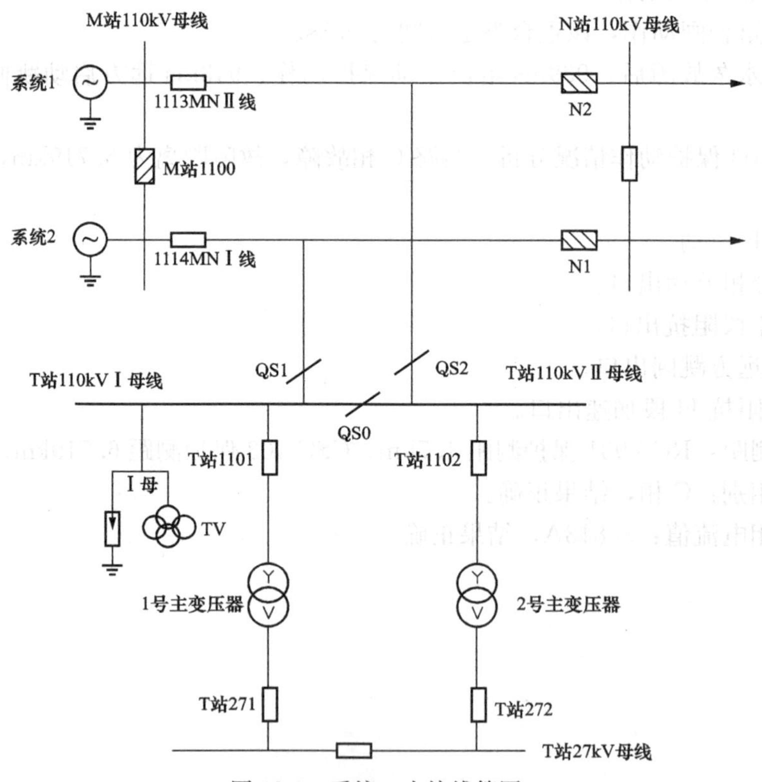

图18-1 系统一次接线简图

该线路为双回路平行架设，有部分杆段同杆并架。

线路保护为南京自动化设备厂PSL621C型线路保护。零序电流保护二次定值为：Ⅰ段23A/0s，Ⅱ段6.5A/0.5s，Ⅲ段（Ⅳ段）3.3A/0.8s，电流互感器变比为300/5。

电铁牵引变电站T站变压器绕组接线形式为YV形，两台变压器一台运行，另一台备用，低压侧母联断路器在合位。正常运行方式为 M 站 1113MNⅡ线单回带 T 站 2 号变压器单台运行，1114MNⅠ线在 T 站 QS10 隔离开关处备投。

某年 6 月 7 日 11 时 39 分 32 秒 321 毫秒，1113MNⅡ线 PSL621C 零序电流保护Ⅲ段 3.3A/0.8s 动作跳闸，Ⅳ段 3.3A/0.8s 动作永跳。Ⅲ、Ⅳ段零序电流保护不带方向，保护测量电流值为 6.491A，即将达到而未达到Ⅱ段定值。

T 站检测到失压，备自投动作，合上 QS1 隔离开关，M 站 1114MNⅠ线 PSL621C 零序电流保护Ⅱ段 6.5A/0.5s 出口，测量电流值为 15.119A；接地距离Ⅱ段 2.5Ω/0.5s 出口，测量阻抗值为 0.359+j0.549Ω；接地Ⅱ段定值 2.5Ω/0.5s：故障类型为 B 相接地，测距 25.13km。重合闸动作，1114MNⅠ线断路器重合到永久性故障设备上，距离后加速动作再次跳闸。

M 站Ⅱ线保护在 11 时 39 分 32 秒动作后，仅仅过了 20s，Ⅰ线保护又在 52s 时刻动作，短短的 20s 时间内两条线路都先后跳闸，怀疑双回线在同杆并架杆塔处发生了严重跨线故障，经线路工区检查发现线路在距离电铁牵引变电站 T 站第三级杆塔处发生 B 相断线故障。对 T 站母线设备进行了检查，同时调取 M 站保护动作报告及录波图进行分析，故障原因判断如下。

（二）1113 MNⅡ线断线故障分析

B 相断线主系统侧录波数据、保护动作情况见表 18-1，录波图如图 18-2 所示。

表 18-1　　B 相断线主系统侧录波数据、保护动作情况

数据类型	系统电源侧母线电压 V（二次值）				系统电源侧母线电流 A（一次值）				动作保护
	U_A	U_B	U_C	$3U_0$	I_A	I_B	I_C	$3I_0$	
B 相断线	52.79	61.55	54.08	29.48	308	0	214.4	416.8	零序Ⅲ、Ⅳ段

如图 18-2 所示：

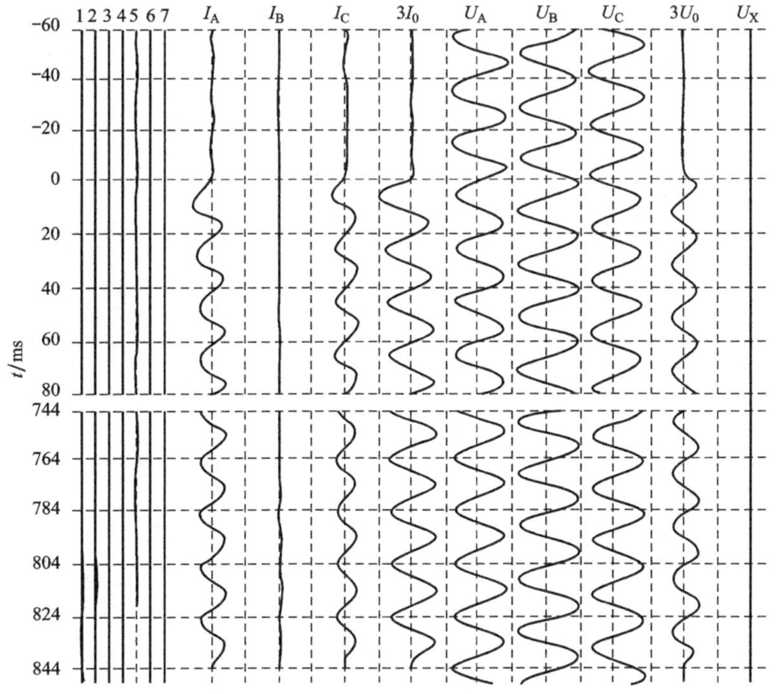

图 18-2　T 接线路末端 B 相断线时 M 侧（电源侧）保护录波图

（1）电源侧母线电压变化不同：B相断线时U_A、U_C略有下降，U_B略有升高，$3U_0$升高较大。单相断线与高阻接地一样，由于短路电流较小，送电侧非故障相母线电压降低幅度很小。

（2）线路电源侧保护测量电流不同：B相断线时I_A、I_C及$3I_0$都较小，I_B为0。

（3）动作的保护不同：B相断线时，仅带$3U_0$突变闭锁（门槛2V）、不带方向闭锁的零序电流Ⅲ、Ⅳ段经整定0.8s长延时动作跳闸，Ⅳ段永跳，不重合。

110kV输电线路断线点处于T接线路至T接变电站之间，线路采用LGJ-95架空导线，线径小，导线细。线路地处我国大西北高原高寒地带，运行环境差，风力大，导线严重老化。

（三）1114MNⅠ线B相接地故障分析

M变电站1113MNⅡ线跳开后，T牵引变电站全站失压。这时备自投动作，断开1113进线QS2隔离开关后，自动投入1114MNⅠ线进线QS1隔离开关，在合隔离开关的操作过程中，产生了幅值较高的操作过电压，站内110kV母线避雷器B相放电击穿后绝缘没有立即恢复，形成B相永久性直接接地。导致1114MNⅠ线投入到B相接地故障上，1114MNⅠ线M侧PSL621C保护接地距离Ⅱ段动作，断路器跳闸—重合—后加速跳闸，强送不成功。后检查发现T站110kV母线B相避雷器阀片受潮、生锈，T站拆除更换B相避雷器后，M侧送电成功，恢复对T站正常供电。

（四）保护动作情况分析

在这起输电线路B相断线故障中，线路电源侧零序电流保护Ⅲ、Ⅳ段正确动作跳闸、永跳切除故障线路；在随后发生的B相接地故障中，线路电源侧零序电流保护Ⅱ段、接地距离Ⅱ段、后加速保护均正确动作切除故障线路；保护及故障录波器皆正确录波。

单元十九　输电线路相间瞬时性故障处理

一、两相短路的基本特点

（1）短路电流及电压中不存在零序分量。

（2）两故障相中的短路电流的绝对值相等，而方向相反，数值上为正序电流的$\sqrt{3}$倍。

（3）当在远离发电机的地方发生两相短路时，可以通过对序网进行三相短路计算来近似求两相短路的电流。

（4）两相短路时正序电流在数值上与在短路点加上一个附加阻抗 $Z_{\Delta}^{(2)}$ 构成的增广正序网而发生三相短路时的电流相等。

（5）短路处两故障相电压总是大小相等，数值上为非故障相电压的一半，两故障相电压相位上总是相同，但与非故障相电压方向相反。

二、相间瞬时性故障分析

（一）事故基本情况

2008 年 11 月 27 日 0 时 18 分，某 220kV 线路发生 B、C 相间瞬时性故障，LFP-902 型纵联距离、纵联零序保护出口动作，故障测距 18.3km；CSL-101 型高频距离保护出口动作，36 断路器 A、B、C 相三相跳闸，故障测距 19.5km。线路全长 20.6km。重合闸未动作。

故障时 5 号、6 号故障录波器动作。

故障前负荷情况约为 I=115A、P=31MW、Q=6Mvar。电流互感器 TA 变比为 1200/1。

故障电流 I_{bc} = 10.53A，I_0 = 0.09A（电流互感器 TA 变比 1200/1）。

故障点位置如图 19-1 所示。

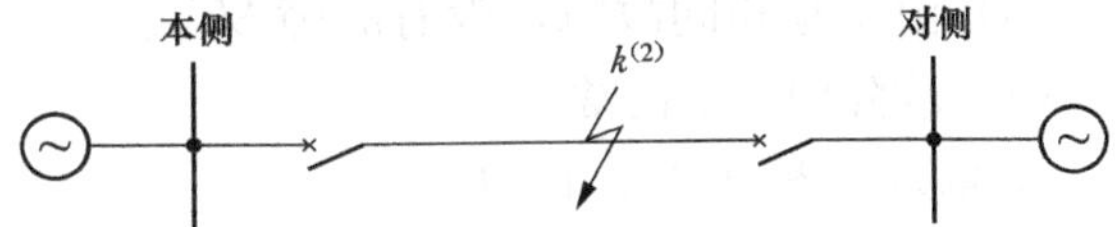

图 19-1　220kV 线路相间瞬时性故障点示意图

1. 保护动作报告

（1）第一套 LFP-902 保护动作报告见表 19-1。

表 19-1　LFP-902 保护动作报告

序号	动作时间	含义
1	36ms	Z++、0++
2	故障测距 故障相别 故障相电流 故障零序电流	18.3km B、C 10.53A 0.09A

（2）第二套保护 CSL-101 保护动作报告见表 19-2。

表 19-2　CSL-101 保护动作报告

序号	动作时间	含义
1	7ms	GPQD
2	18ms	GPJLTX

续表

序号	动作时间	含义
3	40ms	GPJLCK
4	故障测距 故障相别 测距阻抗	19.5km B、C $X=4.50\Omega$，$R=1.25\Omega$

（3）线路重合闸。LFP-902 保护，重合闸未动作；CSL-101 保护，重合闸未动作。

2. 保护屏信号

（1）CSL-101A 微机保护屏。TA、TB、TC、永久三跳灯亮，SF-600 收信指示、发信指示、保护启信、位置停信、立即停信、其他保护停信动作灯亮。

（2）LFP-9902A 保护屏。LFP-9902A 保护屏信号，TA、TB、TC、红灯亮；SF-600，启信，收信、保护启信灯亮。

3. CZX-12R 型操作箱

第一套 TA、TB、TC 红灯亮，第二套 TA、TB、TC 红灯亮。

（二）故障录波分析

如图 19-2 所示为 220kV 线路相间瞬时性故障分析报告。录波图中，纵坐标表示时间，横坐表示模拟量的幅值。

1. 电压波形分析（通道 5～8）

（1）报告记录了故障前 40ms 的正常电压波形，故障后 U_B、U_C 降低。U_B、U_C 大小相等、方向相同，与 U_A 反相，幅值等于 U_A 的一半。故障时间 B 相为 60ms，C 相为 50ms。

（2）断路器三相跳闸后，故障切除，U_B、U_C 恢复正常。

（3）由于是相间故障，没有故障 $3\dot{U}_0$。

（4）故障时 U_A 正常。

2. 电流分析（通道 1～4）

（1）报告记录了故障前 40ms 的负荷电流，故障后短路电流明显增大，B 相故障电流波形持续时间为 60ms，C 相为 50ms。

（2）I_{BK}、I_{CK} 大小相等、方向相同。

（3）由于 A 相在分闸时电流大于负荷电流，断路器三相分闸不同期，不同期时间约为 10ms，因此产生了 $3\dot{I}_0$，持续时间为 10ms。

（4）故障时 A 相为负荷电流。

（三）微机保护故障波形分析

相间短路瞬时性故障 LFP-902 保护动作报告如图 19-3 所示。图中，横坐标表示模拟量和开关量的幅值，纵坐标表示故障时间。“I：4.2A/格”表示电流二次值，每格为 4.2A（瞬时值）“U：45V/格”表示电压二次值，每格为 45V（瞬时值）。“T：20ms/格”表示电压电流波的周期为 20ms。“$T=-60$ms”表示报告记录故障前 60ms（即 3 个周波）的电压、电流波形。

（1）电流波形分析。

1）报告记录了故障前 60ms 的负荷电流，故障后短路电流明显增大，B 相故障电流持续时间为 50ms，C 相为 60ms。

设备名称：AA5录波器
文件名称：E:\DATA\08BR0161 RPT
录波时间：2008-11-27 00：16：03 399ms
故障线路：2回
故障距离（km）：0
故障相别：BC
故障电流（A）:0.1 5.2 5.1 0.1
故障电压（V）:59.8 40 38 0
启动线路：
b1 3号母线U_A：正序 负序
b2 3号母线U_B：突变 越限
b3 3号母线U_C：突变 越限
b5 5号母线U_A：正序 负序
故障前后电流电压有效值：

线路名：2回　　　　220kV 5号母线

	A	B	C	0	A	B	C	0
−40ms	0.10A	0.10A	0.09A	0.00A	60.68V	61.05V	61.07V	0.01V
−20ms	0.11A	0.24A	0.27A	0.01A	60.68V	58.65V	58.66V	0.01V
0ms	0.12A	5.42A	5.34A	0.10A	60.24V	40.44V	38.21V	0.01V
20ms	0.13A	5.30A	5.21A	0.11A	59.70V	40.08V	37.95V	0.02V
40ms	0.79A	5.02A	2.71A	1.54A	59.33V	46.24V	43.28V	0.00V
60ms	0.16A	0.66A	0.56A	0.04A	59.72V	59.17V	59.31V	0.02V
80ms	0.15A	0.66A	0.58A	0.01A	60.05V	59.19V	59.49V	0.01V
100ms	0.15A	0.65A	0.59A	0.01A	60.25V	59.34V	59.61V	0.01V
120ms	0.15A	0.66A	0.59A	0.01A	60.37V	59.45V	59.72V	0.00V

打印序号	通道号	类形	通道名称
1	c9	电流	二回AI
2	c10	电流	二回BI
3	c11	电流	二回CI
4	c12	电流	二回NI
5	b5	电压	5号母线U_A
6	b6	电压	5号母线U_B
7	b7	电压	5号母线U_C
8	b8	电压	5号母线U_0

时标单位：ms
比例尺：　2回：　0.088190　220kV 5号母线：1.955437

（a）

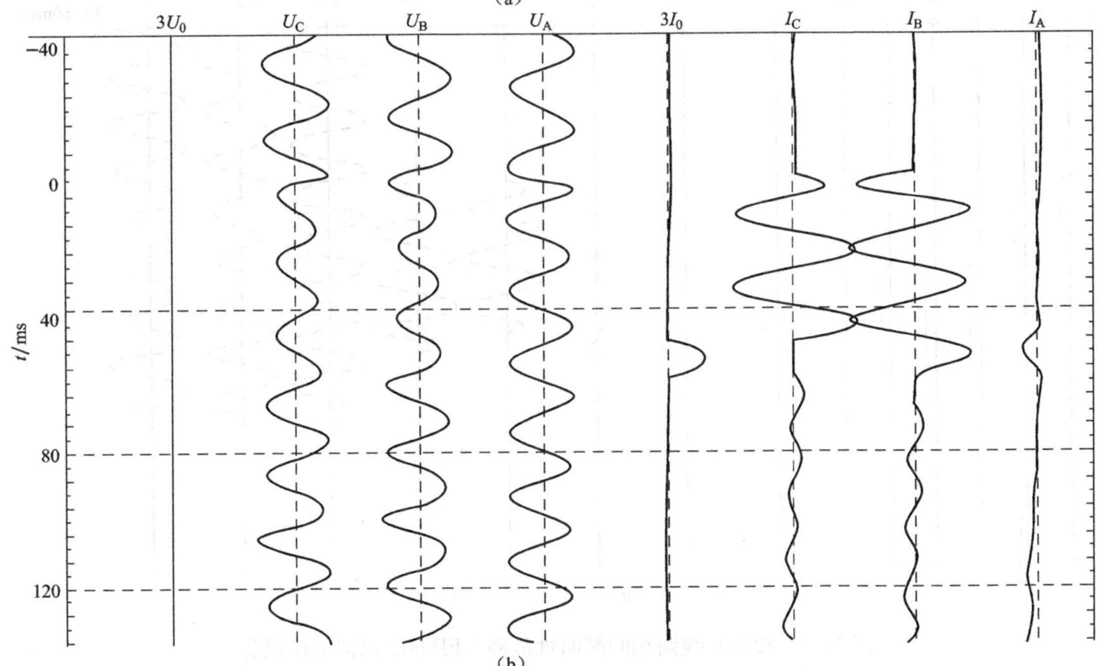

（b）

图 19-2　220kV线路相间瞬时性故障分析报告

（a）故障录波打印报告；（b）故障录波图

线路相间瞬时性故障LEP-902保护动作报告

NO.17 LINE NO.003600

08-11-26 23∶59∶27

CPU1报告

序号	动作时间(ms)	跳闸相别	保护动作
1	00036	ABC	Z^{++} 0^{++}
2			
3			

CPU2报告

序号	动作时间(ms)	跳闸相别	保护动作
1			
2			
3			

CH 时间	

下面的数据来自故障位置

故障相别	BC
故障测距	018.3km
I_{max}	010.53A
I_0	000.09A

(a)

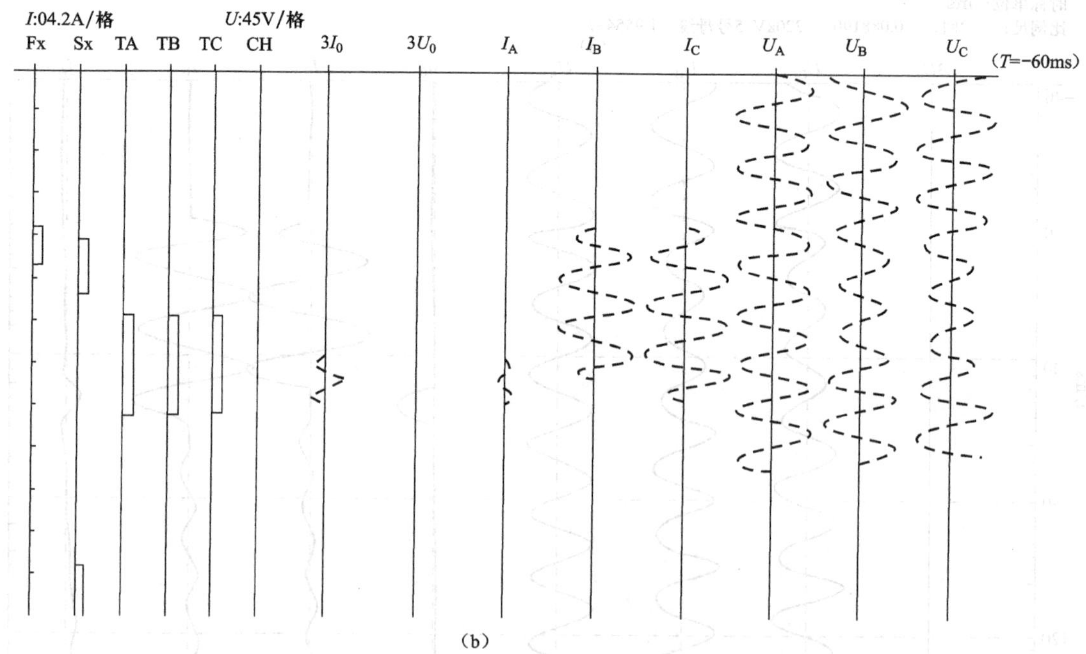

(b)

图 19-3 220kV 线路相间瞬时性故障 LFP-902 保护动作报告

2）B、C 两相短路电流大小相等、方向相反。

3）故障时 A 相为负荷电流。

4）断路器三相跳闸时，I_A 大于负荷电流。

5）由于A相在分闸时电流大于负荷电流，因此产生了 $3\dot{I}_0$，持续时间为10ms。

（2）电压波形分析。

1）报告记录了故障前60ms的正常电压波形，故障后 U_B、U_C 降低，因电压量取自母线电压互感器TV，所测量的是故障点到母线电压互感器的残压，它等于短路电流乘以短路点到电压互感器TV安装处的阻抗。故障电压持续时间B相为50ms，C相为60ms。

2）断路器三相跳闸后，故障切除，U_B、U_C 恢复正常。

3）故障时没有 $3\dot{U}_0$。

4）断路器三相跳闸后，电压恢复正常。

（3）开关量分析。

1）Fx：闭锁式保护发信，15ms。

2）Sx：闭锁式保护收信，20ms。

3）TA、TB、TC：A、B、C三相跳闸。

4）CH：重合闸，由于220kV线路采用单相重合闸，因此在相间故障时断路器三相跳闸。

（四）220kV线路相间瞬时性故障的动作过程

220kV线路相间瞬时性故障→光纤差功、工频变化量方向、高频保护、相间距离保护动作→断路器三相永久跳闸。

（五）保护动作情况分析

（1）因故障在线路末端，距离Ⅰ没有动作，而是由高频保护出口，因此动作时间比距离Ⅰ的动作时间要长，其动作时间＝保护的启动时间＋闭锁式保护的停信时间。

LFP-902：36ms　Z^{++}、0^{++}保护动作正确。

CSL-101A：7msGPQD（高频保护启动），18msGPJLTX（高频距离停信），40msGPJLCK（高频保护出口）。

（2）220kV线路采用单相重合闸，相间故障后保护出口三相跳闸，动作正确。

（3）故障测距：故障测距LFP-902为18.3km；CSL-101为19.5km，有误差。

（4）故障相别：B、C相，结果正确。

（5）故障相电流值：10.53A，一次侧电流为10.53×1200＝12636（A）（瞬时值），结果正确。

单元二十　输电线路三相短路故障处理

一、三相短路的基本特点

（1）三相短路为对称性短路，三个故障相短路电流值相等，相位互差120°。因此当短路稳定后，零序电流和零序电压等于零，没有负荷电流。

（2）短路点电压等于零。

（3）三相短路电流要比两相短路电流大，是两相短路电流的$2/\sqrt{3}$倍。

二、三相短路故障分析

（一）基本情况

2010年08月16日1时38分11秒，某220kV线路发生三相短路故障，0ms后线路第一套RCS-931、第二套CSC-103B保护动作，50ms后断路器三相跳闸。YS-89A故障录波器装置测距为0km，RCS-931保护测距为5.6km，CSC-103B保护测距为80km（线路全长为33.76km）。

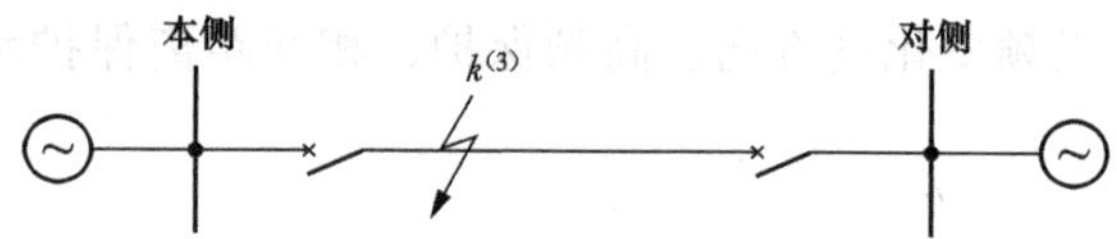

图20-1　220kV线路三相永久性短路故障点示意图

负荷情况：跳闸前，$I=228.52$A，$P=88.41$MW，$Q=-26.12$Mvar；跳闸后，$I=0$A，$P=0$MW，$Q=0$Mvar。故障点位置如图20-1所示。

1. 保护动作情况

线路保护及断路器保护掉牌信号：

（1）第一套RCS-931，“跳A”“跳B”“跳C”红灯亮；CZX-12G，第一跳圈“跳闸信I”中“A相”“B相”“C相”红灯亮。

（2）第二套CSC-103B，“跳A”“跳B”“跳C”红灯亮。

2. 微机监控信号

220kV线路第一套RCS-931保护动作，第一套RCS-931远方启动跳闸、收远跳动作；第二套CSC-103B保护动作，第二套CSC-103B远方跳闸动作。闭锁重合闸动作，第一组出口跳闸。

3. 故障录波器动作情况

主控继电器室220kV YS-89故障录波器启动，220kV继电器小室220kV YS-89故障录波器启动。

4. 发现问题

主控继电保护小室YS-89A故障录波报告上故障测距有问题，测距为0km；第二套保护CSC-103B故障测距有问题，测距为80km，但线路全长仅为33.76km。

5. 故障分析

本次故障中220kV第一套保护RCS-931、第二套保护CSC-103B均动作正确。故障性质为三相永久性故障。

（二）故障录波分析

YS-89A 故障录波报告如图 20-2 所示。

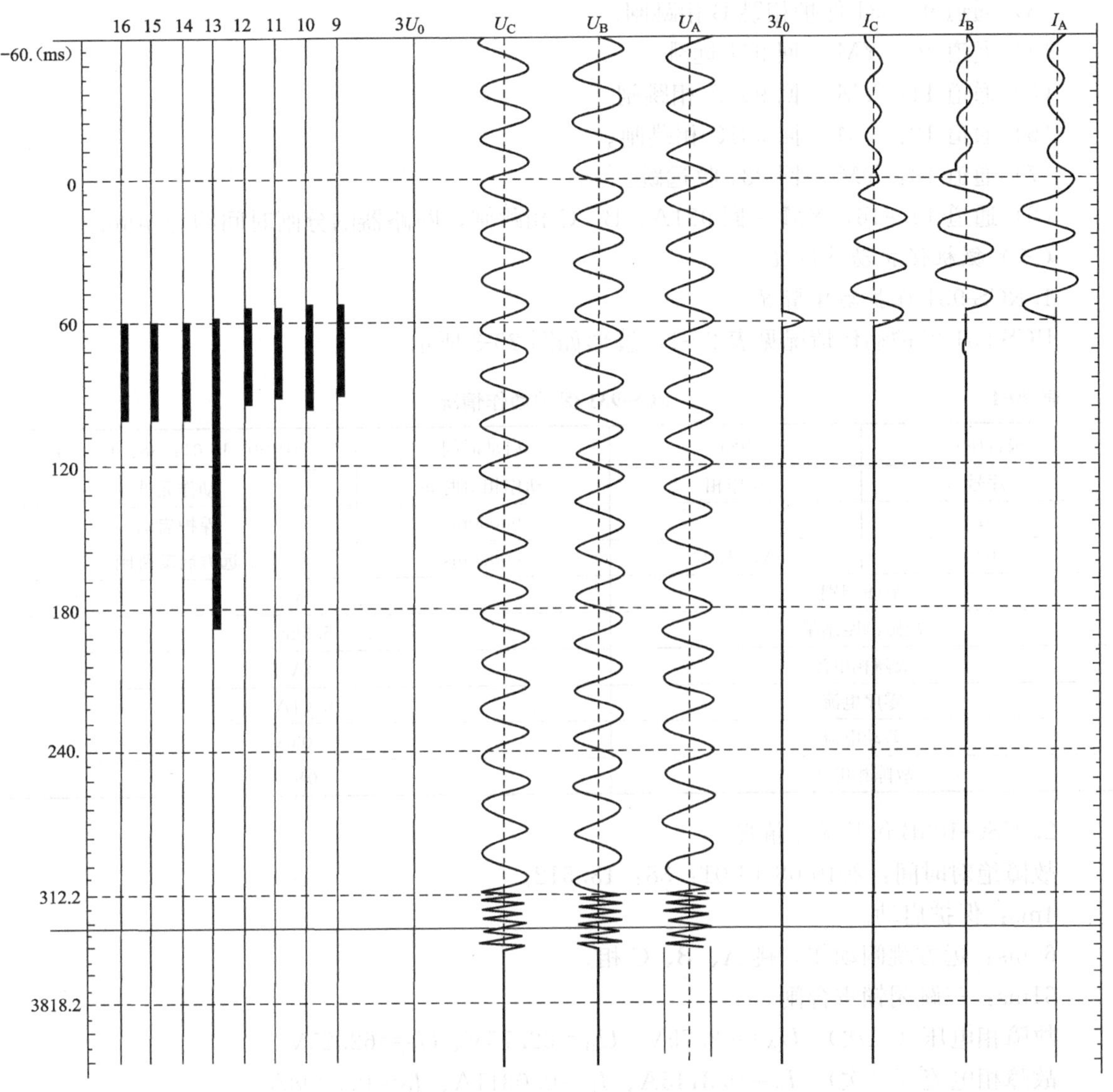

图 20-2　YS-89A 故障录波报告

（1）电流波形分析。

1）报告记录了故障前 60ms 的负荷电流，故障后短路电流明显增大，故障电流波持续时间约 60ms。

2）三相短路电流对称，没有零序分量。

3）在接近 60ms 时，出现了零序电流尖波，应考虑是由断路器分闸不同步造成。

（2）电压波形分析。

1）报告记录了故障前 60ms 的正常电压波形，故障后电压降低不大，因为故障点靠近近端，所测量的是故障点到母线电压互感器的残压，它等于短路电流乘以短路点到电压互感器 TV 安装处的阻抗。

2）故障时三相电压对称。

3）断路器跳闸后，故障切除，电压恢复正常。

（3）通道 9：931 保护相跳 B 相跳闸。

（4）通道 10：YM 一回 931 远跳。

（5）通道 11：YM 一回 931A 相跳闸。

（6）通道 12：YM 一回 931C 相跳闸。

（7）通道 13：YM 一回 931 收远跳。

（8）通道 14～16，YM 一回 931A、B、C 相跳闸，断路器的分闸时间约为 40ms。

（三）微机保护动作情况

1. RCS-931 保护动作情况

RCS-931 保护动作情况见表 20-1，波形如图 20-3 所示。

表 20-1　　RCS-931 保护动作情况

报告序号	055	启动时间	2010-08-16 01：38：11：547
序号	动作相	动作相对时间	动作元件
01		00000ms	保护启动
02	A、B、C	00060ms	远方启动跳闸
故障相别		B	
故障测距结果		5.6km	
故障相电流		0A	
零序电流		0.01A	
差动电流		0.03A	
故障相电压		0V	

2. CSC-103B 保护动作情况

故障绝对时间：2010-08-16 01：38：13.512。

4ms：保护启动。

60ms：远方跳闸动作，跳 A、B、C 相。

61ms：三跳闭锁重合闸。

故障相电压（二次）：U_A＝62.75V、U_B＝62.75V、U_C＝62.25V。

故障相电流（二次）：I_A＝0.3145A、I_B＝0.0811A、I_C＝0.3398A。

测距阻抗：X＝13.130Ω、R＝28.130Ω（B 相）。

3. 波形图分析

（1）电流波形分析。

1）保护记录了故障前 2 个周波（即 40ms）的负荷电流。

2）三相短路电流对称，没有零序分量。

3）故障波形持续时间约为 60ms。

4）在接近 60ms 时，出现了零序电流尖波，应考虑是由断路器分闸不同步造成。

（2）电压波形分析。

1）报告记录了故障前 40ms 的正常电压波形，故障后电压没有明显变化。

2）没有零序电压分量。

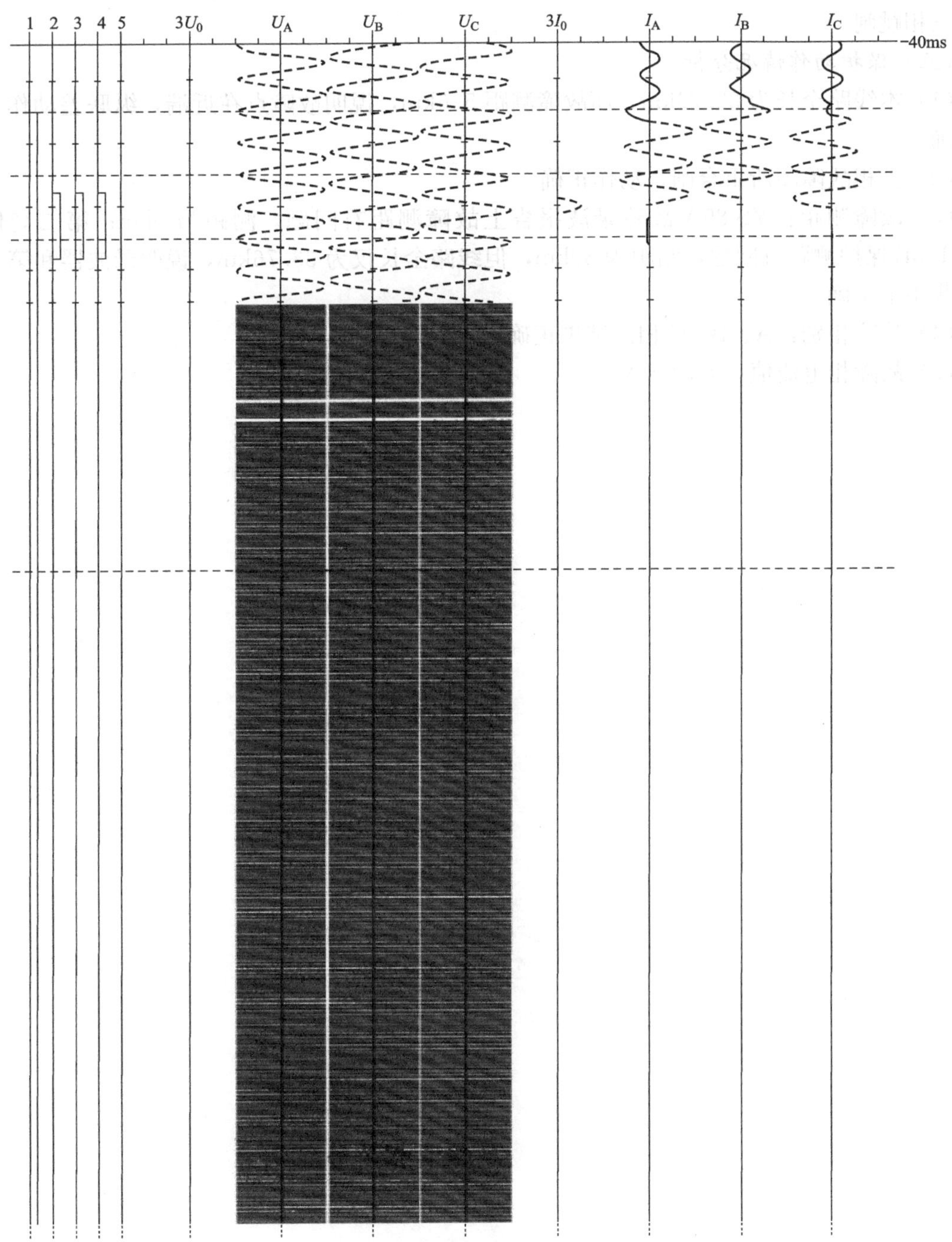

图 20-3　CSC-103B 保护波形图

(3) 开关量分析。

1) 通道 1：收远跳。

2) 通道 2～4：A、B、C 三相跳闸。断路器的分闸时间约为 40ms。

3) 通道 5：重合闸，没有信息。

(四) 220kV 三相永久短路故障的动作过程

220kV 三相永久短路故障→纵联差动动作（本案例中是差动的远方跳闸动作）→断路器

永久三相跳闸。

（五）保护动作情况分析

（1）本线路全长为 33.76km，而故障测距 5.6km，说明故障点在近端，纵联差动作，动作正确。

（2）三相故障闭所重合闸，动作正确。

（3）故障测距：YS-89A 故障录波报告上故障测距有问题，测距为 0km；第二套保护 CSC-103B 保护测距有问题，测距为 80km，但线路全长仅为 33.76km，说明录波器和第二套保护测距不正确。

（4）故障相别：A、B、C 相。结果正确。

（5）故障相电流值：0.737kA。

单元二十一　母线相间故障转两相接地短路的故障处理

一、两相接地短路的基本特点

（1）短路处正序电流与在原正序网络上增接一个附加阻抗 $Z_{\Delta}^{(1,1)}=Z_{2\Sigma}//Z_{0\Sigma}$ 后而发生三相短路时的短路电流相等。

（2）短路处两故障相电压等于零。

（3）在假定 $Z_{0\Sigma}$ 和 $Z_{2\Sigma}$ 的阻抗角相等的情况下，两故障相电流的幅值总相等，其间的夹角 θ_{I} 随 $\frac{Z_{0\Sigma}}{Z_{2\Sigma}}$ 的不同而不同，当 $\frac{Z_{0\Sigma}}{Z_{2\Sigma}}$ 由 $0\rightarrow\infty$ 时，θ_{I} 由 $60^{\circ}\rightarrow180^{\circ}$，即 $60^{\circ}<\theta_{\mathrm{I}}\leqslant180^{\circ}$。

（4）入地电流 I_g 等于两故障相电流之和。

二、事故涉及的变电站及线路

事故涉及的变电站及线路如图 21-1 所示，G 侧故障点如图 21-2 所示，断路器为母联断路器。

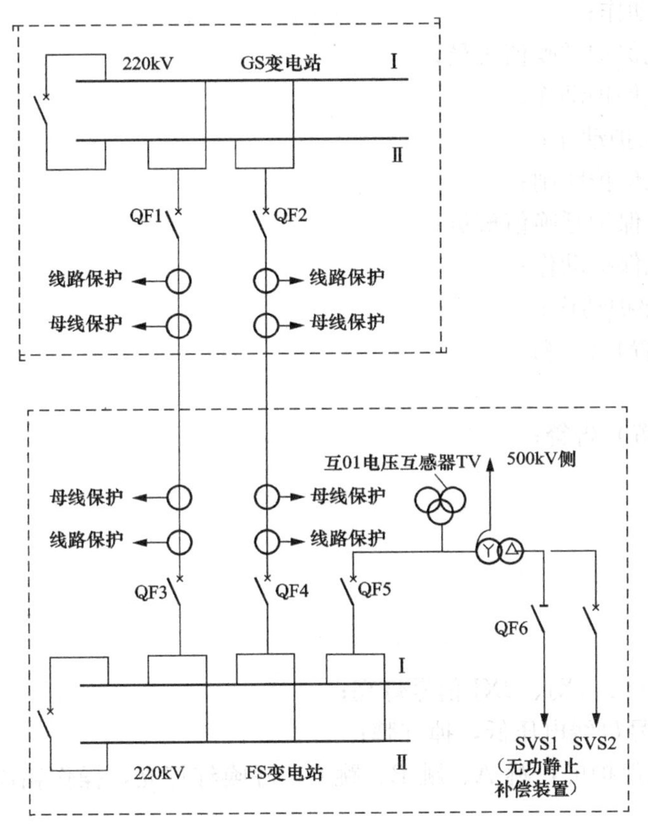

图 21-1　事故涉及的变电站及线路简化系统图

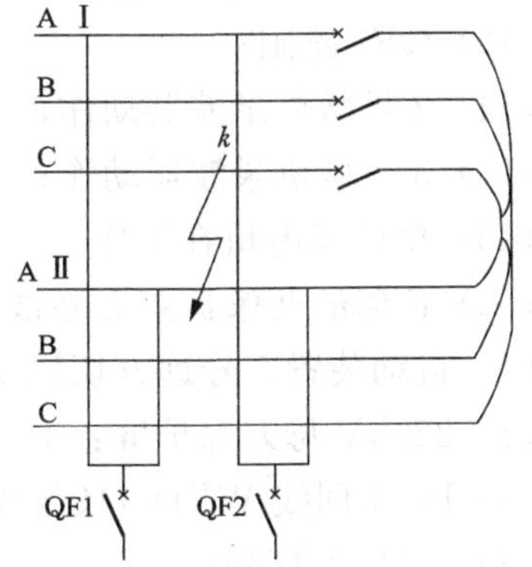

图 21-2　G 侧 220kVⅠ、Ⅱ母线故障点

三、事故的基本情况

××年×月×日 6 时 31 分，GS 变电站 220kVⅠ母线 C 相隔离开关绝缘子（上层）与Ⅱ母线的 A 相发生相间短路（下层），由于该母线母差保护是一套老保护，在此故障方式下母

差保护未动作，使与该母线相连的对侧线路相间距离Ⅱ段动作以切除故障，同时 FS 变电站主变压器低压侧无功静止补偿装置 F51、F52 断路器相继跳闸。

（一）F 侧事故前的运行情况

事故前两侧变电站为正常运行方式，FGⅠ、Ⅱ回线 F 侧当日 6 时跳闸前主要负荷见表 21-1。

表 21-1　　FGⅠ、Ⅱ回线 F 侧 6 时跳闸前主要负荷表

线路名称	电流（A）	有功功率（MW）	无功功率（Mvar）
FGⅠ回线	13	−3	−3
FGⅡ回	27	−2	−3
1 号静补	715		+42
2 号静补	738		+41

（二）FS 变电站侧主控制室主要信号

（1）QF3 断路器 SF-600、SF-500 收发信机动作；

（2）QF4 断路器 SF-600 收发信机动作；

（3）FGⅠ回线 WXH-11CX 型微机保护呼唤值班员；

（4）FGⅠ回线 WXH-11CX 型微机保护动作；

（5）FGⅠ回线 LFP-902A 型微机保护动作；

（6）FGⅠ回线 WXH-11CX 型微机保护跳闸；

（7）FGⅡ回线 WXH-11CX 型微机保护呼唤值班员；

（8）FGⅡ回线 WXH-11CX 型微机保护动作；

（9）FGⅡ回线 LFP-902A 型微机保护动作；

（10）SVS1（1 号无功静止补偿装置）告警；

（11）QF6 断路器跳闸；

（12）SVS2（2 号无功静止补偿装置）告警；

（13）QF7 跳闸；

（14）2 号微机录波器动作；

（15）3 号微机录波器动作；

（16）柴油发电机在工作。

（三）F 侧继电保护室主要信号

（1）自动装置 5 号远方切机切负荷屏：1XJ、2XJ 信号灯亮；

（2）220kV 母差保护屏：3、4、5 号母线电压低，掉红牌；

（3）FGⅠ回线 WXH-11CX 型微机保护屏：跳 A、跳 B、跳 C、呼唤红灯亮，操作箱内 TA、TB、TC 红灯亮；

（4）FGⅠ回线 LFP-902A 微机保护屏：CD 灯灭，发信、保护启信、收信、TA、TB、TC 红灯亮；

（5）FGⅡ回线 WXH-11CX 型微机保护屏：跳 A、跳 B、跳 C、呼唤红灯亮，操作箱内 TA、TB、TC 红灯亮；

(6) FGⅡ回线 LFP-902A 微机保护屏：CD 灯灭，发信、保护启信、收信、TA、TB、TC 红灯亮；

(7) SVS1 分控室，RT1 屏：SVS1 跳闸；KT1（调节器屏），线路电压低；

(8) SVS2 分控室，RTI 屏：SVS2 跳闸：KT1（调节器屏），线路电压低；

(9) 柴油机室：柴油机启动，5min 后自动停止。

（四）F 侧微机保护打印报告

FGI 回线：LFP-902A 保护：跳闸时间：518ms，跳闸相别：ABC 三相；跳闸继电器：Z_2（距离Ⅱ段元件）；WXH-11CX 保护：CPU2（距离）：2ZKJCK（阻抗Ⅱ段出口）。

FGⅡ回线：LFP-902A 保护：跳闸时间：518ms，跳闸相别：ABC 三相，跳闸继电器：Z_2（距离Ⅱ段元件）；WXH-11CX 保护：CPU2（距离）：2ZKJCK（阻抗Ⅱ段出口）。

四、事故分析

此事故由于是 GS 变电站 220kV 不同母线的相间故障，其故障性质特殊，因此造成停电范围较广。

（一）距离保护的基本概念

1. 距离保护的原理

距离保护是利用阻抗元件来反映短路故障点距离的保护装置。阻抗元件反映接入该元件的电压与电流之比，即反映短路故障点至保护安装处的阻抗值，因线路阻抗与距离成正比，所以称为距离保护或阻抗保护。

当测量到保护安装处至故障点的阻抗值等于或小于继电器的整定值时距离保护动作，与运行方式变化时短路电流的大小无关。

距离保护一般由三段组成，第Ⅰ段整定阻抗较小，动作时限是阻抗元件的固定时限，即瞬时动作；第Ⅱ、Ⅲ段整定阻抗值逐渐增大，动作时限也逐渐增加，分别由时间继电器 KT 来调整时限。

2. 距离保护的保护范围

在一般情况下，距离保护的第Ⅰ段只能保护本线路全长的 80%～85%，其动作时间 t_{I} 为保护装置的固有动作时间。第Ⅱ段的保护范围一般为本线路全长并延伸至下一段线路全长的 30%～40%，它是第Ⅰ段保护的后备段，其动作时限 t_{II} 要与下一线路距离保护第Ⅰ段的动作时限相配合，一般为 0.5s 左右。第Ⅲ段为Ⅰ、Ⅱ段保护的后备段，它能保护本线路和下一段线路的全长并延伸至再下一段线路的一部分，其动作时限 t_{III} 按阶梯原则整定。

距离保护的时限特性如图 19-3 所示，Z 为保护装置。

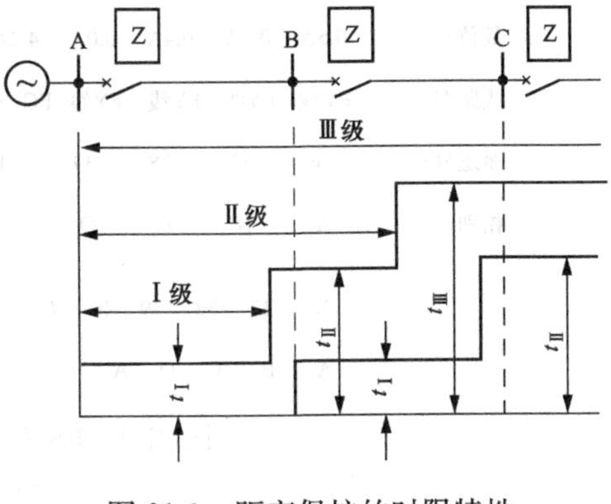

图 21-3　距离保护的时限特性

（二）GS 变电站跳闸分析

(1) 由图 21-2 可知，该站 220kVⅠ、Ⅱ母线采用为高层布置方式，母线分段故障是Ⅰ母线的 C 相与Ⅱ母线的 A 相短路，造成两段母线的 A、C 两相相间短路故障。由于母差在此故障方式下不能动作，故障切除靠所连接母线上的线路对侧的距离二段经 0.5s 跳对侧断路器，GS 变电站故障母线上的断路器靠运行人员手动断开。

（2）存在的问题。GS 变电站母线上故障本应由母差动作，母差保护动作后，除跳开母线上的所有断路器之外，还应有母差停信（由于线路保护均为闭锁式保护），也就是在线路高频保护中的母差跳闸停信。由 FS 变电站侧 LFP-902A 微机保护打印报告中可知，F 侧在 QF3、QF4 断路器跳闸之前，一直在收信（闭锁信号），因此延长了故障切除时间。

五、变电站录波图分析

FS 变电站故障录波分析报告如图 21-4 所示。

FS 变电站 +AA3

文件名=01280629.AAD

故障开始时间：2000年01月28日06：29：22.566

时标单位：ms，10ms/格

电流比例尺：1.4142（A）/mm　　电压比例尺：9.8209（V）/mm

故障前后二十周波的有效值：

故障前二十周波：

序号:	0	1	2	3	4	5	6	7	8	9	10	11
数值:	0.0A	0.0A	0.0A	0.0A	0.0A	0.0A	0.0A	0.0A	0.0A	0.0A	0.0A	0.0A
	0.0A	0.0A	0.0A	0.0A	0.1A	0.0A	0.1A	0.0A	0.1A	0.0A	0.1A	0.0A

故障后八个周波：

序号:	0	1	2	3	4	5	6	7	8	9	10	11
数值:	0.6A	0.0A	0.5A	0.0A	4.9A	0.0A	5.7A	0.2A	5.4A	0.0A	5.1A	0.4A
数值:	0.6A	0.0A	0.5A	0.0A	4.6A	0.0A	5.3A	0.2A	5.0A	0.0A	4.7A	0.4A
数值:	0.6A	0.0A	0.5A	0.0A	4.4A	0.0A	5.2A	0.2A	4.9A	0.0A	4.6A	0.4A
数值:	0.6A	0.1A	0.4A	0.0A	4.4A	0.0A	5.2A	0.2A	4.8A	0.0A	4.5A	0.4A
数值:	0.5A	0.1A	0.5A	0.0A	4.3A	0.0A	5.1A	0.2A	4.8A	0.0A	4.5A	0.4A
数值:	0.5A	0.1A	0.4A	0.0A	4.3A	0.0A	5.1A	0.2A	4.8A	0.0A	4.4A	0.4A
数值:	0.5A	0.1A	0.4A	0.0A	4.3A	0.0A	5.1A	0.2A	4.7A	0.0A	4.4A	0.4A
数值:	0.5A	0.1A	0.4A	0.0A	4.2A	0.0A	5.1A	0.2A	4.7A	0.0A	4.5A	0.4A
线路名:	FY线	FY线	FY线	FY线	FG一回	FG一回	FG一回	FG一回	FG二回	FG二回	FG二回	FG二回
通道号:	36	37	38	39	40	41	42	43	44	45	46	47
相别:	A	B	C	O	A	B	C	O	A	B	C	O

（a）

36　37　38　39　40　41　42　43　44　45　46　47

A　B　C　O　A　B　C　O　A　B　C　O

图 21-4　FS 变电站故障录波分析报告（一）

（a）故障录波打印报告

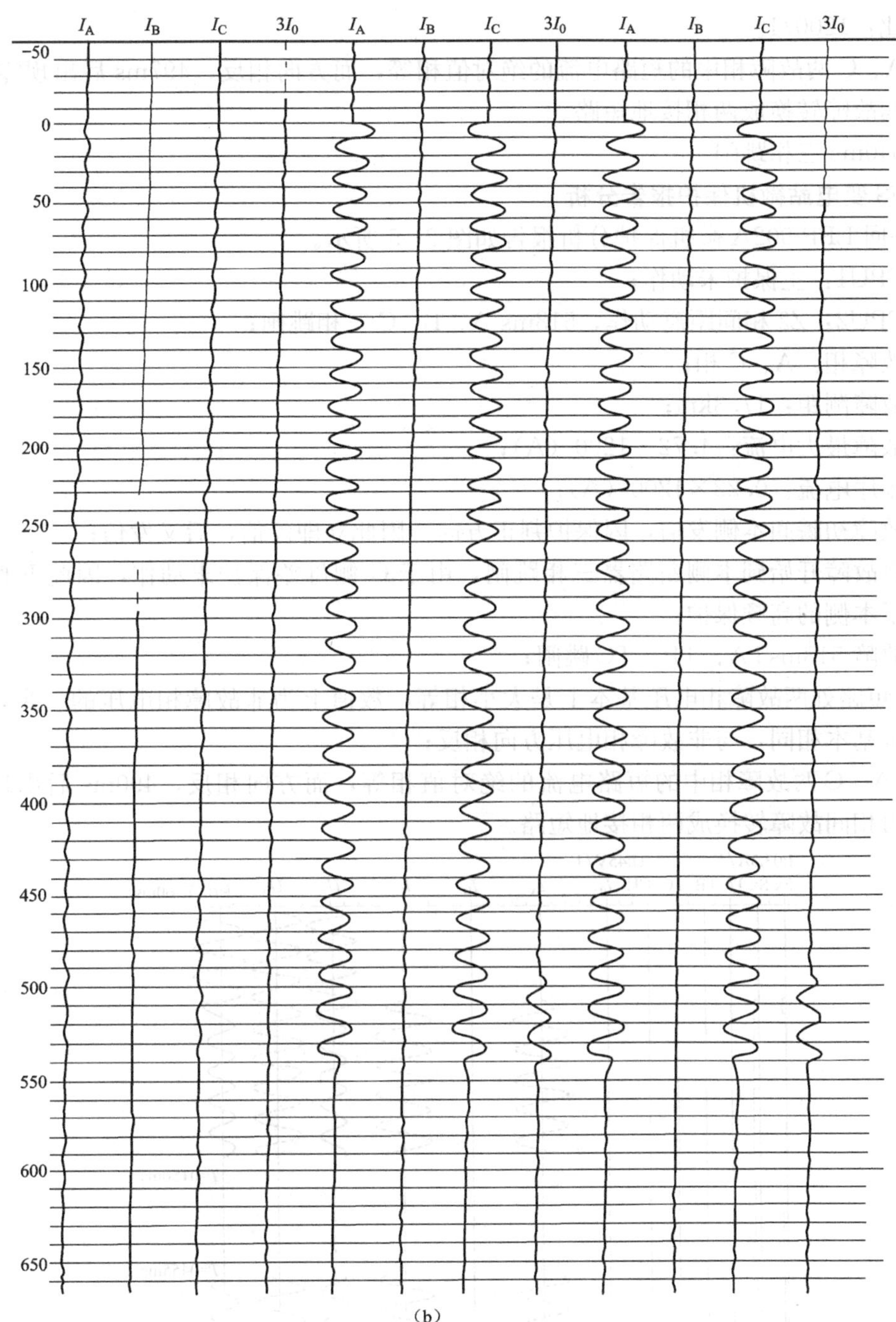

(b)

图 21-4　FS 变电站故障录波分析报告（二）

(b) 故障录波图

(1) 故障相别：A、C 相。

(2) 故障持续时间：540ms（有误差），497ms 前为相间故障，497ms 转两相接地短路。

(3) 497ms 前波形中没有零序分量，497ms 后波形中有零序分量。

(4) 一次故障电流：FG 一回电流 5.7×1200（A），FG 二回电流 5.4×1200（A）电流。

互感器变比：1200/1。

（5）A、C 两故障相中的短路电流的绝对值相等，而方向相反，497ms 后出现零序电流，说明由相间故障转换成两相接地短路。

（6）540ms 三相跳闸。

六、FS 变电站微机保护报告分析

FG 一回 LFP-902A 微机保护分析报告如图 21-5 所示。

（1）CPU1：主保护未动作；

（2）CPU2：Z2 相间距离动作，518ms A、B、C 三相跳闸；

（3）故障相：A、C 相；

（4）故障测距：17.3km；

（5）故障最大电流：4.72×1200（A）；

（6）零序电流：0.22×1200（A）；

（7）故障初瞬间本侧发信，因保护判正方向，因此立即停信，后又发信；

（8）自故障开始到本侧断路器三相跳闸，由于 G 侧母差保护未动作，因此 F 侧一直收信，闭锁了本侧的高频保护；

（9）故障 518msTA、TB、TC 跳闸；

（10）短路处两故障相电压基本上是大小相等，数值上为非故障相电压的一半，两故障相电压相位基本相同，与非故障相电压方向相反；

（11）A、C 两故障相中的短路电流的绝对值相等，而方向相反，490ms 后出现零序电流，说明由相间故障转换成两相接地短路。

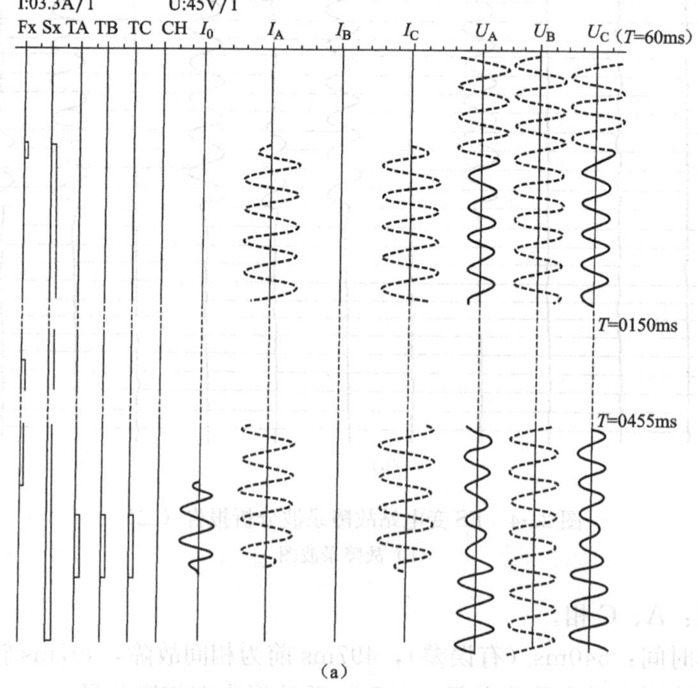

图 21-5 FG 一回 LFP-902A 微机保护分析报告（一）

（a）LFP-902A 故障录波图

CPU1报告

序号	动作时间（ms）	跳闸相别	保护动作
1			
2			
3			

CPU2报告

序号	动作时间（ms）	跳闸相别	保护动作
1	00518	ABC	Z2
2			
3			

CH 时间	

下面的数据来自故障位置

故障相别	AC
故障测距	017.3 km
I_{max}	004.72 A
I_0	000.22 A

（b）

图 21-5 FG 一回 LFP-902A 微机保护分析报告（二）

（b）LFP-902A 微机保护打印报告

单元二十二　习题思考与实操训练

任务一：

习题思考

1. 依据图 22-1，绘制“2×200MW 发电厂典型一次主接线系统图”。

2. 绘制“弹簧操动机构的断路器控制回路”，并说明其动作过程。

3. 画图说明电气主接线的类型？并说明其各自的优缺点。

4. 在带电的电压互感器二次回路上工作时应采取哪些安全措施？

5. 断路器和隔离开关在结构上有何区别？各自作用是什么？

6. 220kV 输电线路应配置哪些保护？叙述距离保护的作用和原理？

7. 大型机组主变压器与发电机之间为何不装设断路器？

8. 制订电气运行方式的原则是什么？

9. 在大电流接地系统中发生单相接地故障时零序参数有什么特点？

10. 为什么不允许电压互感器二次短路？电流互感器二次开路？在现场是采取哪些措施来保证的。

实操训练

运行方式：发电厂建设完工，首次投入运行

操作任务 1：用 2 号电连线 2253 断路器给 220kVⅠ母线充电。

运行方式：发电厂Ⅰ母线带 2 号电连线 2253 一条线路方式运行。

操作任务 2：Ⅰ母线停电。

任务二：

习题思考

1. 什么是零序保护？大电流接地系统中为什么要单独装设零序保护？

2. 距离保护的特点是什么？

3. 画图说明隔离开关辅助触点的作用。

4. 旁路母线的作用，倒旁路操作过程中应注意哪些问题？

5. 何谓电气设备的倒闸操作，发电厂及电力系统倒闸操作的主要内容有哪些？

6. 说明分裂变压器的作用？

7. 电压互感器二次回路的要求有哪些？

8. 绘制“220kV 电压互感器二次回路”的电路图，并分析回路的功能。

9. 电力系统中为什么要采用自动重合闸？

10. 什么是准同期并列法？

实操训练

运行方式：2 号电连线运行于 220kVⅠ母线。

操作任务 1：2 号电连线 2253 断路器停电检修，倒由旁路带负荷。

操作任务 2：2 号电连线 2253 断路器检修完毕，自带负荷运行。

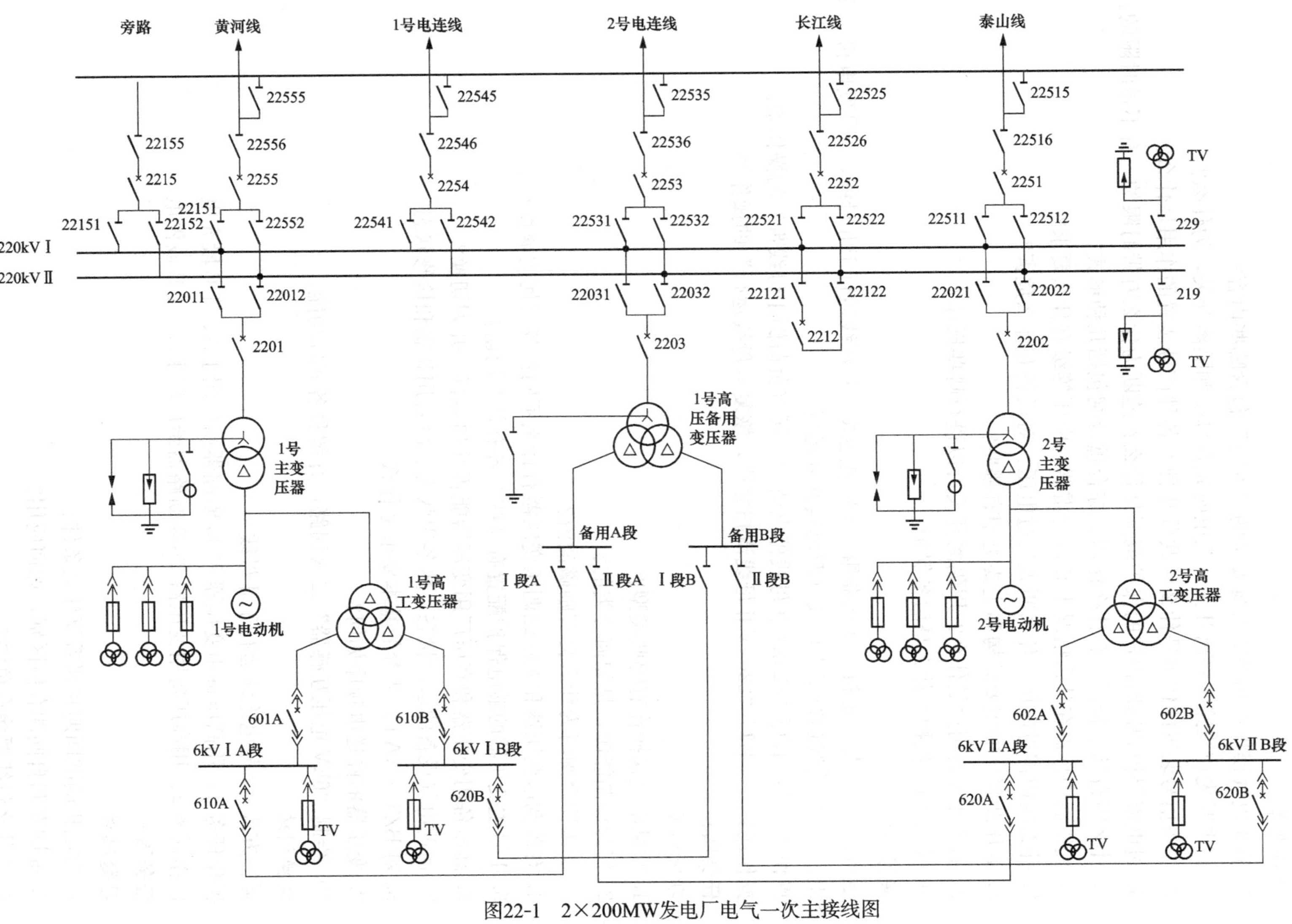

图22-1 2×200MW发电厂电气一次主接线图

任务三：

习题思考

1. 防止电气误操作和保证人身安全的“五防”包含哪些内容？
2. 停电时先拉线路侧隔离开关，送电时先合母线侧隔离开关，为什么？
3. 中央信号装置的作用是什么？共分几种？各种信号装置的作用是什么？
4. 过电流保护和速断保护的保护范围是什么？速断为什么有带时限的，有不带时限的？
5. 什么叫自动重合闸，有什么作用？综合重合闸包括几种形式？
6. 变压器中性点在什么情况下装设避雷器，电压等级有什么要求？
7. 什么叫内部过电压？什么叫大气过电压？对设备有什么危害？
8. 高压断路器的主要结构和主要类型有哪些？
9. 隔离开关的用途是什么？用隔离开关可以进行哪些操作？
10. 什么叫主保护？什么是后备保护？

实操训练

运行方式：1号发电机—变压器组、2号电连线、长江线运行于Ⅱ母线，2号发电机—变压器组、1号电连线运行于Ⅰ母线（双母线并列运行）。

操作任务1：书写“220kVⅡ母线停电清扫，所有负荷倒Ⅰ母线带”的操作票。

操作任务2：书写“220kVⅡ母线清扫完毕，恢复双母线运行”的操作票。

任务四：

习题思考

1. 常见电气误操作有哪些类型？
2. 何为控制能源，是如何分类的？
3. 变压器合闸时为什么会有励磁涌流？
4. 有载调压变压器和无励磁调压变压器有什么不同？各有何优缺点？
5. 1号主变压器的继电保护配置有哪些？各有什么用途？
6. 高压备用变压器和高压厂用变压器能否并列运行，并列切换？
7. 何谓电气设备的运行状态、热备用状态、冷备用状态和检修状态？
8. 对BZT（AAT）装置的基本要求是什么？
9. 变压器的停送电顺序如何？
10. 绘制“6kV电压互感器”二次回路，并解释各元件功能。

实操训练

运行方式：2号电连线运行于Ⅱ母线

操作任务1：用高压备用变压器2203断路器给厂用ⅠA、ⅠB段充电。

操作任务2：用高压备用变压器2203断路器给厂用ⅠA、ⅠB段停电。

任务五：

习题思考

1. 发电机的准同期并列需要什么条件？
2. 准同期和自同期有何区别，如何应用？
3. 为什么母线要涂有色漆？
4. 发电机主系统有什么保护，发电机励磁系统有什么保护？

5. 在只有隔离开关和熔断器的低压回路，停送电顺序如何？

6. 操作中发生疑问应如何处理？

7. 绘制“同步监察继电器”的回路图，说明其工作原理。

8. 常见电气误操作有哪些类型？

9. 引起电气误操作的原因有哪些，如何防范？

10. 变压器套管脏污有什么害处？

实操训练

运行方式：Ⅱ母线与系统相连。

操作任务 1：1 号发电机—变压器组与系统并列。

操作任务 2：1 号发电机—变压器组与系统解列。

附录1　电力安全工作规程

GB 26860—2011

电力安全工作规程
发电厂和变电站电气部分

1　范围

本标准规定了电力生产单位和在电力工作场所工作人员的基本电气安全要求。

本标准适用于具有66kV及以上电压等级设施的发电企业所有运用中的电气设备及其相关场所；具有35kV及以上电压等级设施的输电、变电和配电企业所有运用中的电气设备及其相关场所；具有220kV及以上电压等级设施的用电单位运用中的电气设备及其相关场所。其他电力企业和用电单位也可参考使用。

2　规范性引用文件

下列文件对于本文件的应用是必不可少的。凡是注日期的引用文件，仅注日期的版本适用于本文件。凡是不注日期的引用文件，其最新版本（包括所有的修改单）适用于本文件。

GB/T 2900.20—1994　电工术语　高压开关设备［IEC 60050（IEV）：1994，NEQ］

GB/T 2900.50—2008　电工术语　发电、输电及配电　通用术语（IEC 60050-601-1985，MOD）

3　术语和定义

GB/T 2900.20—1994、GB/T 2900.50—2008界定的以及下列术语和定义适用于本文件。

3.1

发电厂［站］　electrical generating station

由建筑物、能量转换设备和全部必要的辅助设备组成的生产电能的工厂。

［GB/T 2900.50—2008，定义2.3中的601-03-01］

3.2

变电站（电力系统的）　substation（of a power system）

电力系统的一部分，它集中在一个指定的地方，主要包括输电或配电线路的终端、开关及控制设备、建筑物和变压器。通常包括电力系统安全和控制所需的设施（例如保护装置）。

注：根据含有变电站的系统的性质，可在变电站这个词前加上一个前缀来界定。例如：（一个输电系统的）输电变电站、配电变电站、500kV变电站、10kV变电站。

［GB/T 2900.50—2008，定义2.3中的601-03-02］

3.3

电力线路　electric line

在系统两点间用于输配电的导线、绝缘材料和附件组成的设施。

[GB/T 2900.50—2008，定义 2.3 中的 601-03-03]

3.4

断路器　circuit-breaker

能关合、承载、开断运行回路正常电流，也能在规定时间内关合、承载及开断规定的过载电流（包括短路电流）的开关设备，也称开关。

注：改写 GB/T 2900.20—1994，定义 3.13。

3.5

隔离开关　disconnector

在分位置时，触头间有符合规定要求的绝缘距离和明显的断开标志；在合位置时，能承载正常回路条件下的电流及在规定时间内异常条件（例如短路）下的电流的开关设备。

[GB/T 2900.20—1994，定义 3.24]

3.6

低［电］压　low voltage；LV

用于配电的交流系统中 1000V 及其以下的电压等级。

[GB/T 2900.50—2008，定义 2.1 中的 601-01-26]

3.7

高［电］压　high voltage；HV

(1) 通常指超过低压的电压等级。

(2) 特定情况下，指电力系统中输电的电压等级。

[GB/T 2900.50—2008，定义 2.1 中的 601-01-27]

3.8

运用中的电气设备　operating electrical equipment

全部带有电压、一部分带有电压或一经操作即带有电压的电气设备。

4　作业要求

4.1　工作人员

4.1.1　经医师鉴定，无妨碍工作的病症（体格检查至少每两年一次）。

4.1.2　具备必要的安全生产知识和技能，从事电气作业的人员应掌握触电急救等救护法。

4.1.3　具备必要的电气知识和业务技能，熟悉电气设备及其系统。

4.2　作业现场

4.2.1　作业现场的生产条件、安全设施、作业机具和安全工器具等应符合国家或行业标准规定的要求，安全工器具和劳动防护用品在使用前应确认合格、齐备。

4.2.2　经常有人工作的场所及施工车辆上宜配备急救箱，存放急救用品，并指定专人检查、补充或更换。

4.3　作业措施

4.3.1　在电气设备上工作应有保证安全的制度措施，可包含工作申请、工作布置、书面安全要求、工作许可、工作监护，以及工作间断、转移和终结等工作程序。

4.3.2　在电气设备上进行全部停电或部分停电工作时，应向设备运行维护单位提出停电申请，由调度机构管辖的需事先向调度机构提出停电申请，同意后方可安排检修工作。

4.3.3 在检修工作前应进行工作布置，明确工作地点、工作任务、工作负责人、作业环境、工作方案和书面安全要求，以及工作班成员的任务分工。

4.4 其他要求

4.4.1 作业人员应被告知其作业现场存在的危险因素和防范措施。

4.4.2 在发现直接危及人身安全的紧急情况时，现场负责人有权停止作业并组织人员撤离作业现场。

5 安全组织措施

5.1 一般要求

5.1.1 安全组织措施作为保证安全的制度措施之一，包括工作票、工作的许可、监护、间断、转移和终结等。工作票签发人、工作负责人（监护人）、工作许可人、专责监护人和工作班成员在整个作业流程中应履行各自的安全职责。

5.1.2 工作票是准许在电气设备上工作的书面安全要求之一，可包含编号、工作地点、工作内容、计划工作时间、工作许可时间、工作终结时间、停电范围和安全措施，以及工作票签发人、工作许可人、工作负责人和工作班成员等内容。

5.1.3 除需填用工作票的工作外，其他可采用口头或电话命令方式。

5.2 工作票种类

5.2.1 需要高压设备全部停电、部分停电或做安全措施的工作，填用电气第一种工作票（见附录 A）。

5.2.2 大于表 1 安全距离的相关场所和带电设备外壳上的工作以及不可能触及带电设备导电部分的工作，填用电气第二种工作票（见附录 B）。

表 1　　设备不停电时的安全距离

电压等级 kV	安全距离 m
10 及以下	0.70
20、35	1.00
66、110	1.50
220	3.00
330	4.00
500	5.00
750	7.20
1000	8.70
±50 及以下	1.50
±500	6.00
±660	8.40
±800	9.30

注 1：表中未列电压等级按高一挡电压等级安全距离。

注 2：13.8kV 执行 10kV 的安全距离。

注 3：750kV 数据按海拔 2000m 校正，其他等级数据按海拔 1000m 校正。

5.2.3 带电作业或与带电设备距离小于表1规定的安全距离但按带电作业方式开展的不停电工作，填用电气带电作业工作票（见附录C）。

5.2.4 事故紧急抢修工作使用紧急抢修单（见附录D）或工作票。非连续进行的事故修复工作应使用工作票。

5.3 工作票的填用

5.3.1 工作票应使用统一的票面格式。

5.3.2 若以下设备同时停、送电，可填用一张电气第一种工作票：

a）属于同一电压等级、位于同一平面场所，工作中不会触及带电导体的几个电气连接部分；

b）一台变压器停电检修，其断路器也配合检修；

c）全站停电。

注1：交流系统中一个电气连接部分，是指可用隔离开关同其他电气装置分开的部分。

注2：直流系统中一个电气连接部分，是指双极停用的换流变压器及所有高压直流设备，或单极运行时停用极的换流变压器、阀厅、直流场设备、水冷系统（双极公共区域为运行设备）。

5.3.3 同一变电站（包括发电厂升压站和换流站，以下同）内在几个电气连接部分上依次进行的同一电压等级、同一类型的不停电工作，可填用一张电气第二种工作票。

5.3.4 在同一变电站内，依次进行的同一电压等级、同一类型的带电作业，可填用一张电气带电作业工作票。

5.3.5 工作票由设备运行维护单位签发或由经设备运行维护单位审核合格并批准的其他单位签发。承发包工程中，工作票可实行双方签发形式。

5.3.6 工作票一份交工作负责人，另一份交工作许可人。

5.3.7 一个工作负责人不应同时执行两张及以上工作票。

5.3.8 持线路工作票进入变电站进行架空线路、电缆等工作，应得到变电站工作许可人许可后方可开始工作。

5.3.9 同时停送电的检修工作填用一张工作票，开工前完成工作票内的全部安全措施。如检修工作无法同时完成，剩余的检修工作应填用新的工作票。

5.3.10 变更工作班成员或工作负责人时，应履行变更手续。

5.3.11 在工作票停电范围内增加工作任务时，若无需变更安全措施范围，应由工作负责人征得工作票签发人和工作许可人同意，在原工作票上增填工作项目；若需变更或增设安全措施，应填用新的工作票。

5.3.12 电气第一种工作票、电气第二种工作票和电气带电作业工作票的有效时间，以批准的检修计划工作时间为限，延期应办理手续。

5.4 工作票所列人员的安全责任

5.4.1 工作票签发人：

a）确认工作必要性和安全性；

b）确认工作票上所填安全措施正确、完备；

c）确认所派工作负责人和工作班人员适当、充足。

5.4.2 工作负责人（监护人）：

a）正确、安全地组织工作；

b）确认工作票所列安全措施正确、完备，符合现场实际条件，必要时予以补充；

c）工作前向工作班全体成员告知危险点，督促、监护工作班成员执行现场安全措施和技术措施。

5.4.3 工作许可人：

a）确认工作票所列安全措施正确完备，符合现场条件；

b）确认工作现场布置的安全措施完善，确认检修设备无突然来电的危险；

c）对工作票所列内容有疑问，应向工作票签发人询问清楚，必要时应要求补充。

5.4.4 专责监护人：

a）明确被监护人员和监护范围；

b）工作前对被监护人员交待安全措施，告知危险点和安全注意事项；

c）监督被监护人员执行本标准和现场安全措施，及时纠正不安全行为。

5.4.5 工作班成员：

a）熟悉工作内容、工作流程，掌握安全措施，明确工作中的危险点，并履行确认手续；

b）遵守安全规章制度、技术规程和劳动纪律，执行安全规程和实施现场安全措施；

c）正确使用安全工器具和劳动防护用品。

5.5 工作许可

5.5.1 工作许可人在完成施工作业现场的安全措施后，还应完成以下手续：

a）会同工作负责人到现场再次检查所做的安全措施；

b）对工作负责人指明带电设备的位置和注意事项；

c）会同工作负责人在工作票上分别确认、签名。

5.5.2 工作许可后，工作负责人、工作许可人任何一方不应擅自变更安全措施。

5.5.3 带电作业工作负责人在带电作业工作开始前，应与设备运行维护单位或值班调度员联系并履行有关许可手续，带电作业结束后应及时汇报。

5.6 工作监护

5.6.1 工作许可后，工作负责人、专责监护人应向工作班成员交待工作内容和现场安全措施。工作班成员履行确认手续后方可开始工作。

5.6.2 工作负责人、专责监护人应始终在工作现场，对工作班成员进行监护，工作负责人在全部停电时，可参加工作班工作；部分停电时，只有在安全措施可靠，人员集中在一个工作地点，不致误碰有电部分的情况下，方可参加工作。

5.6.3 工作票签发人或工作负责人，应根据现场的安全条件、施工范围、工作需要等具体情况，增设专责监护人并确定被监护的人员。

5.7 工作间断、转移和终结

5.7.1 工作间断时，工作班成员应从工作现场撤出，所有安全措施保持不变。隔日复工时，应得到工作许可人的许可，且工作负责人应重新检查安全措施。工作人员应在工作负责人或专责监护人的带领下进入工作地点。

5.7.2 在工作间断期间，若有紧急需要，运行人员可在工作票未交回的情况下合闸送电，但应先通知工作负责人，在得到工作班全体人员已离开工作地点、可送电的答复，并采取必要措施后方可执行。

5.7.3 检修工作结束以前，若需将设备试加工作电压，应按以下要求进行：

a）全体工作人员撤离工作地点；

b）收回该系统的所有工作票，拆除临时遮栏、接地线和标示牌，恢复常设遮栏；

c）应在工作负责人和运行人员全面检查无误后，由运行人员进行加压试验。

5.7.4　在同一电气连接部分依次在几个工作地点转移工作时，工作负责人应向工作人员交待带电范围、安全措施和注意事项。

5.7.5　全部工作完毕后，工作负责人应向运行人员交待所修项目状况、试验结果、发现的问题和未处理的问题等，并与运行人员共同检查设备状况、状态，在工作票上填明工作结束时间，经双方签名后表示工作票终结。

5.7.6　除5.7.2给出的规定外，只有在同一停电系统的所有工作票都已终结，并得到值班调度员或运行值班员的许可指令后，方可合闸送电。

6　安全技术措施

6.1　一般要求

6.1.1　在电气设备上工作，应有停电、验电、装设接地线、悬挂标示牌和装设遮栏（围栏）等保证安全的技术措施。

6.1.2　在电气设备上工作，保证安全的技术措施由运行人员或有操作资格的人员执行。

6.1.3　工作中所使用的绝缘安全工器具应满足附录E的要求。

6.2　停电

6.2.1　符合下列情况之一的设备应停电：

a）检修设备；

b）与工作人员在工作中的距离小于表2规定的设备；

c）工作人员与35kV及以下设备的距离大于表2规定的安全距离，但小于表1规定的安全距离，同时又无绝缘隔板、安全遮栏等措施的设备；

d）带电部分邻近工作人员，且无可靠安全措施的设备；

e）其他需要停电的设备。

表2　　**人员工作中与设备带电部分的安全距离**

电压等级 kV	安全距离 m
10及以下	0.35
20、35	0.60
66、110	1.50
220	3.00
330	4.00
500	5.00
750	8.00
1000	9.50
±50及以下	1.50
±500	6.80
±660	9.00

续表

电压等级 kV	安全距离 m
±800	10.10

注1：表中未列电压等级按高一挡电压等级安全距离。
注2：13.8kV执行10kV的安全距离。
注3：750kV数据按海拔2000m校正，其他等级数据按海拔1000m校正。

6.2.2 停电设备的各端应有明显的断开点，或应有能反映设备运行状态的电气和机械等指示，不应在只经断路器断开电源的设备上工作。

6.2.3 应断开停电设备各侧断路器、隔离开关的控制电源和合闸能源，闭锁隔离开关的操动机构。

6.2.4 高压开关柜的手车开关应拉至“试验”或“检修”位置。

6.3 验电

6.3.1 直接验电应使用相应电压等级的验电器在设备的接地处逐相验电。验电前，验电器应先在有电设备上确证验电器良好。在恶劣气象条件时，对户外设备及其他无法直接验电的设备，可间接验电。

330kV及以上的电气设备可采用间接验电方法进行验电。

6.3.2 高压验电应戴绝缘手套，人体与被验电设备的距离应符合表1的安全距离要求。

6.4 接地

6.4.1 装设接地线不宜单人进行。

6.4.2 人体不应碰触未接地的导线。

6.4.3 当验明设备确无电压后，应立即将检修设备接地（装设接地线或合接地刀闸）并三相短路。电缆及电容器接地前应逐相充分放电，星形接线电容器的中性点应接地。

6.4.4 可能送电至停电设备的各侧都应接地。

6.4.5 装、拆接地线导体端应使用绝缘棒，人体不应碰触接地线。

6.4.6 不应用缠绕的方法进行接地或短路。

6.4.7 接地线采用三相短路式接地线，若使用分相式接地线时，应设置三相合一的接地端。

6.4.8 成套接地线应由有透明护套的多股软铜线和专用线夹组成，接地线截面不应小于25mm^2，并应满足装设地点短路电流的要求。

6.4.9 装设接地线时，应先装接地端，后装接导体端，接地线应接触良好，连接可靠。拆除接地线的顺序与此相反。

6.4.10 在配电装置上，接地线应装在该装置导电部分的适当部位。

6.4.11 已装设接地线发生摆动，其与带电部分的距离不符合安全距离要求时，应采取相应措施。

6.4.12 在门型构架的线路侧停电检修，如工作地点与所装接地线或接地刀闸的距离小于10m，工作地点虽在接地线外侧，也可不另装接地线。

6.4.13 在高压回路上工作，需要拆除部分接地线应征得运行人员或值班调度员的许可。工作完毕后立即恢复。

6.4.14 因平行或邻近带电设备导致检修设备可能产生感应电压时，应加装接地线或使用个人保安线。

6.5 悬挂标示牌和装设遮栏

6.5.1 在一经合闸即可送电到工作地点的隔离开关操作把手上，应悬挂“禁止合闸，有人工作!”或“禁止合闸，线路有人工作!”的标示牌。

6.5.2 在计算机显示屏上操作的隔离开关操作处，应设置“禁止合闸，有人工作!”或“禁止合闸，线路有人工作!”的标记。

6.5.3 部分停电的工作，工作人员与未停电设备安全距离不符合表1规定时应装设临时遮栏，其与带电部分的距离应符合表2的规定。临时遮栏应装设牢固，并悬挂“止步，高压危险!”的标示牌。35kV及以下设备可用与带电部分直接接触的绝缘隔板代替临时遮栏。

6.5.4 在室内高压设备上工作，应在工作地点两旁及对侧运行设备间隔的遮栏上和禁止通行的过道遮栏上悬挂“止步，高压危险!”的标示牌。

6.5.5 高压开关柜内手车开关拉至“检修”位置时，隔离带电部位的挡板封闭后不应开启，并设置“止步，高压危险!”的标示牌。

6.5.6 在室外高压设备上工作，应在工作地点四周装设遮栏，遮栏上悬挂适当数量朝向里面的“止步，高压危险!”标示牌，遮栏出入口要围至临近道路旁边，并设有“从此进出!”的标示牌。

6.5.7 若室外只有个别地点设备带电，可在其四周装设全封闭遮栏，遮栏上悬挂适当数量朝向外面的“止步，高压危险!”标示牌。

6.5.8 工作地点应设置“在此工作!”的标示牌。

6.5.9 室外构架上工作，应在工作地点邻近带电部分的横梁上，悬挂“止步，高压危险!”的标示牌。在工作人员上下的铁架或梯子上，应悬挂“从此上下!”的标示牌。在邻近其他可能误登的带电构架上，应悬挂“禁止攀登，高压危险!”的标示牌。

6.5.10 工作人员不应擅自移动或拆除遮栏、标示牌。

6.5.11 标示牌式样见附录F。

7 电气设备运行

7.1 一般要求

7.1.1 设备不停电时，人员在现场应符合表1的安全距离要求。

7.1.2 高压设备符合下列条件时，可实行单人值班或操作：

a）室内高压设备的隔离室设有安装牢固、高度大于1.7m的遮栏，遮栏通道门加锁；

b）室内高压断路器的操动机构用墙或金属板与该断路器隔离或装有远方操动机构。

7.1.3 高压设备发生接地故障时，室内人员进入接地点4m以内，室外人员进入接地点8m以内，均应穿绝缘靴。接触设备的外壳和构架时，还应戴绝缘手套。

7.2 电气设备巡视

7.2.1 巡视高压设备时，不宜进行其他工作。

7.2.2 雷雨天气巡视室外高压设备时，应穿绝缘靴，不应使用伞具，不应靠近避雷器和避雷针。

7.3 电气操作

7.3.1 操作发令

7.3.1.1 发令人发布指令应准确、清晰，使用规范的操作术语和设备名称。

7.3.1.2 受令人接令后，应复诵无误后执行。

7.3.2 操作方式

7.3.2.1 电气操作有就地操作、遥控操作和程序操作三种方式。

7.3.2.2 正式操作前可进行模拟预演，确保操作步骤正确。

7.3.3 操作分类

7.3.3.1 监护操作，是指有人监护的操作。

7.3.3.2 单人操作，是指一人进行的操作。

7.3.3.3 程序操作，是指应用可编程计算机进行的自动化操作。

7.3.4 操作票填写

7.3.4.1 操作票是操作前填写操作内容和顺序的规范化票式，可包含编号、操作任务、操作顺序、操作时间，以及操作人或监护人签名等。

7.3.4.2 操作票由操作人员填用，每张票填写一个操作任务。

7.3.4.3 操作前应根据模拟图或接线图核对所填写的操作项目，并经审核签名。

7.3.4.4 操作票格式参见附录G。

7.3.4.5 下列项目应填入操作票：

a）拉合断路器和隔离开关，检查断路器和隔离开关的位置，验电、装拆接地线，检查接地线是否拆除，安装或拆除控制回路或电压互感器回路的保险器，切换保护回路和检验是否确无电压等；

b）在高压直流输电系统中，启停系统、调节功率、转换状态、改变控制方式、转换主控站、投退控制保护系统、切换换流变压器冷却器及手动调节分接头、控制系统对断路器的锁定操作等。

7.3.4.6 事故紧急处理、程序操作、拉合断路器（开关）的单一操作，以及拉开全站仅有的一组接地刀闸或拆除仅有的一组接地线时，可不填用操作票。

7.3.5 操作的基本条件

7.3.5.1 具有与实际运行方式相符的一次系统模拟图或接线图。

7.3.5.2 电气设备应具有明显的标志，包括命名、编号、设备相色等。

7.3.5.3 高压电气设备应具有防止误操作闭锁功能，必要时加挂机械锁。

7.3.6 操作的基本要求

7.3.6.1 停电操作应按照“断路器—负荷侧隔离开关—电源侧隔离开关”的顺序依次进行，送电合闸操作按相反的顺序进行。不应带负荷拉合隔离开关。

7.3.6.2 非程序操作应按操作任务的顺序逐项操作。

7.3.6.3 雷电天气时，不宜进行电气操作，不应就地电气操作。

7.3.6.4 用绝缘棒拉合隔离开关、高压熔断器，或经传动机构拉合断路器和隔离开关，均应戴绝缘手套。

7.3.6.5 雨天操作室外高压设备时，应使用有防雨罩的绝缘棒，并穿绝缘靴、戴绝缘手套。

7.3.6.6 装卸高压熔断器，应戴护目眼镜和绝缘手套，必要时使用绝缘夹钳，并站在绝缘物或绝缘台上。

7.3.6.7 在高压开关柜的手车开关拉至“检修”位置后，应确认隔离挡板已封闭。

7.3.6.8 操作后应检查各相的实际位置，无法观察实际位置时，可通过间接方式确认该设备已操作到位。

7.3.6.9 发生人身触电时，应立即断开有关设备的电源。

8 线路作业时发电厂和变电站的安全措施

8.1 线路作业时发电厂和变电站的安全措施应满足一般工作程序和安全要求。

8.2 线路的停、送电均应按照调度机构或线路运行维护单位的指令执行。不应约时停、送电。

8.3 调度机构或线路运行维护单位应记录线路停电检修的工作班组数目、工作负责人姓名、工作地点和工作任务。

8.4 工作结束时，应得到工作负责人的工作结束报告，确认所有工作班组均已完工，接地线已拆除，工作人员已全部撤离线路，并与记录核对无误后，方可下令拆除发电厂或变电站内的安全措施，向线路送电。

9 带电作业

9.1 一般要求

9.1.1 带电作业安全距离、安全防护措施等应按国家和行业的相关标准、导则执行。

9.1.2 带电作业应在良好天气下进行。如遇雷电（听见雷声、看见闪电）、雪、雹、雨、雾等，不应进行带电作业。风力大于5级，或湿度大于80%时，不宜进行带电作业。

9.1.3 带电作业应设专责监护人。复杂作业时，应增设监护人。

9.1.4 线路运行维护单位或工作负责人认为有必要时，应组织到现场勘察，根据勘察结果判断能否进行带电作业，并确定作业方法、所需工具，以及应采取的措施。

9.1.5 带电作业有下列情况之一者，应停用重合闸或直流再启动装置，并不应强送电：

a）中性点有效接地系统中可能引起单相接地的作业；

b）中性点非有效接地系统中可能引起相间短路的作业；

c）直流线路中可能引起单极接地或极间短路的作业；

d）不应约时停用或恢复重合闸及直流再启动装置。

9.1.6 在带电作业过程中如设备突然停电，应视设备仍然带电，工作负责人应及时与线路运行维护单位或调度联系。线路运行维护单位或值班调度员未与工作负责人取得联系前不应强送电。

9.2 一般安全技术措施

9.2.1 等电位作业一般在66kV、±125kV及以上电压等级的线路和电气设备上进行。

9.2.2 等电位工作人员应穿着阻燃内衣，外面穿着全套屏蔽服．各部分连接良好。不应通过屏蔽服断、接空载线路或耦合电容器的电容电流及接地电流。750kV及以上等电位作业还应戴面罩。

9.2.3 等电位工作人员在电位转移前，应得到工作负责人的许可。750kV和1000kV等电位作业，应使用电位转移棒进行电位转移。

9.2.4 交流线路地电位登塔作业时应采取防静电感应措施，直流线路地电位登塔作业时宜采取防离子流措施。

9.2.5 下列距离应满足相关安全规定：

a）地电位作业人体与带电体的距离；

b）等电位作业人体与接地体的距离；

c）工作人员进出强电场时与接地体和带电体两部分所组成的组合间隙；

d）工作人员与相邻导线的距离。

9.2.6 等电位工作人员与地电位工作人员应使用绝缘工具或绝缘绳索进行工具和材料的传递。

9.2.7 沿导（地）线上悬挂的软、硬梯或导线飞车进入强电场的作业，应遵守下列规定：

a）在连续档距的导（地）线上挂梯（或导线飞车）时，钢芯铝绞线和铝合金绞线导（地）线的截面应不小于 $120mm^2$；钢绞线导（地）线的截面应不小于 $50mm^2$。

b）在孤立档的导（地）线上的作业，在有断股的导（地）线和锈蚀的地线上的作业，在 9.2.7a）规定外的其他型号导（地）线上的作业，两人以上在同档同一根导（地）线上的作业时，应经验算合格并经批准后方能进行。

c）在导（地）线上悬挂梯子、飞车进行等电位作业前，应检查本档两端杆塔处导（地）线的紧固情况。

d）挂梯载荷后，应保持地线及人体对下方带电导线的安全距离比规定的安全距离数值增大 0.5m；带电导线及人体对被跨越的线路、通信线路和其他建筑物的安全距离应比规定的安全距离数值增大 1m。

e）在瓷横担线路上不应挂梯作业，在转动横担的线路上挂梯前应将横担固定。

9.2.8 带电断、接空载线路，工作人员应戴护目眼镜，并采取消弧措施，不应带负荷断、接引线。不应同时接触未接通的或已断开的导线两个断头。短接设备时，应核对相位，闭锁跳闸机构，短接线应满足短接设备最大负荷电流的要求，防止人体短接设备。

9.2.9 绝缘子表面采取带电水冲洗或进行机械方式清扫时，应遵守相应技术导则的规定。

9.2.10 绝缘子串上带电作业前，应检测绝缘子串的良好绝缘子片数，满足相关规定要求。

9.2.11 采用绝缘手套作业法或绝缘操作杆作业法时，应根据作业方法选用人体绝缘防护用具，使用绝缘安全带、绝缘安全帽。必要时还应戴护目眼镜。工作人员转移相位工作前，应得到工作监护人的同意。

9.3 感应电压防护

9.3.1 在 330kV、±500kV 及以上电压等级的线路杆塔及变电站构架上作业，应采取防静电感应措施。

9.3.2 绝缘架空地线应视为带电体。在绝缘架空地线附近作业时，工作人员与绝缘架空地线之间的距离应不小于 0.4m（1000kV 为 0.6m）。若需在绝缘架空地线上作业，应用接地线或个人保安线将其可靠接地或采用等电位方式进行。

9.3.3 用绝缘绳索传递大件金属物品（包括工具、材料等）时，杆塔或地面上工作人员应将金属物品接地后再接触。

9.4 带电作业工具的使用、保管和试验

9.4.1 存放带电作业工具应符合 DLT 974《带电作业用工具库房》的要求。

9.4.2　不应使用损坏、受潮、变形、失灵的带电作业工具。

9.4.3　带电绝缘工具在运输过程中，应装在专用工具袋、工具箱或专用工具车内。

9.4.4　作业现场使用的带电作业工具应放置在防潮的帆布或绝缘物上。

9.4.5　带电作业工器具应按规定定期进行试验。

10　发电机和高压电动机的检修、维护

10.1　发电机（发电/电动机，以下同）和高压电动机的检修、维护应满足停电、验电、接地、悬挂标示牌等有关安全技术要求。

10.2　检修发电机时应做好下列安全措施：

a）断开发电机的断路器和隔离开关，若发电机出口无断路器，应断开联接在出口母线上的各类变压器、电压互感器的各侧开关、闸刀或熔断器。

b）断开发电机励磁电源、盘车装置电源的断路器、隔离开关或熔断器。

c）断开断路器、隔离开关、励磁装置、同期装置的操作电源及能源。

d）在断开的断路器、隔离开关或熔断器操作处悬挂“禁止合闸，有人工作！”的标示牌。

e）在发电机出口母线处验明无电压后装设接地线。

f）检修的发电机中性点与其他发电机的中性点连在一起的，工作前应将检修发电机的中性点分开。

g）在氢冷机组机壳内工作时，应关闭氢冷机组补氢阀门，排氢置换空气合格，补氢管路阀门至发电机间应有明显的断开点；检修机组装有灭火装置的，应采取防止灭火装置误动的措施；在以上关闭的阀门和断开点处悬挂“禁止操作，有人工作！”的标示牌。

h）检修机组装有可堵塞机内空气流通的自动闸板风门的，应采取措施防止风门关闭。

10.3　测量轴电压和在转动着的发电机上用电压表测量转子绝缘的工作，应使用专用电刷，电刷上应装有300mm以上的绝缘柄。

10.4　检修高压电动机及其附属装置（如启动装置、变频装置）时，应做好下列安全措施：

a）断开电源断路器、隔离开关，经验明确无电压后接地或在隔离开关间装绝缘隔板；

b）在断路器、隔离开关操作处悬挂“禁止合闸，有人工作！”的标示牌；

c）将拆开后的电缆头三相短路接地；

d）采取措施防止被其拖动的机械（如水泵、空气压缩机、引风机等）引起电动机转动。

10.5　工作尚未全部终结，但需送电试验电动机及其启动装置、变频装置时，应在全部工作暂停后，方可送电。

11　在六氟化硫（SF_6）电气设备上的工作

11.1　在六氟化硫（SF_6）电气设备上的工作内容包含，操作、巡视、作业、事故时防止六氟化硫泄漏的安全措施，其具体的安全要求、措施等应遵照国家、行业的相关标准、导则执行。

11.2　不应在SF_6设备防爆膜附近停留。

11.3　设备解体检修前，应对SF_6气体进行检验，并采取安全防护措施。

11.4　室内设备充装SF_6气体时，周围环境相对湿度应不大于80%，同时应开启通风系

统，避免 SF_6 气体泄漏到工作区。

11.5 设备内的 SF_6 气体不应向大气排放，应采取净化装置回收，经处理检测合格后方可再使用。回收时工作人员应站在上风侧。

11.6 进入 SF_6 电气设备低位区或电缆沟工作，应先检测含氧量（不低于 18%）和 SF_6 气体含量（不超过 1000μL/L）。

11.7 SF_6 电气设备发生大量泄漏等紧急情况时，人员应迅速撤出现场，开启所有排风机进行排风。未佩戴防毒面具或佩戴正压式空气呼吸器的人员不应入内。

12 在低压配电装置和低压导线上的工作

12.1 在低压配电装置和低压导线上工作应符合停电工作及不停电工作时的安全要求。

12.2 低压回路停电工作的安全措施：

a）停电、验电、接地、悬挂标示牌或采用绝缘遮蔽措施；

b）邻近的有电回路、设备加装绝缘隔板或绝缘材料包扎等措施；

c）停电更换熔断器后恢复操作时，应戴手套和护目眼镜。

12.3 低压不停电工作，应站在干燥的绝缘物上，使用有绝缘柄的工具，穿绝缘鞋和全棉长袖工作服，戴手套和护目眼镜。

12.4 工作时，应采取措施防止相间或接地短路。

13 二次系统上的工作

13.1 二次系统上的工作内容可包含继电保护、安全自动装置、仪表和自动化监控等系统及其二次回路，以及在通信复用通道设备上运行、检修及试验等。

13.2 二次回路变动时应防止误拆或产生寄生回路。

13.3 工作中应确保电流和电压互感器的二次绕组应有且仅有一点保护接地。

13.4 在带电的电磁式电流互感器二次回路上工作时，应防止二次侧开路。

13.5 在带电的电磁式或电容式电压互感器二次回路上工作时，应防止二次侧短路或接地。

13.6 不应在二次系统的保护回路上接取试验电源。

13.7 二次回路通电或耐压试验前，应通知有关人员，检查回路上确无人工作后，方可加压。

13.8 继电保护、安全自动装置及自动化监控系统做一次设备通电试验或传动试验时，应通知设备运行方和其他相关人员。

13.9 试验工作结束后，应恢复同运行设备有关的接线，拆除临时接线，检查装置内无异物，屏面信号及各种装置状态正常，各相关压板及切换开关位置恢复至工作许可时的状态。

14 电气试验

14.1 一般要求

14.1.1 电气试验应符合高压试验作业、试验装置、试验过程及测量工作的安全要求。

14.1.2 电气试验的具体标准、方法等应遵照国家、行业的相关标准、导则执行。

14.2 高压试验

14.2.1 在同一电气连接部分，许可高压试验前，应将其他检修工作暂停；试验完成前不应许可其他工作。

14.2.2 如加压部分与检修部分断开点之间满足试验电压对应的安全距离，且检修侧有接地线时，应在断开点装设“止步，高压危险！”的标示牌后方可工作。

14.2.3 试验装置的金属外壳应可靠接地。低压回路中应有过载自动保护装置的开关并串用双极刀闸。

14.2.4 应采用专用的高压试验线，试验线的长度应尽量缩短，必要时用绝缘物支撑牢固。

14.2.5 试验现场应装设遮栏，遮栏与试验设备高压部分应有足够的安全距离，向外悬挂“止步，高压危险！”的标示牌。被试设备两端不在同一地点时，一端加压，另一端采取防范措施。

14.2.6 未接地的大电容被试设备，应先行放电再做试验。高压直流试验间断或结束时，应将设备对地放电数次并短路接地。

14.2.7 加压前应通知所有人员离开被试设备，取得试验负责人许可后方可加压。操作人应站在绝缘物上。

14.2.8 变更接线或试验结束时，应断开试验电源，将升压设备的高压部分放电、短路接地。

14.2.9 试验结束后，试验人员应拆除自行装设的短路接地线，并检查被试设备，恢复试验前的状态。

14.3 测量工作

14.3.1 使用钳形电流表时，应注意钳形电流表的电压等级。测量时应戴绝缘手套，站在绝缘物上，不应触及其他设备，以防短路或接地。测量低压熔断器和水平排列低压母线电流前，应将各相熔断器和母线用绝缘材料加以隔离。观测表计时，应注意保持头部与带电部分的安全距离。

14.3.2 测量设备绝缘电阻，应将被测量设备各侧断开，验明无压，确认设备无人工作，方可进行。在测量中不应让他人接近被测量设备。测量前后，应将被测设备对地放电。

14.3.3 测量线路绝缘电阻，若有感应电压，应将相关线路同时停电，取得许可，通知对侧后方可进行。

14.3.4 发现发电厂和变电站升压站有系统接地故障时，不应测量接地网的接地电阻。

15 电力电缆工作

15.1 一般要求

15.1.1 在电力电缆的沟槽开挖、电缆安装、运行、检修、维护和试验等工作中，作业环境应满足安全要求。

15.1.2 沟槽开挖应采取防止土层塌方的措施。

15.1.3 电缆隧道、电缆井内应有充足的照明，并有防火、防水、通风的措施。

15.1.4 进入电缆井、电缆隧道前，应用通风机排除浊气，再用气体检测仪检查井内或隧道内的易燃易爆及有毒气体的含量。

15.1.5 电缆开断前，应核对电缆走向图，并使用专用仪器确认电缆无电，可靠接地后方可工作。

15.2 电缆试验安全措施

15.2.1 电缆试验前后以及更换试验引线时，应对被试电缆（或试验设备）充分放电。

15.2.2 电缆试验时，应防止人员误入试验场所。电缆两端不在同一地点时，另一端应采取防范措施。

15.2.3 电缆耐压试验分相进行时，电缆另两相应短路接地。

15.2.4 电缆试验结束，应在被试电缆上加装临时接地线，待电缆尾线接通后方可拆除。

16 其他安全要求

16.1 作业时的起重、焊接、高处作业等，应遵照国家、行业的相关标准、导则执行。

16.2 在变电站户外和高压室内搬动梯子、管子等长物，应放倒后搬运，并与带电部分保持足够的安全距离。

16.3 在带电设备周围进行测量工作，不应使用钢卷尺、皮卷尺和线尺（夹有金属丝者）。

16.4 在变电站的带电区域内或临近带电线路处，不应使用金属梯子。

16.5 检修动力电源箱的支路开关都应加装剩余电流动作保护器（漏电保护器）并应定期检查和试验。连接电动机械及电动工具的电气回路应单独装设开关或插座，并装设剩余电流动作保护器，金属外壳应接地。

16.6 工作场所的照明应适应作业要求。

附 录 A
（资料性附录）
电气第一种工作票格式

表 A.1 给出了电气第一种工作票格式。

表 A.1 **电气第一种工作票**

<table>
<tr><td>单位</td><td></td><td>编号</td><td></td></tr>
<tr><td colspan="4">工作负责人（监护人）： 班组：</td></tr>
<tr><td colspan="4">工作班人员（不包括工作负责人）：
共 人</td></tr>
<tr><td colspan="4">工作的变、配电站名称及设备名称：</td></tr>
<tr><td rowspan="5">工作任务</td><td>工作地点及设备双重名称</td><td colspan="2">工作内容</td></tr>
<tr><td></td><td colspan="2"></td></tr>
<tr><td></td><td colspan="2"></td></tr>
<tr><td></td><td colspan="2"></td></tr>
<tr><td></td><td colspan="2"></td></tr>
<tr><td colspan="4">计划工作时间： 自 年 月 日 时 分至 年 月 日 时 分</td></tr>
<tr><td rowspan="19">安全措施（必要时可附页绘图说明）</td><td>应拉断路器、隔离开关</td><td colspan="2">已执行[a]</td></tr>
<tr><td></td><td colspan="2"></td></tr>
<tr><td></td><td colspan="2"></td></tr>
<tr><td></td><td colspan="2"></td></tr>
<tr><td></td><td colspan="2"></td></tr>
<tr><td></td><td colspan="2"></td></tr>
<tr><td></td><td colspan="2"></td></tr>
<tr><td>应装接地线、应合接地刀闸
（注明确实地点、名称及接地线编号[a]）</td><td colspan="2">已执行</td></tr>
<tr><td></td><td colspan="2"></td></tr>
<tr><td></td><td colspan="2"></td></tr>
<tr><td></td><td colspan="2"></td></tr>
<tr><td></td><td colspan="2"></td></tr>
<tr><td></td><td colspan="2"></td></tr>
<tr><td>应设遮栏、应挂标示牌及防止二次回路误碰等措施</td><td colspan="2">已执行</td></tr>
<tr><td></td><td colspan="2"></td></tr>
<tr><td></td><td colspan="2"></td></tr>
<tr><td></td><td colspan="2"></td></tr>
<tr><td></td><td colspan="2"></td></tr>
<tr><td></td><td colspan="2"></td></tr>
</table>

续表

<table>
<tr><td rowspan="7">安全措施（必要时可附页绘图说明）</td><td colspan="6">工作地点保留带电部分或注意事项
（由工作票签发人填写）</td><td colspan="6">补充工作地点保留带电部分和安全措施
（由工作许可人填写）</td></tr>
<tr><td colspan="6"></td><td colspan="6"></td></tr>
<tr><td colspan="6"></td><td colspan="6"></td></tr>
<tr><td colspan="6"></td><td colspan="6"></td></tr>
<tr><td colspan="6"></td><td colspan="6"></td></tr>
<tr><td colspan="6"></td><td colspan="6"></td></tr>
<tr><td colspan="12">工作票签发人签名： 签发日期： 年 月 日 时 分</td></tr>
<tr><td colspan="13">收到工作票时间： 年 月 日 时 分
运行值班人员签名： 工作负责人签名：</td></tr>
<tr><td colspan="13">确认本工作票上述各项内容：
许可开始工作时间： 年 月 日 时 分
工作许可人签名： 工作负责人签名：</td></tr>
<tr><td colspan="13">确认工作负责人布置的工作任务和安全措施：
工作班组人员签名：</td></tr>
<tr><td colspan="13">工作负责人变动情况：
原工作负责人 离去，变更 为工作负责人
工作票签发人： 日期： 年 月 日 时 分
工作许可人： 日期： 年 月 日 时 分</td></tr>
<tr><td colspan="13">工作人员变动情况（变动人员姓名、日期及时间）：
工作负责人签名：</td></tr>
<tr><td colspan="13">工作票延期：
有效期延长到： 年 月 日 时 分
工作负责人签名： 日期： 年 月 日 时 分
工作许可人签名： 日期： 年 月 日 时 分</td></tr>
<tr><td rowspan="5">每日开工和收工时间（使用一天的工作票不必填写）</td><td colspan="4">收工时间</td><td rowspan="2">工作负责人</td><td rowspan="2">工作许可人</td><td colspan="4">开工时间</td><td rowspan="2">工作负责人</td><td rowspan="2">工作许可人</td></tr>
<tr><td>月</td><td>日</td><td>时</td><td>分</td><td>月</td><td>日</td><td>时</td><td>分</td></tr>
<tr><td></td><td></td><td></td><td></td><td></td><td></td><td></td><td></td><td></td><td></td><td></td><td></td></tr>
<tr><td></td><td></td><td></td><td></td><td></td><td></td><td></td><td></td><td></td><td></td><td></td><td></td></tr>
<tr><td></td><td></td><td></td><td></td><td></td><td></td><td></td><td></td><td></td><td></td><td></td><td></td></tr>
<tr><td colspan="13">工作票终结：
1. 全部工作于 年 月 日 时 分结束，设备及安全措施已恢复至开工前状态，工作人员已全部撤离，材料工具已清理完毕。
2. 临时遮栏、标示牌已拆除，常设遮栏已恢复。未拆除或未拉开的接地线编号 等共 组、接地刀闸（小车）共 副（台），已汇报调度值班员。
工作负责人签名： 日期： 年 月 日 时 分
工作许可人签名： 日期： 年 月 日 时 分</td></tr>
</table>

续表

<table>
<tr><td>备注：
（1）指定专责监护人　　　　负责监护
（地点及具体工作）
（2）其他事项：</td></tr>
<tr><td>已执行栏目及接地线编号由工作许可人填写。</td></tr>
</table>

GB 26860—2011

附　录　B
（资料性附录）
电气第二种工作票格式

表 B.1 给出了电气第二种工作票格式。

表 B.1　　　　电气第二种工作票

<table>
<tr><td>单位</td><td></td><td>编号</td><td></td></tr>
<tr><td colspan="4">工作负责人（监护人）：　　　　　　　　班组：</td></tr>
<tr><td colspan="4">工作班人员（不包括工作负责人）：
共　　人</td></tr>
<tr><td colspan="4">工作的变、配电站名称及设备名称：</td></tr>
<tr><td rowspan="5">工作任务</td><td>工作地点或地段</td><td colspan="2">工作内容</td></tr>
<tr><td></td><td colspan="2"></td></tr>
<tr><td></td><td colspan="2"></td></tr>
<tr><td></td><td colspan="2"></td></tr>
<tr><td></td><td colspan="2"></td></tr>
<tr><td colspan="4">计划工作时间：自　年　月　日　时　分 至　年　月　日　时　分</td></tr>
<tr><td colspan="4">工作条件（停电或不停电，或邻近及保留带电设备名称）：</td></tr>
<tr><td colspan="4">注意事项（安全措施）：
工作票签发人签名：　　签发日期：　年　月　日　时　分</td></tr>
<tr><td colspan="4">补充安全措施（工作许可人填写）：</td></tr>
<tr><td colspan="4">确认本工作票上述各项内容：
工作负责人签名：　　　　　　工作许可人签名：
许可工作时间：　年　月　日　时　分</td></tr>
</table>

续表

<table>
<tr><td>确认工作负责人布置的工作任务和安全措施：
工作班成员签名：</td></tr>
<tr><td>工作票延期：
有效期延长到：　　年　月　日　时　分
工作负责人签名：　　日期：　年　月　日　时　分
工作许可人签名：　　日期：　年　月　日　时　分</td></tr>
<tr><td>工作票终结：
全部工作于　　年　月　日　时　分结束，工作人员已全部撤离，材料工具已清理完毕。
工作负责人签名：　　日期：　年　月　日　时　分
工作许可人签名：　　日期：　年　月　日　时　分</td></tr>
<tr><td>备注：</td></tr>
</table>

GB 26860—2011

附录 C
（资料性附录）
电气带电作业工作票格式

表 C.1 给出了电气带电作业工作票格式。

表 C.1　　电气带电作业工作票

<table>
<tr><td>单位</td><td colspan="2"></td><td>编号</td><td></td></tr>
<tr><td colspan="3">工作负责人（监护人）：</td><td colspan="2">班组：</td></tr>
<tr><td colspan="5">工作班成员（不包括工作负责人）：
共　　人</td></tr>
<tr><td colspan="5">工作的变、配电站名称及设备名称：</td></tr>
<tr><td rowspan="6">工作任务</td><td>工作地点或地段</td><td colspan="3">工作内容</td></tr>
<tr><td></td><td colspan="3"></td></tr>
<tr><td></td><td colspan="3"></td></tr>
<tr><td></td><td colspan="3"></td></tr>
<tr><td></td><td colspan="3"></td></tr>
<tr><td></td><td colspan="3"></td></tr>
</table>

续表

计划工作时间：　自　　年　　月　　日　　时　　分　　至　　年　　月　　日　　时　　分
工作条件（等电位、中间电位或地电位作业，或邻近带电设备名称）：
注意事项（安全措施）： 工作票签发人签名：　　　　签发日期：　　　年　　月　　日　　时　　分
确认本工作票上述各项内容： 工作负责人签名：
指定　　　　　为专责监护人　　　　　　　　专责监护人签名：
补充安全措施（工作许可人填写）：
许可工作时间：　　　　年　　月　　日　　时　　分 工作许可人签名：　　　　　　　　　　　　工作负责人签名：
确认工作负责人布置的工作任务和安全措施。 工作班组人员签名：
工作票终结： 全部工作于　　年　　月　　日　　时　　分结束，工作人员已全部撤离，材料工具已清理完毕。 工作负责人签名：　　　　　　　　　　　　工作许可人签名：
备注：

GB 26860—2011

附录 D
（资料性附录）
紧急抢修单格式

表 D.1 给出了紧急抢修单格式。

表 D.1　　**紧 急 抢 修 单**

单位		编号	
抢修工作负责人（监护人）：		班组：	
抢修班人员（不包括抢修工作负责人）： 共　　人			
抢修任务（抢修地点和抢修内容）：			

续表

安全措施：
抢修地点保留带电部分或注意事项：
上述各项内容由抢修工作负责人　　　　根据抢修任务布置人　　　　的布置填写。
经现场勘察需补充下列安全措施： 经许可人（调度/运行人员）　　　　同意（　月　日　时　分）后，已执行。
许可抢修时间：　　年　月　日　时　分 许可人（调度/运行人员）：
抢修结束汇报： 本抢修工作于　　年　月　日　时　分结束。 现场设备状况及保留安全措施： 抢修班人员已全部撤离，材料工具已清理完毕，事故应急抢修单已终结。 抢修工作负责人：　　　　许可人（调度/运行人员）： 填写时间：　　年　月　日　时　分

GB 26860—2011

附录 E
（规范性附录）
绝缘安全工器具试验项目、周期和要求

表 E.1 给出了绝缘安全工器具试验项目、周期和要求。

表 E.1　　绝缘安全工器具试验项目、周期和要求

<table>
<tr><th>序号</th><th>器具</th><th>项目</th><th>周期</th><th colspan="4">要求</th><th>说明</th></tr>
<tr><td rowspan="10">1</td><td rowspan="10">电容型验电器</td><td>启动电压试验</td><td>1年</td><td colspan="4">启动电压值不高于额定电压的 40%，不低于额定电压的 15%</td><td>试验时接触电极应与试验电极相接触</td></tr>
<tr><td rowspan="9">工频耐压试验</td><td rowspan="9">1年</td><td rowspan="2">额定电压
kV</td><td rowspan="2">试验长度
m</td><td colspan="2">工频耐压
kV</td><td rowspan="9"></td></tr>
<tr><td>持续时间
1min</td><td>持续时间
5min</td></tr>
<tr><td>10</td><td>0.7</td><td>45</td><td>—</td></tr>
<tr><td>35</td><td>0.9</td><td>95</td><td>—</td></tr>
<tr><td>66</td><td>1.0</td><td>175</td><td>—</td></tr>
<tr><td>110</td><td>1.3</td><td>220</td><td>—</td></tr>
<tr><td>220</td><td>2.1</td><td>440</td><td>—</td></tr>
<tr><td>330</td><td>3.2</td><td>—</td><td>380</td></tr>
<tr><td>500</td><td>4.1</td><td>—</td><td>580</td></tr>
</table>

续表

<table>
<tr><th>序号</th><th>器具</th><th>项目</th><th>周期</th><th colspan="4">要求</th><th>说明</th></tr>
<tr><td rowspan="10">2</td><td rowspan="10">携带型短路接地线</td><td>成组直流电阻试验</td><td>≤5年</td><td colspan="4">在各接线鼻之间测量直流电阻，对于25mm^2、35mm^2、50mm^2、70mm^2、95mm^2、120mm^{2}的各种截面，平均每米的电阻值应分别小于0.79mΩ、0.56mΩ、0.40mΩ、0.28mΩ、0.21mΩ、0.16mΩ</td><td>同一批次抽测，不少于2条，接线鼻与软导线压接的应做该试验</td></tr>
<tr><td rowspan="9">操作棒的工频耐压试验</td><td rowspan="9">5年</td><td rowspan="2">额定电压
kV</td><td rowspan="2">试验长度
m</td><td colspan="2">工频耐压
kV</td><td rowspan="9">试验电压加在护环与紧固头之间</td></tr>
<tr><td>持续时间
1min</td><td>持续时间
5min</td></tr>
<tr><td>10</td><td>—</td><td>45</td><td>—</td></tr>
<tr><td>35</td><td>—</td><td>95</td><td>—</td></tr>
<tr><td>66</td><td>—</td><td>175</td><td>—</td></tr>
<tr><td>110</td><td>—</td><td>220</td><td>—</td></tr>
<tr><td>220</td><td>—</td><td>440</td><td>—</td></tr>
<tr><td>330</td><td>—</td><td>—</td><td>380</td></tr>
<tr><td>500</td><td>—</td><td>—</td><td>580</td></tr>
<tr><td>3</td><td>个人保安线</td><td>成组直流电阻试验</td><td>≤5年</td><td colspan="4">在各接线鼻之间测量直流电阻，对于10mm^2、16mm^2、25mm^{2}各种截面，平均每米的电阻值应小于1.98mΩ、1.24mΩ、0.79mΩ</td><td>同一批次抽测，不少于2条</td></tr>
<tr><td rowspan="9">4</td><td rowspan="9">绝缘杆</td><td rowspan="9">工频耐压试验</td><td rowspan="9">1年</td><td rowspan="2">额定电压
kV</td><td rowspan="2">试验长度
m</td><td colspan="2">工频耐压
kV</td><td rowspan="9"></td></tr>
<tr><td>持续时间
1min</td><td>持续时间
5min</td></tr>
<tr><td>10</td><td>0.7</td><td>45</td><td>—</td></tr>
<tr><td>35</td><td>0.9</td><td>95</td><td>—</td></tr>
<tr><td>66</td><td>1.0</td><td>175</td><td>—</td></tr>
<tr><td>110</td><td>1.3</td><td>220</td><td>—</td></tr>
<tr><td>220</td><td>2.1</td><td>440</td><td>—</td></tr>
<tr><td>330</td><td>3.2</td><td>—</td><td>380</td></tr>
<tr><td>500</td><td>4.1</td><td>—</td><td>580</td></tr>
<tr><td rowspan="6">5</td><td rowspan="6">核相器</td><td rowspan="3">连接导线绝缘强度试验</td><td rowspan="3">必要时</td><td>额定电压
kV</td><td colspan="2">工频耐压
kV</td><td>持续时间
min</td><td rowspan="3">浸在电阻率小于100Ω·m水中</td></tr>
<tr><td>10</td><td colspan="2">8</td><td>5</td></tr>
<tr><td>35</td><td colspan="2">28</td><td>5</td></tr>
<tr><td rowspan="3">绝缘部分工频耐压试验</td><td rowspan="3">1年</td><td>额定电压
kV</td><td>试验长度
m</td><td>工频耐压
kV</td><td>持续时间
min</td><td rowspan="3"></td></tr>
<tr><td>10</td><td>0.7</td><td>45</td><td>1</td></tr>
<tr><td>35</td><td>0.9</td><td>95</td><td>1</td></tr>
</table>

续表

<table>
<tr><th>序号</th><th>器具</th><th>项目</th><th>周期</th><th colspan="4">要求</th><th>说明</th></tr>
<tr><td rowspan="4">5</td><td rowspan="4">核相器</td><td rowspan="3">电阻管泄漏电流试验</td><td rowspan="3">半年</td><td>额定电压
kV</td><td>工频耐压
kV</td><td>持续时间
min</td><td>泄漏电流
mA</td><td rowspan="3"></td></tr>
<tr><td>10</td><td>10</td><td>1</td><td>≤2</td></tr>
<tr><td>35</td><td>35</td><td>1</td><td>≤2</td></tr>
<tr><td>动作电压试验</td><td>1年</td><td colspan="4">最低动作电压应达 0.25 倍额定电压</td><td></td></tr>
<tr><td rowspan="3">6</td><td rowspan="3">绝缘罩</td><td rowspan="3">工频耐压试验</td><td rowspan="3">1年</td><td>额定电压
kV</td><td colspan="2">工频耐压
kV</td><td>持续时间
min</td><td rowspan="3"></td></tr>
<tr><td>6～10</td><td colspan="2">30</td><td>1</td></tr>
<tr><td>35</td><td colspan="2">80</td><td>1</td></tr>
<tr><td rowspan="5">7</td><td rowspan="5">绝缘隔板</td><td rowspan="2">表面工频耐压试验</td><td rowspan="2">1年</td><td>额定电压
kV</td><td colspan="2">工频耐压
kV</td><td>持续时间
min</td><td rowspan="2">电极间距离300mm</td></tr>
<tr><td>6～35</td><td colspan="2">60</td><td>1</td></tr>
<tr><td rowspan="3">工频耐压试验</td><td rowspan="3">1年</td><td>额定电压
kV</td><td colspan="2">工频耐压
kV</td><td>持续时间
min</td><td rowspan="3"></td></tr>
<tr><td>6～10</td><td colspan="2">30</td><td>1</td></tr>
<tr><td>35</td><td colspan="2">80</td><td>1</td></tr>
<tr><td rowspan="3">8</td><td rowspan="3">绝缘胶垫</td><td rowspan="3">工频耐压试验</td><td rowspan="3">1年</td><td>电压等级</td><td colspan="2">工频耐压
kV</td><td>持续时间
min</td><td rowspan="3">使用于带电设备区域</td></tr>
<tr><td>高压</td><td colspan="2">15</td><td>1</td></tr>
<tr><td>低压</td><td colspan="2">3.5</td><td>1</td></tr>
<tr><td rowspan="2">9</td><td rowspan="2">绝缘靴</td><td rowspan="2">工频耐压试验</td><td rowspan="2">半年</td><td>工频耐压
kV</td><td colspan="2">持续时间
min</td><td>泄漏电流
mA</td><td rowspan="2"></td></tr>
<tr><td>15</td><td colspan="2">1</td><td>≤7.5</td></tr>
<tr><td rowspan="2">10</td><td rowspan="2">绝缘手套</td><td rowspan="2">工频耐压试验</td><td rowspan="2">半年</td><td>电压等级</td><td>工频耐压
kV</td><td>持续时间
min</td><td>泄漏电流
mA</td><td rowspan="2"></td></tr>
<tr><td>高压</td><td>8</td><td>1</td><td>≤9</td></tr>
<tr><td>11</td><td>导电鞋</td><td>直流电阻试验</td><td>穿用≤200h</td><td colspan="4">电阻值小于 100kΩ</td><td></td></tr>
<tr><td rowspan="3">12</td><td rowspan="3">绝缘夹钳</td><td rowspan="3">工频耐压试验</td><td rowspan="3">1年</td><td>额定电压
kV</td><td>试验长度
m</td><td>工频耐压
kV</td><td>持续时间
min</td><td rowspan="3"></td></tr>
<tr><td>10</td><td>0.7</td><td>45</td><td>1</td></tr>
<tr><td>35</td><td>0.9</td><td>95</td><td>1</td></tr>
<tr><td>13</td><td>绝缘绳</td><td>工频耐压试验</td><td>半年</td><td colspan="4">100kV/0.5m，持续时间 5min</td><td></td></tr>
</table>

GB 26860—2011

附录 F
（规范性附录）
标示牌式样

表 F.1 给出了标示牌式样。

表 F.1 标示牌式样

名称	悬挂处	式样	
		颜色	字样
禁止合闸，有人工作！	一经合闸即可送电到施工设备的隔离开关（刀闸）操作把手上	白底，红色圆形斜杠，黑色禁止标志符号	黑字
禁止合闸，线路有人工作！	线路隔离开关（刀闸）把手上	白底，红色圆形斜杠，黑色禁止标志符号	黑字
在此工作！	工作地点或检修设备上	衬底为绿色，中有直径200mm和65mm白圆圈	黑字，写于白圆圈中
止步，高压危险！	施工地点临近带电设备的遮栏上；室外工作地点的围栏上；禁止通行的过道上；高压试验地点；室外构架上；工作地点临近带电设备的横梁上	白底，黑色正三角形及标志符号，衬底为黄色	黑字
从此上下！	工作人员可以上下的铁架、爬梯上	衬底为绿色，中有直径200mm白圆圈	黑字，写于白圆圈中
从此进出！	室外工作地点围栏的出入口处	衬底为绿色，中有直径200mm白圆圈	黑体黑字，写于白圆圈中
禁止攀登，高压危险！	高压配电装置构架的爬梯上，变压器、电抗器等设备的爬梯上	白底，红色圆形斜杠，黑色禁止标志符号	黑字

注1：在计算机显示屏上一经合闸即可送电到工作地点的隔离开关的操作把手处所设置的“禁止合闸，有人工作！”、“禁止合闸，线路有人工作！”的标记可参照表中有关标示牌的式样。
注2：标示牌的颜色和字样参照 GB 2894—2008《安全标志及使用导则》。

GB 26860—2011

附录 G
（资料性附录）
操作票格式

表 G.1 给出了操作票格式。

表 G.1 操　作　票

<table>
<tr><td>单位</td><td colspan="3"></td><td>编号</td><td colspan="2"></td></tr>
<tr><td>发令人</td><td></td><td>受令人</td><td></td><td>发令时间</td><td colspan="2">年　月　日　时　分</td></tr>
<tr><td colspan="4">操作开始时间：
年　月　日　时　分</td><td colspan="3">操作结束时间：
年　月　日　时　分</td></tr>
<tr><td colspan="4">（　）监护操作</td><td colspan="3">（　）单人操作</td></tr>
<tr><td colspan="7">操作任务：</td></tr>
<tr><td>顺序</td><td colspan="5">操作项目</td><td>√</td></tr>
<tr><td></td><td colspan="5"></td><td></td></tr>
<tr><td></td><td colspan="5"></td><td></td></tr>
<tr><td></td><td colspan="5"></td><td></td></tr>
<tr><td></td><td colspan="5"></td><td></td></tr>
<tr><td></td><td colspan="5"></td><td></td></tr>
<tr><td colspan="7">备注：</td></tr>
<tr><td colspan="7">操作人：　　　　监护人：　　　　值班负责人（值长）：</td></tr>
</table>

附录 2　其他典型操作票

一、公用变压器送电操作票

以图 2-2 大型火力发电厂的电气主接线（二）为例，公用变压器送电操作票。

<table>
<tr><td colspan="3" rowspan="2">××发电公司电气操作票</td><td>版次：01</td><td>页数：</td></tr>
<tr><td colspan="2">编号：DQ-201401-1001</td></tr>
<tr><td rowspan="2">操作时间</td><td>开始</td><td>年　月　日　时　分</td><td colspan="2" rowspan="2">已执行</td></tr>
<tr><td>结束</td><td>年　月　日　时　分</td></tr>
<tr><td>操作任务</td><td colspan="4">1 号公用变压器修后送电</td></tr>
<tr><td>执行</td><td>序号</td><td colspan="3">操作项目</td></tr>
<tr><td></td><td>1</td><td colspan="3">得值长令，1 号公用变压器送电</td></tr>
<tr><td></td><td>2</td><td colspan="3">拆除 1 号公用变压器高压侧引线上 1 号三相短路接地线一组</td></tr>
<tr><td></td><td>3</td><td colspan="3">拉开 1 号公用变压器高压侧断路器负荷侧接地开关</td></tr>
<tr><td></td><td>4</td><td colspan="3">检查 1 号公用变压器安全措施已全部拆除，符合送电条件</td></tr>
<tr><td></td><td>5</td><td colspan="3">检查 1 号公用变压器压器温控仪电源保险在断开</td></tr>
<tr><td></td><td>6</td><td colspan="3">对 1 号公用变压器压器绝缘测定一次合格</td></tr>
<tr><td></td><td>7</td><td colspan="3">合上 1 号公用变压器压器温控仪电源保险</td></tr>
<tr><td></td><td>8</td><td colspan="3">检查 1 号公用变压器高压侧断路器面板“远方/就地”操作把手在“就地”位置</td></tr>
<tr><td></td><td>9</td><td colspan="3">检查 1 号公用变压器高压侧断路器面板储能操作把手在“关”位置</td></tr>
<tr><td></td><td>10</td><td colspan="3">检查 1 号公用变压器保护启用正确，“保护跳闸出口”连接片在投入</td></tr>
<tr><td></td><td>11</td><td colspan="3">合上 1 号公用变压器高压侧断路器控制回路电源断路器</td></tr>
<tr><td></td><td>12</td><td colspan="3">合上 1 号公用变压器高压侧断路器电压回路电源断路器</td></tr>
<tr><td></td><td>13</td><td colspan="3">合上 1 号公用变压器高压侧断路器加热照明电源断路器</td></tr>
<tr><td></td><td>14</td><td colspan="3">合上 1 号公用变压器高压侧断路器储能电机电源断路器</td></tr>
<tr><td></td><td>15</td><td colspan="3">检查 1 号公用变压器高压侧断路器在开位</td></tr>
<tr><td></td><td>16</td><td colspan="3">将 1 号公用变压器高压侧断路器推至“试验”位置</td></tr>
<tr><td></td><td>17</td><td colspan="3">合上 1 号公用变压器高压侧断路器二次插件</td></tr>
<tr><td></td><td>18</td><td colspan="3">将 1 号公用变压器高压侧断路器摇至“工作”位置</td></tr>
<tr><td></td><td>19</td><td colspan="3">将 1 号公用变压器高压侧断路器面板储能操作把手切至“开”位置</td></tr>
<tr><td></td><td>20</td><td colspan="3">将 1 号公用变压器高压侧断路器面板“远方/就地”操作把手切至“远方”位置</td></tr>
<tr><td></td><td>21</td><td colspan="3">检查 1 号公用变压器高压侧断路器面板上各指示灯正确</td></tr>
<tr><td></td><td>22</td><td colspan="3">检查 1 号公用变压器低压侧断路器在开位</td></tr>
<tr><td></td><td>23</td><td colspan="3">检查 1 号公用变压器低压侧断路器面板“远方/就地”操作把手在“就地”位置</td></tr>
<tr><td></td><td>24</td><td colspan="3">合上 1 号公用变压器低压侧断路器控制电源断路器</td></tr>
<tr><td></td><td>25</td><td colspan="3">合上 1 号公用变压器低压侧断路器母线电压进入断路器</td></tr>
</table>

续表

执行	序号	操作项目
	26	将1号公用变压器低压侧断路器摇至“试验”位置
	27	将1号公用变压器低压侧断路器摇至“工作”位置
	28	将1号公用变压器低压侧断路器面板“远方/就地”操作把手切至“远方”位置
	29	检查380V公用PC A段母线上所有负荷开关在开位
	30	拉开380V公用PC A（B）段母线联络断路器
	31	检查380V公用PC A（B）段母线联络断路器在开位
	32	将380V公用PC A（B）段母线联络断路器面板“远方/就地”操作把手切至“就地”位置
	33	将380V公用PC A（B）段母线联络断路器摇至“试验”位置
	34	将380V公用PC A（B）段母线联络断路器摇至“分离”位置
	35	合上1号公用变压器高压侧断路器
	36	检查1号公用变压器压器充电良好，表计指示正确
	37	合上1号公用变压器低压侧断路器
	38	检查380V公用PC A段母线送电良好，表计指示正确
	39	汇报值长，1号公用变压器送电操作结束

操作人：__________ 监护人：__________ 值班负责人：__________ 值长：__________

二、公用变压器停电操作票

以图2-2大型火力发电厂的电气主接线（二）为例，公用变压器停电操作票。

××发电公司电气操作票			版次：01	页数：
			编号：DQ-201401-1001	
操作时间	开始	年　月　日　时　分	已执行	
	结束	年　月　日　时　分		
操作任务	1号公用变压器停电检修			
执行	序号	操作项目		
	1	得值长令，1号公用变压器停电		
	2	检查380V公用PC A段母线所有负荷开关在开位		
	3	检查380V公用PC A（B）段母线联络断路器在“分离”位置		
	4	拉开1号公用变压器低压侧断路器		
	5	拉开1号公用变压器高压侧断路器		
	6	检查1号公用变压器低压侧断路器在开位		
	7	将1号公用变压器低压侧断路器面板上“就地/远方”操作把手切至“就地”位置		
	8	将1号公用变压器低压侧断路器小车摇至“试验”位置		
	9	将1号公用变压器低压侧断路器小车摇至“分离”位置		
	10	拉开1号公用变压器低压侧断路器母线电压进入断路器		
	11	拉开1号公用变压器低压侧断路器直流控制断路器		
	12	检查1号公用变压器高压侧断路器在开位		
	13	将1号公用变压器高压侧断路器面板上“就地/远方”操作把手切至“就地”位置		
	14	将1号公用变压器高压侧断路器面板上“储能电源开关”操作把手切至“关”位置		
	15	将1号公用变压器高压侧断路器小车摇至“试验”位置		

续表

执行	序号	操作项目
	16	拉开 1 号公用变压器高压侧断路器小车二次插件
	17	将 1 号公用变压器高压侧断路器小车拉至“检修”位置
	18	拉开 1 号公用变压器高压侧断路器电压回路电源断路器
	19	拉开 1 号公用变压器高压侧断路器加热照明电源断路器
	20	拉开 1 号公用变压器高压侧断路器储能电机电源断路器
	21	拉开 1 号公用变压器高压侧断路器控制回路电源断路器
	22	拉开 1 号公用变压器压器温控仪电源保险
	23	检查 380V 公用 PC A（B）段母线联络断路器在开位
	24	检查 380V 公用 PC A（B）段母线联络断路器面板上“就地/远方”操作把手在“就地”位置
	25	检查 380V 公用 PC A（B）段母线联络断路器直流控制断路器在投入
	26	检查 380V 公用 PC A（B）段段母线联络断路器母线电压进入断路器在投入
	27	将 380V 公用 PC A（B）段母线联络断路器摇至“试验”位置
	28	将 380V 公用 PC A（B）段母线联络断路器摇至“工作”位置
	29	将 380V 公用 PC A（B）段母线联络断路器面板上“就地/远方”操作把手切至“远方”位置
	30	合上 380V 公用 PC A（B）段母线联络断路器
	31	检查 380V 公用 PC A 段母线送电良好，表计指示正确
	32	在 1 号公用变压器高压侧断路器负荷侧三相验电确无电压
	33	合上 1 号公用变压器高压侧断路器负荷侧接地开关
	34	在 1 号公用变压器高压侧引线上三相验电确无电压
	35	在 1 号公用变压器高压侧引线上装设 1 号三相短路接地线一组
	36	汇报值长，1 号公用变压器停电操作结束

操作人：__________　监护人：__________　值班负责人：__________　值长：__________

三、高压备用变压器倒至Ⅰ母线运行

以图 2-1 大型火力发电厂的电气主接线（一）为例，高压备用变压器倒至Ⅰ母线运行。

<table>
<tr><td colspan="4" rowspan="2">××发电公司电气操作票</td><td colspan="2">版次：01</td><td colspan="2">页数：</td></tr>
<tr><td colspan="4">编号：DQ-201401-1001</td></tr>
<tr><td colspan="3" rowspan="2">操作时间</td><td>开始</td><td colspan="2">年　月　日　时　分</td><td colspan="2" rowspan="2">已执行</td></tr>
<tr><td>结束</td><td colspan="2">年　月　日　时　分</td></tr>
<tr><td colspan="3">操作任务</td><td colspan="5">220kV 系统倒方式，高压备用变压器由Ⅱ母线倒至Ⅰ母线运行</td></tr>
<tr><td>模拟</td><td>执行</td><td>序号</td><td colspan="3">操作项目</td><td>时</td><td>分</td></tr>
<tr><td></td><td></td><td>1</td><td colspan="3">得值长令，高压备用变压器由Ⅱ母倒至Ⅰ母运行</td><td></td><td></td></tr>
<tr><td></td><td></td><td>2</td><td colspan="3">检查 220kV Ⅰ、Ⅱ母线并列运行符合倒换条件</td><td></td><td></td></tr>
<tr><td></td><td></td><td>3</td><td colspan="3">拉开 220kV 母联 2212 断路器操作屏直流电源Ⅰ断路器</td><td></td><td></td></tr>
<tr><td></td><td></td><td>4</td><td colspan="3">拉开 220kV 母联 2212 断路器操作屏直流电源Ⅱ断路器</td><td></td><td></td></tr>
<tr><td></td><td></td><td>5</td><td colspan="3">禁止触动 220kV 母联 2212 断路器</td><td></td><td></td></tr>
<tr><td></td><td></td><td>6</td><td colspan="3">合上高压备用变压器 22001 隔离开关</td><td></td><td></td></tr>
<tr><td></td><td></td><td>7</td><td colspan="3">检查高压备用变压器 22001Ⅰ隔离开关合位良好</td><td></td><td></td></tr>
<tr><td></td><td></td><td>8</td><td colspan="3">拉开高压备用变压器 22002 隔离开关</td><td></td><td></td></tr>
<tr><td></td><td></td><td>9</td><td colspan="3">检查高压备用变压器 22002 隔离开关分位良好</td><td></td><td></td></tr>
<tr><td></td><td></td><td>10</td><td colspan="3">检查 220kV 母线电压切换正常，信号指示正确</td><td></td><td></td></tr>
</table>

续表

模拟	执行	序号	操作项目	时	分
		11	合上 220kV 母联 2212 断路器操作屏直流电源Ⅰ断路器		
		12	合上 220kV 母联 2212 断路器操作屏直流电源Ⅱ断路器		
		13	汇报值长，高压备用变压器由Ⅱ母倒至Ⅰ母运行操作结束		

操作人：________ 监护人：________ 值班负责人：________ 值长：________

四、高压备用变压器倒至Ⅱ母线运行

以图 2-1 大型火力发电厂的电气主接线（一）为例，高压备用变压器倒至Ⅱ母线运行。

××发电公司电气操作票				版次：01	页数：
				编号：DQ-201401-1001	
操作时间	开始	年 月 日 时 分			已执行
	结束	年 月 日 时 分			
操作任务	220kV 系统倒方式，高压备用变压器由Ⅰ母线倒至Ⅱ母线运行				
模拟	执行	序号	操作项目	时	分
		1	得值长令，高压备用变压器由Ⅰ母倒至Ⅱ母运行		
		2	检查 220kV Ⅰ、Ⅱ母线并列运行符合倒换条件		
		3	拉开 220kV 母联 2212 断路器操作屏直流电源Ⅰ断路器		
		4	拉开 220kV 母联 2212 断路器操作屏直流电源Ⅱ断路器		
		5	禁止触动 220kV 母联 2212 断路器		
		6	合上高压备用变压器 22002 隔离开关		
		7	检查高压备用变压器 22002 隔离开关合位良好		
		8	拉开高压备用变压器 22001 隔离开关		
		9	检查高压备用变压器 22001 隔离开关分位良好		
		10	检查 220kV 母线电压切换正常，信号指示正确		
		11	合上 220kV 母联 2212 断路器操作屏直流电源Ⅰ断路器		
		12	合上 220kV 母联 2212 断路器操作屏直流电源Ⅱ断路器		
		13	汇报值长		

操作人：________ 监护人：________ 值班负责人：________ 值长：________

五、6kV 厂用设备送电

以图 2-2 大型火力发电厂的电气主接线（二）为例，6kV 厂用设备送电。

××发电公司电气操作票			版次：01	页数：
			编号：DQ-201503-	
操作时间	开始	年 月 日 时 分		已执行
	结束	年 月 日 时 分		
操作任务	1 号炉 4 号排粉机电源送电			
执行	序号	操作项目		
	1	得值长令，1 号炉 4 号排粉机电源送电		
	2	检查 1 号炉 4 号排粉机安全措施全部拆除，符合送电条件		
	3	检查 1 号炉 4 号排粉机断路器负荷侧接地开关在开位		

续表

执行	序号	操作项目
	4	检查 1 号炉 4 号排粉机断路器小车在“检修”位置
	5	检查 1 号炉 4 号排粉机断路器面板上“就地/远方”操作把手至“就地”位置
	6	合上 1 号炉 4 号排粉机断路器加热照明电源断路器
	7	合上 1 号炉 4 号排粉机断路器电压回路电源断路器
	8	合上 1 号炉 4 号排粉机断路器控制回路电源断路器
	9	检查 1 号炉 4 号排粉机断路器在开位
	10	将 1 号炉 4 号排粉机断路器小车推至“试验”位置
	11	合上 1 号炉 4 号排粉机断路器小车二次插件
	12	将 1 号炉 4 号排粉机断路器小车摇至“工作”位置
	13	将 1 号炉 4 号排粉机断路器面板上“就地/远方”操作把手切至“远方”位置
	14	检查 1 号炉 4 号排粉机断路器送电良好，断路器面板各指示正确
	15	汇报值长，1 号炉 4 号排粉机断路器送电操作结束

操作人：__________　监护人：__________　值班负责人：__________　值长：__________

六、6kV 厂用设备停电

以图 2-2 大型火力发电厂的电气主接线（二）为例，6kV 厂用设备停电。

××发电公司电气操作票			版次：01	页数：
			编号：DQ-201503-	
操作时间	开始	年　月　日　时　分		已执行
	结束	年　月　日　时　分		
操作任务	1 号炉 4 号排粉机电源停电			
执行	序号	操作项目		
	1	得值长令，1 号炉 4 号排粉机电源停电		
	2	检查 1 号炉 4 号排粉机断路器在开位		
	3	将 1 号炉 4 号排粉机断路器面板上“就地/远方”操作把手打至“就地”位置		
	4	将 1 号炉 4 号排粉机断路器小车摇至“试验”位置		
	5	拉开 1 号炉 4 号排粉机断路器小车二次插件		
	6	将 1 号炉 4 号排粉机断路器小车拉至“检修”位置		
	7	拉开 1 号炉 4 号排粉机断路器控制回路电源断路器		
	8	拉开 1 号炉 4 号排粉机断路器电压回路电源断路器		
	9	拉开 1 号炉 4 号排粉机断路器加热照明电源断路器		
	10	汇报值长，1 号炉 4 号排粉机断路器停电操作结束		

操作人：__________　监护人：__________　值班负责人：__________　值长：__________

七、380V 厂用设备（抽屉就地）送电

以图 2-2 大型火力发电厂的电气主接线（二）为例，380V 厂用设备（抽屉就地）送电。

××发电公司电气操作票			版次：01	页数：
			编号：DQ-201503-	
操作时间	开始	年　月　日　时　分		已执行
	结束	年　月　日　时　分		

续表

操作任务		1号炉4号磨煤机稀油站电源送电
执行	序号	操作项目
	1	得值长令，1号炉4号磨煤机稀油站电源送电
	2	检查1号炉4号磨煤机稀油站安全措施全部拆除，符合送电条件
	3	检查1号炉4号磨煤机稀油站断路器在“分离”位置
	4	检查1号炉4号磨煤机稀油站断路器在开位
	5	将1号炉4号磨煤机稀油站断路器合至“试验”位置
	6	将1号炉4号磨煤机稀油站断路器合至“再扣/分闸”位置
	7	将1号炉4号磨煤机稀油站断路器合至“合闸”位置
	8	汇报值长，1号炉4号磨煤机稀油站断路器送电操作结束

操作人：__________ 监护人：__________ 值班负责人：__________ 值长：__________

八、380V厂用设备（抽屉就地）停电

以图2-2大型火力发电厂的电气主接线（二）为例，380V厂用设备（抽屉就地）停电。

××发电公司电气操作票			版次：01	页数：
			编号：DQ-201503-	
操作时间	开始	年　月　日　时　分		已执行
	结束	年　月　日　时　分		
操作任务		1号炉4号磨煤机稀油站电源停电		
执行	序号	操作项目		
	1	得值长令，1号炉4号磨煤机稀油站电源停电		
	2	检查1号炉4号磨煤机稀油站断路器在开位		
	3	将1号炉4号磨煤机稀油站断路器切至“再扣/分闸”位置		
	4	将1号炉4号磨煤机稀油站断路器切至“试验”位置		
	5	将1号炉4号磨煤机稀油站断路器切至“分离”位置		
	6	汇报值长，1号炉4号磨煤机稀油站断路器停电操作结束		

操作人：__________ 监护人：__________ 值班负责人：__________ 值长：__________

九、380V厂用设备（抽屉远方）送电

以图2-2大型火力发电厂的电气主接线（二）为例，380V厂用设备（抽屉远方）送电。

××发电公司电气操作票			版次：01	页数：
			编号：DQ-201503-	
操作时间	开始	年　月　日　时　分		已执行
	结束	年　月　日　时　分		
操作任务		1号炉4号磨煤机盘车装置电源送电		
执行	序号	操作项目		
	1	得值长令，1号炉4号磨煤机盘车装置电源送电		
	2	检查1号炉4号磨煤机盘车装置安全措施全部拆除，符合送电条件		
	3	检查1号炉4号磨煤机盘车装置断路器在“分离”位置		

续表

执行	序号	操作项目
	4	检查 1 号炉 4 号磨煤机盘车装置断路器在开位
	5	检查 1 号炉 4 号磨煤机盘车装置断路器“远方/就地”切换开关至“就地”位置
	6	合上 1 号炉 4 号磨煤机盘车装置断路器直流控制断路器
	7	将 1 号炉 4 号磨煤机盘车装置断路器合至“试验”位置
	8	将 1 号炉 4 号磨煤机盘车装置断路器合至“再扣/分闸”位置
	9	将 1 号炉 4 号磨煤机盘车装置断路器合至“合闸”位置
	10	将 1 号炉 4 号磨煤机盘车装置断路器“远方/就地”切换开关切至“远方”位置
	11	检查 1 号炉 4 号磨煤机盘车装置断路器送电良好，开关智能测控仪工作正常
	12	汇报值长，1 号炉 4 号磨煤机盘车装置断路器送电操作结束

操作人：__________　监护人：__________　值班负责人：__________　值长：__________

十、380V 厂用设备（抽屉远方）停电

以图 2-2 大型火力发电厂的电气主接线（二）为例，380V 厂用设备（抽屉远方）停电。

××发电公司电气操作票			版次：01	页数：
			编号：DQ-201503-	
操作时间	开始	年　月　日　时　分		已执行
	结束	年　月　日　时　分		
操作任务	1 号炉 4 号给煤机电源停电			
执行	序号	操作项目		
	1	得值长令，1 号炉 4 号给煤机电源停电		
	2	检查 1 号炉 4 号给煤机断路器在开位		
	3	将 1 号炉 4 号给煤机断路器“远方/就地”切换开关切至“就地”位置		
	4	将 1 号炉 4 号给煤机断路器切至“再扣/分闸”位置		
	5	将 1 号炉 4 号给煤机断路器切至“试验”位置		
	6	将 1 号炉 4 号给煤机断路器切至“分离”位置		
	7	拉开 1 号炉 4 号给煤机断路器直流控制断路器		
	8	汇报值长，1 号炉 4 号给煤机断路器停电操作结束		

操作人：__________　监护人：__________　值班负责人：__________　值长：__________

参 考 文 献

[1] 梅俊涛. 电气运行实习. 电厂及变电站电气运行专业. 北京：中国电力出版社，2002.
[2] 王晓玲. 电气设备及运行. 北京：中国电力出版社，2007.
[3] 钱卫东，等. 电气设备. 北京：北京邮电大学出版社，2008.
[4] 刘维仲. 中小型变电站 电气设备的原理与运行. 北京：科学出版社，1991.
[5] 王晓春. 大型火电机组运行维护培训教材 电气分册. 北京：中国电力出版社，2010.
[6] 沈诗佳. 电力系统继电保护及二次回路. 北京：中国电力出版社，2007.
[7] 张全元. 变电站现场事故处理及典型案例分析. 北京：中国电力出版社，2014.
[8] 杨志辉. 电气运行技术与管理. 北京：中国电力出版社，2008.
[9] 李佑光 林东. 电力系统继电保护原理及新技术. 2 版. 北京：科学出版社，2009.